"十四五"职业教育国家规划教材

国家卫生健康委员会"十四五"规划教材

全国高等职业教育药品类专业第四轮规划教材

供药学、药物制剂技术、药品生产技术等专业用

药物制剂综合实训教程

第2版

主　审　刘晓鸣

主　编　胡　英

副主编　黄家利　金银秀

编　者（以姓氏笔画为序）

王　鸿（杭州医学院）　　　　　　　　金银秀（台州职业技术学院）

王亚男（江苏医药职业学院）　　　　　孟　鑫（江苏护理职业学院）

田守琴（亳州职业技术学院）　　　　　赵小艳（山西药科职业学院）

吴　超（山东药品食品职业学院）　　　胡　英（浙江药科职业大学）

吴秋平（浙江药科职业大学）　　　　　黄家利（中国药科大学高等职业技术学院）

佟　玲（天津医学高等专科学校）　　　廖晓琳（四川护理职业学院）

人民卫生出版社

·北京·

图书在版编目（CIP）数据

药物制剂综合实训教程 / 胡英主编 . -- 2 版 . --
北京 ：人民卫生出版社，2025. 7. --（全国高等职业教
育药品类专业第四轮规划教材）. -- ISBN 978-7-117
-37923-6

I . TQ460. 6

中国国家版本馆 CIP 数据核字第 20255HZ296 号

人卫智网	www.ipmph.com	医学教育、学术、考试、健康，购书智慧智能综合服务平台
人卫官网	www.pmph.com	人卫官方资讯发布平台

药物制剂综合实训教程
Yaowu Zhiji Zonghe Shixun Jiaocheng
第 2 版

主　　编：胡　英
出版发行：人民卫生出版社（中继线 010-59780011）
地　　址：北京市朝阳区潘家园南里 19 号
邮　　编：100021
E - mail：pmph @ pmph.com
购书热线：010-59787592　010-59787584　010-65264830
印　　刷：人卫印务（北京）有限公司
经　　销：新华书店
开　　本：850×1168　1/16　印张：18
字　　数：423 千字
版　　次：2020 年 3 月第 1 版　2025 年 7 月第 2 版
印　　次：2025 年 7 月第 1 次印刷
标准书号：ISBN 978-7-117-37923-6
定　　价：65.00 元

打击盗版举报电话：010-59787491　E-mail：WQ @ pmph.com
质量问题联系电话：010-59787234　E-mail：zhiliang @ pmph.com
数字融合服务电话：4001118166　E-mail：zengzhi @ pmph.com

出版说明

近年来,我国职业教育在国家的高度重视和大力推动下已经进入高质量发展新阶段。从党的十八大报告强调"加快发展现代职业教育",到党的十九大报告强调"完善职业教育和培训体系,深化产教融合、校企合作",再到党的二十大报告强调"统筹职业教育、高等教育、继续教育协同创新,推进职普融通、产教融合、科教融汇,优化职业教育类型定位",这一系列重要论述不仅是对职业教育发展路径的精准把握,更是对构建中国特色现代职业教育体系、服务国家发展战略、促进经济社会高质量发展的全面部署,也为我们指明了新时代职业教育改革发展的方向和路径。

为全面贯彻国家教育方针,将现代职业教育发展理念融入教材建设全过程,人民卫生出版社经过广泛调研论证,启动了全国高等职业教育药品类专业第四轮规划教材的修订出版工作。

本套规划教材首版于 2009 年,分别于 2013 年、2017 年修订出版了第二轮、第三轮规划教材。本套教材在建设之初,根据行业标准和教育目标,制定了统一的指导性教学计划和教学大纲,规范了药品类专业的教学内容。这套规划教材不仅为高等职业教育药品类专业的学生提供了系统的理论知识,还帮助他们建立了扎实的专业技能基础。这套教材的不断修订完善,是我国职业教育体系不断完善和进步的一个缩影,对于我国高素质药品类专业技术技能型人才的培养起到了重要的推动作用。同时,本套教材也取得了诸多成绩,其中《基础化学》(第 3 版)、《天然药物学》(第 3 版)、《中药制剂技术》(第 3 版)等多本教材入选了"十四五"职业教育国家规划教材,《药物制剂技术》(第 3 版)荣获了首届全国教材建设奖一等奖,《药物分析》(第 3 版)荣获了首届全国教材建设奖二等奖。

第四轮规划教材主要依据教育部相关文件精神和职业教育教学实际需求,调整充实了教材品种,涵盖了药品类相关专业群的主要课程。全套教材为国家卫生健康委员会"十四五"规划教材,是"十四五"时期人民卫生出版社重点教材建设项目。本轮教材继续秉承"大力培养大国工匠、能工巧匠、高技能人才"的职教理念,结合国内药学类专业领域教育教学发展趋势,科学合理推进规划教材体系改革,重点突出如下特点:

1. 坚持立德树人,融入课程思政 高职院校人才培养事关大国工匠养成,事关实体经济发展,事关制造强国建设,要确保党的事业后继有人,必须把立德树人作为中心环节。本轮教材修订注重深入挖掘各门课程中蕴含的课程思政元素,通过实践案例、知识链接等内容,润物细无声地将思想政治工作贯穿教育教学全过程,使学生在掌握专业知识与技能的同时,树立起正确的世界观、人生观、价值观,增强社会责任感,坚定服务人民健康事业的理想信念。

2. 对接岗位需求,优化教材内容 根据各专业对应从业岗位的任职标准,优化教材内容,避免重要知识点的遗漏和不必要的交叉重复,保证教学内容的设计与职业标准精准对接,学校的人才培养与企业的岗位需求精准对接。根据岗位技能要求设计教学内容,增加实践教学内容的比重,设计贴近企业实际生产、管理、服务流程的实验、实训项目,提高学生的实践能力和解决问题的能力;部分教材采用基于工作过程的模块化结构,模拟真实工作场景,让学生在实践中学习和运用知识,提高实际操作能力。

3. 知识技能并重,实现课证融通　本轮教材在编写队伍组建上,特别邀请了一大批具有丰富实践经验的行业专家,与从全国高职院校中遴选出的优秀师资共同合作编写,使教材内容紧密围绕岗位所需的知识、技能和素养要求展开。在教材内容设计方面,充分考虑职业资格证书的考试内容和要求,将相关知识点和技能点融入教材中,使学生在学习过程中能够掌握与岗位实际紧密相关的知识和技能,帮助学生在完成学业的同时获得相应的职业资格证书,使教材既可作为学历教育的教科书,又能作为岗位证书的培训用书。

4. 完善教材体系,优化编写模式　本轮教材通过搭建主干知识、实验实训、数字资源的"教学立交桥",充分体现了现代高等职业教育的发展理念。强化"理实一体"的编写方式,并多配图表,让知识更加形象直观,便于教师讲授与学生理解。并通过丰富的栏目确保学生能够循序渐进地理解和掌握知识,如用"导学情景"引入概念,用"案例分析"结合实践,用"课堂活动"启发思考,用"知识链接"开阔视野,用"点滴积累"巩固考点,大大增加了教材的可读性。

5. 推进纸数融合,打造新形态精品教材　为了适应新的教学模式的需要,通过在纸质教材中添加二维码的方式,融合多媒体元素,构建数字化平台,注重教材更新与迭代,将"线上""线下"教学有机融合,使学生能够随时随地进行扫码学习、在线测试、观看实验演示等,增强学习的互动性和趣味性,使抽象知识直观化、生动化,提高可理解性和学习效率。通过建设多元化学习路径,不断提升教材的质量和教学效果,为培养高素质技能型人才提供有力支持。

本套教材的编写过程中,全体编者以高度负责、严谨认真的态度为教材的编写工作付出了诸多心血,各参编院校为编写工作的顺利开展给予了大力支持,从而使本套教材得以高质量如期出版,在此对相关单位和各位专家表示诚挚的感谢!教材出版后,各位教师、学生在使用过程中,如发现问题请反馈给我们(发消息给"人卫药学"公众号),以便及时更正和修订完善。

人民卫生出版社

2024 年 11 月

前　言

教材建设是深化教学改革、培养高素质技能人才的重要基石。在《"十四五"职业教育规划教材建设实施方案》指引下,《药物制剂综合实训教程》(第 2 版)以党的二十大精神为纲领,构建"思政引领、数字赋能、产教融合"三位一体的新型教材体系,紧密对接医药行业数字化转型升级需求。在编写过程中,严格遵循"立德树人"这一根本任务,深度融入思政元素,致力于培育契合社会主义核心价值观的新时代人才。

为适应职业教育信息化发展趋势,本教材配套建设了微课、动画、仿真视频等数字内容,内容体系将企业调研中获得的生产工作任务转化为具体的实训情境。按制剂生产流程设置学习情境,包括生产指令的接收、生产准备、生产过程、成品检验、包装和贮存等,逐步分解为可操作的具体任务,从而帮助学生深入掌握从设备操作到制剂质量控制的全过程知识。

全书由"校 - 企 - 行"三方专家协同编撰,涵盖固体制剂、液体制剂、无菌工艺等七大实训情境,系统培养设备操作、工艺验证、偏差处理及《药品生产质量管理规范》(Good Manufacturing Practice of Medical Products,GMP)合规管理等核心能力。本书拓展了同套教材《药物制剂技术》内容的适用范围和深度,在重点章节中增加了职业技能等级证书考核项目训练,着重培养学生的职业素养,既适用于高职院校药学、药物制剂技术、药品生产技术等专业核心课程及职业本科产教融合实践教学,也可作为医药企业 GMP 合规培训及"1+X"职业技能等级(中级)证书考核辅导用书。

由于笔者水平与能力有限,本教材中难免存在缺点和不足之处,恳切希望广大读者给予批评指正。

编　者

2025 年 3 月

目 录

实训情境二　硬胶囊剂的生产

实训情境三　软胶囊剂的生产

实训情境七　粉针剂（粉末型）的生产

实训情境一

片剂的生产

项目一　接收生产指令

项目一
教学课件

学习目标

1. **掌握**　生产指令的下达、流转程序；片剂生产工艺流程。
2. **熟悉**　生产指令的定义和内容；片剂生产质量控制要点。
3. **了解**　制剂生产工艺规程的要求。

导学情景

情景描述

　　阿司匹林，又名乙酰水杨酸，属于非甾体抗炎药，具有解热、镇痛、抗炎、抗血小板聚集的作用。车间接到一批阿司匹林片的生产任务，请组织车间各部门根据生产指令完成阿司匹林片的生产。

前学导语

　　片剂是药物与辅料均匀混合后压制而成的片状或异形片状的固体制剂，是临床上最常用的剂型之一。本项目我们将学习生产指令的下达与流转、生产工艺及质量检验。

任务一　生产指令的下达与流转

能力目标

1. 能按照生产指令下达、流转程序进行操作。

2. 会根据产品的工艺规程，制订批生产指令。

领取任务

现在假设你是生产部的生产主管，要将阿司匹林片的生产指令进行下达、流转。你应该怎么做？

一、生产指令的定义和内容

　　生产指令又称为生产订单，是计划部门下发给车间，用于指导车间生产安排的报表。生产指令是以批为单位，对该批产品的批号、批量、生产起止日期等项作出的一个具体规定，是以工艺规程和产品的主配方为依据的。

　　生产指令的下达是以"生产指令单"的形式呈现的。生产指令单是生产安排的计划和核心，一般交给物流部门、质量管理部门和生产部门,是这三个部门(有的企业物流部门隶属于生产部门)行动的依据,也是考核和检查的依据。不同企业的生产指令单各不相同,基本要素包含生产指令号、产品名称、产品规格、产品批号、产品批量、生产时间,设计上还可加上原辅料的名称、内部代号、用量等。用于包装岗位的称为包装指令单。指令下达的同时附上批生产记录和批包装记录。

生产指令单可以一式一份、一式多份,根据企业自行确定,但原件和复印件均需得到控制,发放数量和去向要明确、可追溯,不得随意复印。

二、生产指令的下达与流转程序

生产指令的制订、下达、流转与车间各部门相关,车间组织机构见图 1-1。生产部生产主管根据月度生产计划和车间的生产情况,下达生产指令,注明:品名、代码、规格、批号、批量、生产日期、完成日期,及原辅料的名称、规格、代号、批生产用量,签名后,将生产指令单交与生产部部长审核。生产部审核完毕,并签名,再交由质量管理部门批准后,将该批生产记录交给车间。生产车间领料员根据生产指令填写领料单,并至仓库领料。

图 1-1 车间组织机构图

仓库管理员根据领料单发放原辅料,车间领料员按生产指令和领料单一同对原辅料进行核对。

车间主任根据生产指令和领料单准备车间生产。车间技术主任根据生产指令,将本批产品的批生产记录收集好,将批生产指令、配料单、批生产记录和笔放进一个洁净塑料袋中,生产前按物料进入各生产区的程序进入生产区,分发至各工序,各工序生产完毕,由班长将本班批生产记录审核后,放回洁净塑料袋中,按物料出各生产区的程序出生产区,上交车间办公室,经车间技术主任、车间主任审核后汇总,交生产部审核,后交质量管理部(quality assurance,QA)人员审核。质检部门对成品取样检验,确认合格后,质检部门签发“成品检验合格报告单”。QA 人员对批生产记录进行审核,合格后,由质量受权人审核记录,签发“成品放行单”,由车间办理成品入库手续,挂绿色合格标志。

任务二 片剂生产工艺

能力目标

1. 能描述片剂生产的基本工艺流程。
2. 能明确片剂生产的质量控制要点。
3. 会根据生产工艺规程进行生产操作。

领取任务

学习片剂生产工艺,熟悉片剂生产操作过程及工艺条件。

生产工艺是指生产一定数量成品所需原辅料和包装材料的质量、数量,操作指导,加工说明,注意事项,生产过程中的控制等的一个或一套文件。药品生产工艺是在药品研发过程中建立起来的,经过中试放大生产,且通过工艺、系统、设备等方面的验证才能最终确立。在生产过程中还应进行有效监控,保证其按照既定生产工艺生产出的产品符合预期的质量标准。

一、制剂生产工艺规程的要求

制剂生产工艺规程的主要内容包括三部分,即基本信息、生产处方和生产操作要求。

1. 基本信息 应包含产品名称、企业内部编号、剂型、规格、标准批量、规程依据、批准人签章、生效日期、版本号、页数。

2. 生产处方 生产处方应明确所用原辅料清单(包括生产过程中使用,但不在成品中出现的物料),阐明每一物料的指定名称、代码(企业内部编号)和用量、质量标准、检验发放号等。如原辅料的用量需要折算时,还应当说明计算方法。注明产品理论收率。

3. 生产操作要求 生产操作要求即操作过程及工艺条件,应对以下内容作出规定:

(1)对生产场所和所用设备的说明(如操作间的位置和编号、洁净度级别、必要的温湿度要求、设备型号和编号等)。

(2)关键设备的准备(如粉碎、筛分、混合、压片、包衣等)所采用的方法或相应操作规程编号。

(3)技术安全、工艺卫生及劳动保护等。

(4)详细的生产步骤和工艺参数说明(如物料的核对、预处理、加入物料的顺序、混合时间、温度等)。

(5)所有中间控制方法及质量标准。

(6)预期的最终产量限度,必要时,还应当说明中间产品的产量限度,以及物料平衡的计算方法和限度。

(7)待包装产品的贮存要求,包括容器、标签及特殊贮存条件。

(8)包装操作步骤的说明。

(9)附页上应记录工艺规程修改历史。

生产工艺规程实施前应组织相关操作人员、技术和质量管理人员培训,充分理解和掌握生产工艺规程后方可进行操作。须严格按照已批准的生产工艺规程操作,任何人不得擅自更改。技术、质量等部门在药品生产过程中应监控生产工艺执行情况,同时不断跟踪随访、改进和完善生产工艺规程。如需变更,须经批准且经过验证(如需要)后方可实行。

二、片剂生产工艺流程

根据生产指令和工艺规程编制生产作业计划。领料员收料、来料验收,主要检查核对检验报告、数量、装量、包装、质量,再将物料送入洁净区进行片剂生产。片剂生产工艺流程见图 1-2。

(1)备料:备料的主要工作是进行领料、粉碎、筛分。

(2)配料:配料时按处方比例进行称量、投料。

(3)制粒:制粒方法有干法、湿法或直接粉末压片,在此以湿法制粒为例。

(4)干燥:湿法制粒(除流化床一步法制粒外)需干燥,可采用烘箱干燥或流化床干燥。

(5)整粒、总混:此时进行颗粒取样检测含量、水分,检查外观。

(6)压片:应检查硬度、平均片重、片重差异、崩解度、含量、厚度、外观等。根据产品要求,压片完成后可选择进行人工挑选,检查外观光洁度、裂片等,再进行后续操作。

(7)包衣:根据指令确认是否进行包衣。

图 1-2 片剂生产工艺流程图(湿法制粒工艺)

(8)内包装:可采用瓶包装或铝塑包装。外包装:应检查成品外观、数量、质量。

(9)入库。

片剂生产质量控制要点见表 1-1。

ER 1-1-2

阿司匹林的
生产工艺

课 堂 活 动

阿司匹林的结构中有酯键,在潮湿环境下易水解。车间准备采用干法制粒压片法生产阿司匹林片,请绘制片剂生产工艺流程图(干法制粒工艺)。

表 1-1　片剂生产质量控制要点

工序	质量控制点	质量控制项目	频次
备料	原辅料	异物	1 次 / 批
	粉碎筛分	细度、异物	1 次 / 批
配料	投料	品种、数量	1 次 / 班
制粒	颗粒	黏合剂品种、浓度	1 次 / 批、班
		筛网	
		含量、水分	
干燥	烘箱	温度、时间	随时 / 班
	沸腾床	风量、温度、时间、滤袋	随时 / 班
整粒	颗粒	粉体密度、粒度分布	1 次 / 批、班
总混	颗粒	含量均匀度	1 次 / 批、班
压片	片	片重差异	定时 / 班
		片重、硬度、厚度	定时 / 班
		外观检查	定时 / 班
		崩解时限(溶出度)	定时 / 批(1 次 / 批)
挑选	片	外观、异物	随时 / 班
包衣	片	色泽均匀、无花斑、光洁	随时 / 班
		崩解时限、片重差异	1 次 / 锅
内包装	片	外观、附粉、异物	随时 / 班
	瓶	外观、装量、热封质量、塞纸、瓶盖、标签	随时 / 班
外包装	装盒	装量、说明书、标签	随时 / 班
	标签	内容、数量、使用记录	随时 / 班
	装箱	数量、装箱单	1 次 / 批、班
		印刷内容	1 次 / 批、班

三、片剂生产操作过程及工艺条件

片剂的生产工艺规程中有关操作过程及工艺条件一般描述如下。

1. 备料（粉碎筛分）

(1) 备料操作工艺过程：①检查粉碎机、筛分机已清洁，机器正常，筛网完好，接料袋完好、清洁；②检查备料间清场合格；③复核配好的物料包装完好，标签内容与生产指令一致；④扎紧接料袋口，防止跑药粉；⑤将物料加入粉碎机料斗内，操作者加料时佩戴防护手套，不得裸手接触；⑥在筛分机上、下出口处扎紧接料袋；⑦将粉碎后的粉末加入筛分机内筛分；⑧装细粉的容器应标明品名、批号、重量、日期、操作者、复核者，密封后转入中间库备用；⑨粉碎筛分后清场；⑩计算粉碎筛分前后的收得率，收得率不少于98%。计算公式如下：

$$收得率 = \frac{筛分后重量}{粉碎前重量} \times 100\% \quad （注：筛分后重量包括粗粉） \qquad 式(1-1)$$

要随时做好粉碎记录。

(2) 备料操作工艺条件：①粉碎时粉碎机电流不超过设备要求；②粉碎和筛分时加料速度注意控制；③接料口应包扎完好，不得出现药粉外漏。

2. 配料

(1) 配料操作工艺过程：①检查配料室已清场，核对生产指令无误，方可生产；②复核校对计量器具的合格标志，应在有效期内；③复核原辅料的品名、规格、数量，检查外包装情况，接收到生产指令方可配料；④上述项目符合标准后，将所需配料的原辅料按照生产指令分别称量，然后分别装入洁净的容器内，并标明品名、用途、批号、数量、日期、配料人，按批码放整齐备用；⑤配料称量时双人复核，双人签字。

配料完毕进行清场，整理配料记录。

(2) 配料操作工艺条件：①计量器具必须在检验合格期内，误差符合标准；②配料准确，质量符合标准。

3. 制粒、干燥（采用烘箱干燥）

(1) 制粒、干燥操作工艺过程：①检查制粒、干燥设备已清洁无误，制粒间清场合格；②复核并领取物料细粉的批号、数量、合格证无误后方可投料；③先将物料按比例放入制粒机内制成均匀的颗粒，平摊放入干燥盘内，送入干燥箱内进行干燥或放入流化床内进行流化干燥；④烘箱干燥过程中，需根据干燥程度进行翻料（上下左右倒盘和翻动颗粒），使颗粒不黏结；⑤按规定时间干燥后的颗粒装入洁净的容器中，称量，密封，贴签标明批号、数量、日期、操作人，转入中间站。

(2) 制粒、干燥操作工艺条件：①房间洁净度为 D 级；②干燥温度根据工艺规程要求进行设定；③盘中物料厚度为 1~2cm；④干颗粒水分为 3%~5%。

4. 整粒、总混

(1) 整粒、总混操作工艺过程：①检查整粒机、混合机已清洁，整粒、总混间已清场；②复核所需整粒的品名、数量、批号、件数，与生产指令一致；③按工艺要求，安装好整粒机（颗粒摇摆机）上规定目数的筛网，上紧、上匀，开动整粒机均匀加料；④将整好的颗粒与外加成分加入混合机内总混；⑤总混好的物料，标明批号、数量、日期、操作人，转入中间站。

(2) 整粒、总混操作工艺条件：①房间洁净度为 D 级；②整粒筛网取 14~16 目（根据产品定整粒筛网目数)。

5. 压片

(1)压片操作工艺过程:①检查压片设备、模具符合标准,操作间清场合格,校对计量器具;②复核待压片的药粉品名、批号、数量与生产指令一致;③将药粉装入物料斗内;④点动机器调整装量,装量符合标准;⑤正常运转时,要随时检测重量是否符合标准,如出现偏差要及时调整,并做好检测记录;⑥压制好的片由出料口筛分,除去细粉,放入洁净干燥的容器中;⑦压制好的片进行挑选,剔除碎片、裂片等不合格片;⑧将挑选好的压片盛在洁净的容器内,密闭,防潮,容器外贴标签,标明品名、批号、数量、规格、日期、操作者,转中间站;⑨压片中的不合格品及剩余物料按规定转回中间站,并做好记录;⑩一批压片完成后,清场并整理记录。

(2)压片操作工艺条件:①室内温度 18~26℃,相对湿度 45%~65%;②片重差异按具体的品种工艺要求核定;③压片速度按设备核定;④每隔 20 分钟抽检平均片重一次,及时调整片重,并作记录;⑤压制好的片应表面光洁,无裂片。

6. 包衣

(1)包衣操作工艺过程:①检查包衣设备、模具符合标准,操作间清场合格,校对计量器具。②空机试运行,调试喷雾系统、热风等,判断设备是否正常。③领取包衣材料和溶剂配制包衣液;中间站领取素片,核对品名、批号、规格、重量。④待达到工艺条件要求,将药片加入包衣锅内,进行包衣,检查增重情况和包衣片外观。⑤将包衣完成的药片盛在洁净的容器内,密闭,防潮,容器外贴标签,标明品名、批号、数量、规格、日期、操作者,转中间站。

(2)包衣操作工艺条件:①包衣时注意随时观察药片外观;②增重达到要求时即可停止包衣。

7. 内包装(以瓶包装为例)

内包装操作工艺过程:①核对瓶子、纸袋等包装材料的品名、规格、领用数量,核对待包装片的品名、规格、数量;②将空瓶放入理瓶机内,使瓶口朝上进入轨道;③在数片盘内加入片剂,随时检查粒数;④在塞纸机处塞入纸片,塞纸杆头部最低位置时塞入瓶内 5~15mm,使纸全部塞入瓶中,又不撞伤药片;⑤除塞纸外,也可选塞棉花及配套设备;⑥在旋盖机处旋紧盖子,检查盖子松紧度;⑦清场,并整理好原始记录。

8. 外包装

外包装操作工艺过程:①核对标签、说明书等包装材料的品名、规格、文字内容、领用数量;②小包装纸盒外观整洁,颜色一致,表面不允许有明显的损坏,纸盒方正,无凸角和漏洞,盒盖压合适中,落盖后要严密,对角线相等,内径规格最大允许偏差量为 ±2mm;③盒内药品及数量与盒面标识一致,必须装有说明书,每批抽检 20 盒,装量必须 100% 准确;④小盒装中盒时,要求数量 100% 准确,小盒文字图案顺序一致,每批抽检 10 个中盒;⑤塑料瓶也可直接装入中盒,或用聚乙烯收缩膜裹包,装入大箱中;⑥外包装所用纸箱,要求箱体方正,箱盖对齐,对角线相等,不压不错,误差<3mm;⑦纸箱外观整洁,箱面印刷图案文字清晰,颜色深浅一致,表面不允许有明显的损坏和污迹;⑧纸箱外面层、内面层不得有裂缝;⑨每批抽检 5 箱,要求数量 100% 准确,摆放顺序一致,每箱要求有内容完全的装箱单;⑩包装材料领用数、实用数、剩余数、损耗数应核对无差错,退库或销毁应有记录;⑪清场,并整理好原始记录。

目前,制药行业包装方式有多种,但最小销售单元应有说明书,标识清晰完整。

四、生产过程管理

生产过程管理包括生产过程文件管理、生产过程技术管理和批号管理。

1. 生产过程文件管理 生产过程中的主要标准文件有生产工艺规程、岗位操作法和标准操作规程（standard operating procedure，SOP）等。

生产工艺规程如前所述。岗位操作法是对各具体生产操作岗位的生产操作、技术、质量等方面所作的进一步详细要求，是生产工艺规程的具体体现。具体包括：生产操作法，重点操作复核、复查，中间体质量标准及控制规定，安全防护和劳动保护，异常情况处理和报告，设备使用、维修情况，技术经济指标的计算，工艺卫生等。标准操作规程是指经批准用以指示操作的通用性文件或管理办法，是对某一项具体操作的书面指令，是组成岗位操作法的基础单元，主要内容是操作的方法及程序。

生产标准文件不得随意更改，生产过程应严格执行。

2. 生产过程技术管理 生产过程技术管理包括生产前准备、生产操作阶段、中间站管理、待包装中间产品管理、包装后产品与不合格产品的管理。

（1）生产前准备

1）生产指令下达：生产部门根据生产作业计划和生产标准文件制订生产指令，经相关部门人员复核，批准后下达各工序，同时下达标准生产记录文件。

2）领料：领料员凭生产指令向仓库领取原料、辅料或中间产品。领料时核对名称、规格、批号、数量、供货单位、检验部门检验合格报告单，核对无误方可领料，标签凭包装指令按实际需用数由专人领取，并计数发放。发料人、领料人需在领料单上签字。

3）存放：确认合格的原料、辅料按物料清洁程序从物料通道进入生产区配料室，并做好记录。

（2）生产操作阶段：生产操作前须做好生产场地、仪器、设备的准备和物料准备。

生产操作须严格按生产工艺规程、标准操作规程进行投料生产，设备状态标识换成"正在运行"；做好工序关键控制点监控和复核，做好自检、互检及质管员监控；设备运行过程做好监控；生产过程做好物料平衡；及时、准确做好生产操作记录；工序生产完成后将产品装入周转桶，盖好盖，称重，填写"中间产品标签"。

（3）中间站管理：中间站是存放中间产品、待重新加工产品、清洁的周转容器的地方。中间站必须有专人管理，并按"中间站清洁规程"进行清洁。进出中间站的物品外包装必须清洁，无浮尘。进入中间站物品必须有内外标签，注明品名、规格、批号、重量。中间站产品应有状态标识，如合格（绿色）、不合格（红色）、待检（黄色），不合格品限期处理。进出中间站必须有传递单，并且填写"中间产品进出站台账"。

（4）待包装中间产品管理：车间待包装中间产品放置于中间站（或规定区域），挂上黄色待检标志，填写品名、规格、批号、生产日期和数量；及时填写"待包装产品请检单"，交质检部取样检验；检验合格由质检部门通知生产部，生产部下达包装指令，包装人员凭包装指令领取标签，核对品名、规格、批号、数量、包装要求等,进入包装工序。

(5)包装后产品与不合格产品的管理:包装后产品置车间待验区或转移至仓库(挂黄色待验标志),由车间向质量管理部门填交"成品请验单",质检部门取样检验,确认合格后,质检部门签发"成品检验报告单"。

检验不合格的产品,由质检部门发出检验结论为不符合规定的"检验报告单",将产品放于不合格区,同时挂上红色不合格标志,并标明不合格产品品名、规格、批号、数量。

3. 批号管理 批号是用于识别"批"的一组数字或字母加数字,用于追溯和审查该批药品的生产历史。每批药品均应编制生产批号。

正确划分批是确保产品均一性的重要条件。在规定限度内具有同一性质和质量,并在同一连续生产周期中生产出来的一定数量的药品为一批。《药品生产质量管理规范(2010年修订)》(以下简称 GMP)规定,批的划分原则为:固体、半固体制剂在成型或分装前使用同一台混合设备一次混合量所生产的均质产品为一批;中药固体制剂,如采用分次混合,经验证,在规定限度内,所生产一定数量的均质产品为一批。

点滴积累

1. 制剂生产工艺规程的主要内容为:基本信息、生产处方、生产操作要求。
2. 片剂生产工序为:备料、配料、制粒、干燥、整粒、总混、压片、包衣、内包装、外包装、入库。
3. 生产过程技术管理包括:生产前准备、生产操作阶段、中间站管理、待包装中间产品管理、包装后产品与不合格产品的管理。

项目一
复习导图

目标检测

1. 什么是生产指令?
2. 简述压片操作工艺条件。
3. 什么是批号?如何划分批?

项目二　片剂生产前准备

学习目标

1. **掌握**　人员进出洁净区的程序；片剂生产前检查；生产记录表填写方法。
2. **熟悉**　物料进出洁净区要求；生产状态标识管理。
3. **了解**　计量器具的分类管理制度。

导学情景

情景描述

　　碳酸钙片，用于预防和治疗钙缺乏症，如骨质疏松症、手足搐搦症、骨发育不全、佝偻病等。车间接到一批碳酸钙片的生产任务，请根据生产指令完成碳酸钙片的生产。

学前导语

　　口服固体制剂洁净区对人员、物料进出都有严格的要求。本项目我们将学习人员及物料进出口服固体制剂洁净区的程序、片剂的生产前准备及生产记录表的填写。

任务一　人员进出固体制剂生产区域

能力目标

1. 能正确进出 D 级洁净区。
2. 能正确进出一般生产区。

领取任务

按标准操作规程正确进出一般生产区和洁净区。

一、口服固体制剂洁净区对人员的要求

　　人员按照一定的着装要求才能进入固体制剂生产各个工序。口服固体制剂车间洁净区的空气洁净度等级为 D 级。进入 D 级洁净区的着装要求：应将头发、胡须等相关部位遮盖；应穿合适的工作服和鞋子或鞋套；应采用适当措施，以免带入洁净区外的污染物。

　　所有进入生产区的人员均应按规定进行更衣。工作服的选材、式样及穿戴方式应与所从事的

工作和洁净度级别要求相适应,并不得混用。D级洁净服式样见图1-3。用过的衣服如需再次使用,应与洁净未使用的衣服分开保存,并规定使用期限。

洁净室内人员必须遵守洁净室的规定,人员应尽可能减少进出洁净区的次数,同时在操作过程中应尽量减少动作幅度,避免不必要的走动或移动,以保持洁净区的气流、风量和风压等稳定,保障洁净区的净化级别。

进入洁净生产区的人员不得化妆和佩戴饰物。操作人员需佩戴手套,不能裸手直接接触药品、与药品直接接触的包装材料和设备表面。

生产区、仓储区禁止吸烟和饮食;禁止存放食品、饮料、香烟和个人药品等非生产用物品。

为了达到最好的阻隔效果,洁净服和口罩应具备透气、吸湿、少发尘(菌)、少透尘(菌)等性能,应能阻止皮屑、人体携带的微生物群、颗粒以及湿

分体式(蓝色)　　　　连体式(黄色)

图1-3　洁净服

气(汗)穿透接触药品。洁净服材质一般为防尘去静电材质,常见的为涤纶长丝加导电纤维,棉质和混合纤维亦可。式样有连体或分体(上衣和头罩相连)。洁净服少设或不设口袋,无横褶、带子,袖口、裤腰及裤管口收拢,尺寸大小应宽松合身,边缘应封缝,接缝应内封。帽子或头罩必须遮住全部毛发。口罩应由4~6层纱布制成,洗涤15次后的5层纱布阻菌率仍可达97%。也可采用一次性口罩,但应对其生产条件和包裹方式有要求。

生产厂房仅限于经批准的生产人员出入,未经批准人员不得进入。生产、贮存和质量控制区不应当作为非本区工作人员的直接通道。

体表有伤口、患有传染病或其他可能污染药品的生产人员不得从事直接接触药品的生产。

二、人员进出生产区要求

(一) 人员进出一般生产区标准操作

进入一般生产区的人员,先将携带物品(雨具等)存放于指定的位置。进入更鞋室,更换工作鞋,将换下的鞋放入鞋柜内。进入第一更衣室,自上而下更换工作服(更衣时注意不得让工作服接触到易污染的地方),扣好衣扣,扎紧领口和袖口;佩戴工作帽,应确保所有头发均放入工作帽内,不得外露;在衣镜前检查工作服穿戴是否合适。清洁手部,进盥洗间用药皂(或洗手液)将双手反复清洗干净。进入一般生产区操作室。

退出一般生产区时,按进入时逆向顺序更衣,将工作服、工作鞋换下,分别放入自己衣柜、鞋柜内,离开车间。

（二）人员进出 D 级洁净区标准操作

进入 D 级洁净区人员,先将携带物品(雨具等)存放于指定的位置。进入更鞋室,更换工作鞋,将换下的鞋放入鞋柜内。进入第一更衣室(一更),脱去外衣,放置个人物品于柜内,按洗手程序进行手清洗。进入第二更衣室(二更),按号穿洁净服,将袖口扎紧,扣好纽扣,戴工作帽,必须将头发完全包在帽内,不外露,对镜自检。按洗手程序进行手清洗和消毒。通过气锁间进入洁净室。

退出更衣应按进入更衣的程序逆向顺序,在二更换下洁净服,将洁净服按号归位(包括衣服、裤子、帽),在一更穿上外衣,更鞋柜处换下工作鞋在指定鞋柜内,离开洁净区。

三、"1+X" 考证练兵场——D 级人员净化项目

D 级人员净化是药物制剂生产"1+X"职业技能等级(中级)证书考证中的第一个模块考核内容,为考证必选模块。

本岗位操作人员应根据 GMP 对进入 D 级洁净区的人员净化要求,完成换鞋、洗手和穿洁净服三个程序,并按照要求完成相关记录文件的填写。

ER 1-2-2

D 级洁净区
人员更衣

> **考证要点**
>
> 1. **换鞋** 正确更换工作鞋。
> 2. **洗手** 按七步洗手法正确洗手。
> 3. **穿洁净服** 按正确顺序穿着洁净服。
> 4. **相关记录填写** 正确填写洁净区更衣记录。

1. 换鞋 进入缓冲区,在换鞋凳外侧坐下,脱下鞋子,将换下的鞋放入外侧鞋柜内,旋转 180°,从内侧鞋柜中取出工作鞋,穿上工作鞋。

2. 洗手 进入更衣间,先用饮用水润湿双手,涂抹洗手液,按七步洗手法进行洗手,洗手总时长不少于 30 秒。用饮用水洗净手后,还需用纯化水再次冲洗双手。用烘手机烘干双手。

3. 穿洁净服 戴口罩,从袋中取出洁净服,按从上到下顺序依次进行穿着,穿着过程中注意手尽量不碰触衣物的外表面,裤脚不能着地。戴手套,手套应将衣服袖子包裹进去。对镜整理。

> **点滴积累**
>
> 人员进入 D 级洁净区的程序为:更换工作鞋,进入一更脱外衣,洗手,进入二更穿洁净服,洗手消毒。

任务二　物料进出固体制剂生产区域

能力目标

1. 能将物料正确进出 D 级洁净区。

2. 能将物料正确进出一般生产区。

领取任务

模拟领料员，完成物料进出一般生产区和洁净区的操作。

一、物料进出洁净区要求

物料进入固体制剂生产区域时，首先要与仓库管理员进行交接。作为仓库管理方，应按先进先出（first in first out，FIFO）/ 近效期先出（first expired first out，FEFO）的原则进行发放，具体操作时采用其中一种原则即可。同时为防止零头（开封物料）累积，参照零头先发的原则。一般均采取整包发送的原则，每种物料的发放总量稍大于生产指令中的处方量。经仓库内物料交接，生产区领料员接收，做好物料标志，传递进入各生产工序。

（一）物料交接

物料交接常见有两种方式：一种是仓库管理员按生产指令和领料单将所需物料从仓库备料区转移至生产区，物料在生产区进行交接；另一种是生产接收人员将生产指令和领料单所需物料从仓库备料区转移至生产区，物料在仓库的备料区进行交接。

（二）领料员接收

生产区域物料的接收由领料员来完成。领料员按生产指令和 / 或领料单，负责及时领回本批次生产所用原辅材料及包装材料；及时准确填写领料单。出库前应检查所发物料标识完好，外包装状态完好，如发现异常情况应拒收，并按偏差处理，做好偏差记录。

领料员复核内容：①原辅料的物料名称、物料代码、物料批号、物料所需量、实际发放数量等信息与领料单上是否相符；②包装材料的物料名称、物料代码、物料批号、物料所需量，详细清点实际发放包装材料数量，检查包装材料上所印刷的文字内容及尺寸大小与所要包装的药品是否相符。根据 GMP，要求包装材料清点发放的基本原则应由专人发放，印刷包装材料还应专人保管并计数发放。

（三）物料标识

1. 仓储区内的原辅料的标识　仓储区内的原辅料应至少标明下述内容：①指定的物料名称和企业内部的物料代码；②企业接收时设定的批号；③物料质量状态（如待验、合格、不合格、已取样）；④有效期或复验期。

只有经质量管理部门批准放行，并在有效期或复验期内的原辅料方可使用。

2. 中间产品和待包装产品的标识　中间产品和待包装产品应至少标明下述内容：①产品名称

和企业内部的产品代码；②产品批号；③数量或重量（如毛重、净重等）；④生产工序（必要时）；⑤产品质量状态（必要时，如待验、合格、不合格、已取样）。

3. 包装材料 与药品直接接触的包装材料和印刷包装材料的管理和控制要求与原辅料相同。

包装材料应当由专人按照操作规程发放，并采取措施避免混淆和差错，确保用于药品生产的包装材料正确无误。

印刷包装材料应当设置专门区域妥善存放，未经批准人员不得进入。切割式标签或其他散装印刷包装材料应当分别置于密闭容器内储运，以防混淆。

印刷包装材料应当由专人保管，并按照操作规程和需求量发放。

二、物料传递设备

1. 传递窗 传递窗（transfer window）见图1-4，是洁净室的一种辅助设备，主要用于洁净区之间、洁净区与非洁净区之间小件物品的传递，可减少洁净室的开门次数，最大限度地降低洁净区的污染。两侧门具有互锁装置，确保两侧门不能同时处于开启状态。可选配件有紫外线杀菌灯、对讲机等。

2. 气闸室 气闸室（airlock room）见图1-5，利用相对于连接两侧的环境均为负压，将空气全排，从而阻止两侧（或以上）房间之间的气流贯通，防止不同环境之间产生交叉污染。其前后两道门为电子互锁，当其中一扇门被打开后，另一扇门即自动闭锁，从而达到相邻房间密闭隔离的作用。

气闸室可人用或货用，前者称为PAL（personal airlock），后者称为MAL（material airlock），一般亦称为缓冲间。对于物料缓冲室，还具有"搁置"自净，以免进入洁净区后，对洁净区造成污染。

图1-4　传递窗

图1-5　气闸室

三、领料岗位

领料时按生产指令或领料单进行领料，检查物料的品名、批号、规格、数量等信息。

1. 领料时若发现下列问题，领料操作不得进行 ①未经企业质量控制（quality control，QC）人员检验或检验不合格的原辅料、包装材料(无物料放行单);②包装容器内无标签、合格证;③因包装被损坏,内容物已受到污染;④外包装、内容物已霉变,生虫,被鼠咬烂;⑤在仓库存放已过复检期,未按规定进行复检;⑥其他有可能给产品带来质量问题的异常现象。

做好物料领用记录,核对无误并签名/日期。将原辅料及包装材料推进脱包室。

2. 物料进入洁净区

(1)原辅料、内包装材料:内包装材料(简称内包材)是指直接与药品接触的包装材料和容器。物料应在风淋室(或缓冲间)脱去其外包装,无法脱外包的物料外包装清洁消毒干净或更换包装后可进入车间,脱去外包装的物料应标上"物料标识",注明物料名称、内部批号、重量、物料状态等内容。

(2)外包装材料:外包装材料(简称外包材)是指不直接接触药品的包装材料和容器。仓库管理员直接根据领料单需求量按件计数发放,无须脱去外包装。

3. 物料、容器具进出一般生产区
仓库中存放物料外包装应保持清洁、整齐、完好,码放在指定区域。车间不允许堆积多余物料,车间领料员按批生产指令领取物料,并摆放整齐。凡进入操作室的物料一般情况下在指定区域风淋室(或缓冲间)脱去外包装,然后进入操作室。不能脱去外包装的特殊物料,操作者应用清洁抹布在风淋室(或缓冲间)将灰尘擦净,然后进入操作室,避免把灰尘带入车间。

物料、包装成品、废弃物退出洁净区或一般生产区,均应按物料通道搬运。

案例分析

案例:某企业领料员根据批生产指令领取了两个批号的物料至车间。车间岗位生产人员在生产过程中没有认真核对物料批号信息,导致新批号的物料用完,而老批号的物料还有剩余。

分析:造成该偏差的原因是岗位生产人员未遵循"先进先出"的原则。为避免此类偏差的发生,企业需加强人员的培训与考核,对生产中发现的偏差及时进行纠正和预防处理,提高操作人员的责任心和遵守规定的自觉性。

四、"1+X"考证练兵场——物料领取项目

物料领取是药物制剂生产"1+X"职业技能等级(中级)证书考核中第2个模块中的4个岗位之一,证书考核时,4个岗位随机抽取1个进行考核。

本岗位操作人员应根据GMP对物料管理要求、进入洁净区要求,依据批生产指令单和领料单完成物料的领取及记录填写工作。

1. 物料领取 核对物料标签(品名、规格、批号等信息与领料单是否一致);复核物料重量。

2. 相关记录填写 正确填写中间产品交接单(领取)(一式两份),一份留存于中间站,另一份粘贴于生产记录;正确填写中间产品进出中间站台账(出站记录)。

ER 1-2-3

领料

1. **物料领取**　根据领料单核对物料相关信息;复核物料重量。
2. **相关记录填写**　正确填写中间产品交接单;正确填写中间产品进出中间站台账。

点滴积累

1. 物料发放原则为:先进先出,近效期先出。
2. 物料传递设备有:风淋室、传递窗、气闸室。

任务三　片剂生产前检查

能力目标

1. 能采用正确方法进行清场。
2. 能进行常用计量器具的校验。
3. 能按操作规程记录温湿度、压差。
4. 能识别各种状态标识。
5. 能正确填写生产记录。

领取任务

片剂生产区进行清场和清洁状况检查,熟悉生产状态标识,并学会如何正确填写记录,为进行片剂批生产做好准备。

片剂生产前需进行清场和清洁状况、工艺条件、现场 SOP 及记录、现场标识等的检查,确保设备和工作场所没有上批遗留的产品、文件或与本批产品生产无关的物料,设备处于已清洁及待用状态并有相应记录存档。核对生产所需的物料或中间产品的名称、代码、批号和标识,确保生产所用物料或中间产品正确且符合要求。

不得在同一生产操作间同时进行不同品种和规格药品的生产操作(例外情况时要以不会发生混淆或交叉污染为前提)。在生产的每一阶段,应当保护产品和物料免受微生物和其他种类的污染。在干燥物料或产品,尤其是高活性、高毒性或高致敏性物料或产品的生产过程中,应当采取特殊措施,防止粉尘的产生和扩散。

生产过程中应当尽可能避免出现任何偏离工艺规程或操作规程的偏差。一旦出现偏差,应当按照偏差处理操作规程执行。应当进行中间控制和必要的环境监测,并予以记录。

一、清场和清洁操作

为防止药品生产中不同批号、品种、规格之间的污染和交叉污染，各生产工序在生产结束、更换品种或规格，以及更换批号前，应彻底清理及检查作业场所。有效的清场管理程序，可以防止混药事故的发生。每批药品的每一生产阶段完成后必须由生产操作人员清场，并填写清场记录。清场记录内容包括：操作间编号、产品名称、产品批号、生产工序、清场日期、检查项目及结果、清场负责人及复核人签名。清场记录应当纳入批生产记录。清洁是对设备、容器具等具体物品进行擦拭或清洗，属于卫生方面的行为。清场是在清洁基础上对上一批生产现场的清理，以防止药品混淆、差错事故的发生，防止药品之间的交叉污染。清场原则按"先物后地，先里后外，先上后下，先零后整"的顺序进行清场。

1. 清场分类　清场分为小清场和大清场：①同品种产品在连续生产周期内，批与批之间生产，以及单班结束后需进行小清场，设备进行简单清洁；②换品种或超过清洁有效期后重新使用前要进行大清场，设备需进行彻底清洁。

2. 洁净工具和清洗介质　所用的清洁工具有清洁布、一次性洁净布、无纺布拖把、擦窗器、吸尘器、塑料刷、不锈钢清洁桶、塑料清洁桶、各设备专用工具等。

清洗介质常用的有饮用水、热饮用水、纯化水、75% 乙醇、95% 乙醇、压缩空气等。

3. 设备清洁规定　每台设备有相应的标准清洁程序，说明清洁开始前需对设备进行必要的拆卸和清洁，根据产品溶解性选择清洗介质、清洁所用时间、清洗介质用量、在线清洗的关键参数。对与药物直接接触的设备内外表面，最后一遍必须用纯化水冲洗或用一次性洁净布以纯化水擦洗。

简单清洁结束后，应在设备日志上进行记录。彻底清洁结束后，悬挂"已清洁"状态标识。

其他特殊情况（如与药物直接接触部分每次维修后），应及时悬挂"待清洁"状态标识。

转移至容器清洗室清洁的部件，在转移前应先进行初步清洁：用吸尘器吸除，或清洁布擦拭物品表面粉尘，或用聚乙烯袋包裹，防止粉尘飞扬。

各设备零部件、容器具、工器具、取样装置清洁后，将待烘物及时移至烘干室或烘箱中进行烘干，烘干后及时转移至容器具存放室。

清洁效果评价：①简单清洁，设备外表面无堆积物料；②彻底清洁，则设备内外表面均无可见残留物。

4. 车间的清场规定

（1）操作间小清场：将所有物料移至中间站，用清洁布以饮用水擦拭生产用具、衡器、记录台、桌椅、回风口等外表面，收集生产废弃物，用拖把或吸尘器清洁地面，清场结束后，在房间日志上做好记录。

（2）操作间大清场：将所有物料移至中间站，清理生产废弃物，用吸尘器吸除地面的较多粉尘。用清洁布以饮用水擦拭生产用具、衡器、记录台、桌椅内外表面、防护栏、货架、回风口等至目测无尘。用擦窗器以饮用水擦拭照明灯罩外表面、送风口外表面、天花板、墙壁、门窗等至目测无尘。用拖把以饮用水清洁地面至目测无尘。清场结束后，悬挂"已清场"状态标识。

非操作间大清场或小清场结束后做好清洁记录。小清场一般每天一次,大清场每周一次或更换品种时进行。

清场效果评价:①小清场要求房间内无物料,物品摆放整齐;②大清场要求房间内无物料,房间及物品内外表面目测均无尘。

5. 清场检查 ①生产后检查:清场结束后,操作人员自检合格后,进行记录,QA人员签字确认;②生产前检查:通过检查,确保生产前生产设备及车间区域卫生符合生产要求。

二、计量器具管理

1. 计量器具管理基本原则 计量器具必须贴有定期检定/校准证书并确保计量器具在有效期内,无证不得使用,校准证书应能反映出器具类别及有效截止日期。

校准的量程范围应当涵盖实际生产和检验的使用范围。

校准记录应当标明所用计量标准器具的名称、编号、校准有效期和计量合格证明编号,确保记录的可追溯性。

不得使用未经校准、超过校准有效期、失准的衡器、量具、仪表,以及用于记录和控制的设备、仪器。

2. 计量器具的使用与维护保养 对于操作复杂的计量器具,使用部门应根据说明书制定出操作规程(包含操作步骤、注意事项、维护保养等内容)。

计量器具须专人保管(设备上的附件除外),关键计量器具必须有使用记录。

各部门的计量器具经检定/校验合格后方可使用,不合格的计量器具、没有合格证书/内校记录的计量器具、合格证/内校记录逾期的计量器具均严禁使用。

计量器具的使用环境(温度、湿度等)应符合操作规程或使用说明书的要求。

使用计量器具应严格按规程或说明书的要求,不得擅自改变操作方法,不得超量程使用,以确保测试的准确性。

使用人员应按操作规程或使用说明书的要求进行维护保养,对长期不使用的计量器具应擦洗干净并妥善保管。

使用中发现计量器具出现异常情况,对器具性能有疑虑时,应立即停止使用,及时上报并联系检修,并做好相应记录。

3. 计量器具的分类管理及周期检定制度 根据计量器具的使用场合、对示值的精度及测试要求的实际需要,将计量器具分为A、B、C三类,见表1-2。

A类计量器具应严格按照国家规定的检定周期送到国家指定部门进行周期检定。

B类计量器具必须按企业内部文件"计量器具周期检定计划及记录"中规定的周期进行校验。对于要求相对严格的,或没有能力自行校验的B类计量器具应送到有资格的单位(计量检定部门或生产厂家)进行校验;对于有能力自行校验的计量器具,必须严格按校验规程中规定的校验环境及步骤进行校验,校验结束后填写校验记录并保存。

C类计量器具中固定在设备上的仪表可在设备验证时或大修时安排校验,安装在管路上的仪表及玻璃类仪表,可通过与经过检定的计量器具比对的方法判定其是否合格,所有C类计量器具的校验周期均可适当延长。例如,不装碱液的C类玻璃仪器可一次性校验,盛装碱液的三年校验一次。C类计量器具校验后可直接录入计量器具校验计划及记录中。

表1-2 计量器具的分类管理

	A类计量器具	B类计量器具	C类计量器具
定义	用于安全防护、医疗卫生、环境监测方面的列入国家强制检定目录的工作计量器具;用于工艺控制、质量检测,对计量数据要求很高的计量器具	除A类外,其他用于工艺控制、质量检测,对计量数据准确度要求较高的计量器具	固定安装、与设备配套不可拆卸的计量器具;安装在管路上仅起指示性作用的仪器仪表;不易拆卸且可靠性高、量值不易改变的计量器具;对计量器具无严格准确度要求的、性能不易变化的低值易耗品
举例	天平(砝码);电子天平、台秤(用于生产控制或检验);电子秤;玻璃液体温度计(用于生产控制或检验);酒精计;压力表(用于安全防护如安装于蒸汽管道、灭菌锅等上面);氧压表;酸度计;可见分光光度计;紫外分光光度计;红外分光光度计;原子吸收分光光度计等	洁净车间及空调机组上的压差计;数显式及指针式的温湿度表;配液罐上的数显温度表及温控仪;电导率仪;磅秤;滴定管;容量瓶;单标线吸管;质检处其他不属于A类的精密仪器,如恒温培养箱、生化培养箱、尘埃粒子计数器等	制水系统、空调系统上的压力表;空调机组上的玻璃温度计;固定于设备上的压力表、电流表、电压表;玻璃量筒等

4. 封存与启用 暂时不用的计量器具应到设备管理员处备案,贴上封存标志,封存的计量器具可不进行周期检定或校验。重新启用计量器具时必须经重新检定或校验,合格后方可投入使用。

5. 降级使用与报废 一般工作计量器具经校验,发现准确度下降,但误差在下一级精度范围内,可降级使用;如果性能不稳定,经相关部门维修后仍不能达到相应的精度,经使用部门主管同意并到设备管理员处备案后可直接报废,如果属于公司固定资产,按固定资产管理流程办理。

三、生产区温湿度、压差控制

1. 洁净区监控频率

(1)洁净区操作间监控:温湿度、压差每4小时记录一次。

(2)洁净区非操作间监控:原辅料及中间品存放点(如物料接收室、物料暂存室、中间站、物料暂存区等)采用温湿度记录仪进行24小时监控温湿度。如有必要监控压差,每天上午、下午各记录一次。

洁净区人流出入口只监控压差,每天上午和下午各记录一次。物料出入口在物料进出时监控压差,并记录。

容器具烘干室监控温湿度和压差,每天上午和下午各记录一次。

洁具清洗室、容器清洗室、清洗区只监控压差,每天上午和下午各记录一次。

其他非操作间只监控温湿度,每天上午和下午各记录一次。

2. 生产区监控项目的可接受范围

(1)温度范围：18~26℃，容器具烘干室的烘干温度应小于45℃。

(2)相对湿度范围：生产期间，洁净区为45%~65%（如产品有特殊要求，按该产品工艺要求进行控制），控制区为70%以下。

(3)压差范围：洁净区与控制区的静压差≥10Pa；洁净区内产尘间、防爆间及特殊区域（潮湿、易污染的房间）与相邻房间的静压差≥5Pa，其中产尘间和防爆间包含粉碎称量间、制粒间、压片间、包衣间、胶囊填充间、铝塑包装间等。特殊区域包括容器具烘干室、容器具清洗室、洁具清洗室、物料接收室等。

3. 监控程序 操作人员应确保温湿度计、压差表在校验有效期内。操作人员每天使用前应对压差表进行零点校验，将门打开后确认压差表指针回零，如果没有回零，则由专业技术人员进行零点调节，并在监控记录的备注中注明。操作人员应对房间温湿度、压差进行观察，并做好记录。

四、生产状态标识管理

1. 操作间状态标识 所有操作间均应有状态标识。生产开始时，小清场时和小清场后，房间挂"生产中"状态标识，并填写房间名称、房间编号、产品名称、产品批号、产品规格、操作者及日期。生产结束后进行大清场，房间未清洁或正在清洁时，挂"待清场"或"清场中"状态标识，填写产品名称、产品批号、签名及日期；清场完毕，换"已清场"状态标识，并填写产品名称、产品编号、清洁人、日期及有效期至。

2. 生产设备状态标识 生产设备都应有状态标识。开始生产时、小清场时和小清场后，设备挂"生产中"状态标识。生产结束后对设备进行大清场时，以及设备未清洁或设备正在清洁时，挂"待清洁"状态标识。设备清洁完毕，换"已清洁"状态标识。

需进行清洗检测或清洗验证的设备及所属房间清洁完毕，操作人员除需进行操作间大清场和设备大清场的操作外，还需在房间状态标识的右上角粘贴"确认状态"，对存放在非操作间内的设备零配件或可移动设备，直接在"已清洁"标识右上角粘贴"确认状态"标识。操作人员通知QA人员进行目测。QA人员目测合格后，在"确认状态"标识的"已目测"项打"√"，并通知检验人员取样。检验人员取样后，在"已取样"项打"√"。检验合格经QA人员确认后，在"放行"项打"√"，并填写"QA/日期"。若目测或检测结果不符合要求，操作人员将该房间换"待清洁"标识牌，设备换"待清洁"状态标识，对不合格项重新进行清洁。未完成验证的新设备挂"待确认"状态标识。待修设备挂"待修"状态标识。

3. 容器具状态标识 生产区流转的容器均应有状态标识。容器清洗室未清洁的容器，应挂"待清洁"状态标识，填写产品品名、产品批号、签名及日期。已清洁的直接接触物料的容器具挂"已清洁"状态标识，并填写容器名称、容器编号、清洁人、日期及有效期至。对需要清洗检测或清洗验证的容器具，在"已清洁"标识上粘贴"确认状态"。操作步骤同生产设备。

4. 物料状态标识 所有中间产品均应有区域状态标识。车间内生产工序各中间品生产过程中,领取用于盛装中间品的容器具在领取至岗位时应做好"产品标识",填写预装入产品名称、批号、规格、皮重及操作者、日期,待生产结束后入中间站时填写毛重、净重,复核者在复核标识信息后签名及填写日期。车间内包装工序的各中间产品,如铝塑板、塑料瓶等,以及完成内包装的铝塑板、塑料瓶在进行外包装前挂"待包装"状态标识,填写产品名称、产品批号、产品规格、签名及日期,并按批进行隔离。检验不合格,换"不合格"证,并进行隔离保管。

生产过程中如发现异常,应立即停止使用,换"待处理"状态标识,并进行隔离。计划销毁的不可利用物料及非商业化产品、所有废弃物均贴上"待销毁"状态标识。

5. 物料标识 车间接收物料时,确保物料包装上有物料标识。配料时,原辅料称量后装入聚乙烯袋中,按件做好"物料标识",填写以下内容:物料名称、物料编号、容器号、皮重、毛重、净重、件数、总重、用于产品的批号及规格、标识人、复核人、日期及有效期至,按批次将不同用途物料分别装入不同料桶内,并做好"产品标识"。车间内各生产工序各中间品,操作人员入中间站时桶上外挂"产品标识",填写内容有:产品名称、产品批号、产品规格、工序、容器号、皮重、毛重、单件净重、件数、有效期至、标识人、复核人及日期。

外包装时,本批次未能达到整箱的包装产品,做好"零箱标识",填写以下内容:名称、规格、批号、数量、标识人及日期。

6. 生产状态标识的管理及销毁 车间生产状态标识由专人管理、专柜贮存。

生产过程中使用过的标识由各工序操作人员放置于专用聚乙烯袋中,生产结束后,上交统一销毁。

7. 标识规定 见表1-3。

表1-3 状态标识

项目	状态标识	标识颜色
操作间状态标识	生产中	绿色
	待清场	黄色
	清场中	黄色
	已清场	绿色
生产设备状态标识	生产中	绿色
	待清洁	黄色
	已清洁	绿色
	待修	红色
	待确认	黄色
	确认状态	白色
容器状态标识	已清洁	绿色
	待清洁	黄色
	确认状态	白色
物料状态标识	不合格	红色
	待包装	绿色
	待销毁	红色
	待处理	黄色
	合格	绿色

车间接到一批碳酸钙片的生产任务,请根据生产指令对压片间进行生产前检查,确认压片间温湿度及压差是否符合生产工艺要求,生产现场存放的设备、容器或工具是否已清洁且在有效期内。

五、生产记录表填写

1. 生产记录应当及时填写　记录应当及时填写,内容真实、完整。不得超前记录和回顾记录。记录应当留有填写数据的足够空格。

(1)及时:即要求在操作中及时记录。不提前,不滞后,记录与执行程序同步。

(2)准确:要求按实际执行情况和数据填写,填写数据精度应与工艺要求和显示一致。

(3)真实:严禁不真实、不负责地随意记录或捏造数据和记录,应根据实际情况,如实填写。

(4)完整:对影响产品质量的因素均应记录,对异常情况必须详细记录。记录表格中的某项没有数据或不适用时需要按规定划掉或标注,不得留有空格。如无内容填写时要用"—"或"N/A"表示;内容与前面相同时应重新抄写,不得用"〃"或"同上"表示;对于出现大批空格的部分,可用"\"将空白处划掉或在整个区域内横贯地划"Z"线,同时签上划线人的名字及日期。

2. 记录字迹清晰、易读、不易擦除　记录应使用黑色或蓝色的碳素笔填写,不得使用铅笔和圆珠笔,确保长时间保存仍能从记录中追溯当时生产的情况。

应当尽可能采用生产和检验设备自动打印的记录、图谱和曲线图等,并标明产品或样品的名称、批号和记录设备的信息,操作人应当签注姓名和日期。

3. 日期、时间、姓名填写规定

(1)日期填写规定:日期格式年月日必须按顺序写全,年份应用四位数表述,不得简写。如 2024 年 1 月 5 日,可以写成"2024.1.5"或"2024.01.05",但不得写成 24.1.5 或 24/1/5。不得签以前的日期。若未及时记录日期,应签名并签当前日期,还应注明实际操作日期及原因。

(2)时间填写规定:时间应使用当时的北京时间。小时应表述为 24 小时制式,或 12 小时制式。如"9:00 至 19:30"等价于"自 9:00 a.m. 至 7:30 p.m."。小时、分钟、秒钟可表述为 HH:MM:SS 和 MM′SS″ 两种格式,例如 10:30:45 和 1′35″。

(3)姓名填写规定:应签全名,不可简写、草写或只写姓或名。

4. 记录的修改　记录应当保持清洁,不得撕毁和任意涂改。

记录如需修改,应在原数据处整齐划上两条线,注意应仍可辨认,在修改附近空白处写上更正的内容,并由更改者签名并注明修改日期,必要时,注明更改原因。

记录如需重新誊写,则原有记录不得销毁,应当作为重新誊写记录的附件保存。

记录需要备注时,应在需要备注的地方需注明上标符号,如"*""△"或数字等,在当页备注栏进行备注说明(也可备注在其他适当页,但需做好备注说明的链接和签名确认)并由备注者签名和填写日期,必要时由上级主管或 QA 人员进行确认签名和填写日期。

5. 记录的复核　凡对产品质量、收率、安全生产及环境保护有重要影响的工艺参数、操作过程必须由岗位复核人进行复核。

6. 记录的保存和处置　生产记录应保存至该批产品有效期后一年。在规定保存期限内不得遗失或擅自处理,到贮存期限的生产记录需进行处置时,应填写文件销毁处置记录,由质量管理部门主管批准,批准后应在 QA 人员监督下销毁。

标识的填写要求等同记录,使用完的或废弃的物料包装的标识(状态标识、产品标识等)应及时用记号笔将原标识划去或将标志撕毁。

点滴积累

1. 清场记录内容有:操作间编号、产品名称、产品批号、生产工序、清场日期、检查项目及结果、清场负责人及复核人签名。
2. 生产记录填写要求为:及时、准确、真实、完整。

ER 1-2-4

项目二
复习导图

目标检测

1. D 级洁净区的着装要求有哪些?
2. 在哪些情况下可拒绝领料?
3. 简述清洁与清场的区别。
4. 简述生产记录填写的原则。

项目三　生产片剂

ER 1-3-1

项目三
教学课件

导学情景

情景描述

　　学生小李偶感身体不适，出现发热、头痛、鼻塞、四肢酸痛等症状，于是去药店购买退热药，发现解热镇痛药"对乙酰氨基酚"有好几种分类，如对乙酰氨基酚片、对乙酰氨基酚分散片、对乙酰氨基酚缓释片，并且价格不同。此时小李很是疑惑，不知如何选择，于是咨询药店工作人员，才得知原因。你知道这三种片剂有何不同吗？药效一样吗？

学前导语

　　片剂始创于 19 世纪 40 年代。到 19 世纪末，随着压片机械的出现和不断改进，片剂的生产和应用得到了迅速的发展。近十几年来，片剂生产技术与机械设备方面也有较大的发展，如沸腾制粒、全粉末直接压片、半薄膜包衣、新辅料、新工艺以及生产联动化等。目前，片剂已成为品种多、产量大、用途广，使用和贮运方便，质量稳定的剂型之一。片剂在中国以及其他许多国家的药典所收载的制剂中，均占 1/3 以上，可见片剂是使用最广泛的剂型之一。本项目我们将学习固体制剂备料、称量配料、制粒、总混、压片及包衣等生产岗位知识及技能。

任务一　固体制剂备料（粉碎筛分）

ER 1-3-2

固体制剂
备料

能力目标

　　1. 能根据批生产指令进行备料（粉碎筛分）岗位操作；按照 FGJ-300 型高效粉碎机、XZS400-2 旋涡振动筛分机的操作规程进行设备操作。

　　2. 能对粉碎筛分中间产品进行质量检验；对 FGJ-300 型高效粉碎机、XZS400-2 旋涡振动筛分机进行清洁、保养。

　　3. 能进行粉碎筛分岗位工艺验证；及时发现粉碎及过筛过程中的问题并能有效解决。

领取任务

按批生产指令选择合适设备将物料粉碎至适宜的粒度大小,并进行中间产品检验。同步进行粉碎筛分工艺验证。工作完成后,对设备进行维护与保养。

粉碎是通过施加机械力的方法克服固体物料内部凝聚力,使物料达到破碎效果的操作。大块物料分裂成小块,称为破碎;将小块物料磨成细粉,称为粉磨。破碎和粉磨又统称为粉碎。粉碎后的粉末需进行筛分(亦称为过筛)。筛分是借助筛网孔径大小将物料进行分离的方法。筛分是为了获得较均匀的粒子群。粉碎、筛分一般由同一组操作人员完成。每处理一种物料必须彻底清场,清洁卫生后经检查合格方能进行另一种物料的处理。

粉碎和筛分设备应有吸尘装置,含尘空气经处理后排放。滤网、筛网每次使用前后,均应检查其磨损和破裂情况,发现问题要追查原因并及时更换。

随着供应商原辅料加工工艺以及生产工艺水平的提高,某些产品生产工艺不需要对原辅料进行粉碎与筛分,粉碎与筛分等预处理操作会带来交叉污染的风险,应尽可能避免。

一、粉碎筛分设备

(一)粉碎设备

1. 冲击式粉碎机(高效粉碎机) 冲击式粉碎机由粉碎机主机、物料收集袋和除尘机组成,见图1-6。工作原理是利用活动齿盘和固定齿盘间的高速相对运动,使被粉碎物经齿冲击、摩擦及物料彼此间冲击等综合作用进行粉碎。在粉碎机器壁的底部配有筛网,比筛网尺寸小的物料经筛分网出料。粉碎的粒度由刀片的形状、大小,轴转速和筛网的孔径来调节。冲击式粉碎机的特点是结构简单、坚固,运转平稳,粉碎效果良好,被粉碎物可直接由主机粉碎腔中排出,粒度大小通过更换不同孔径的筛网来获得。

图1-6 冲击式粉碎机

2. 气流粉碎机(流能磨) 气流粉碎机的主要构成为粉碎室和控制叶轮,见图1-7。粉碎室的喷射系统由若干处于同一平面或三维分布的粉碎喷嘴组成。喷嘴与压缩空气分配站相连,粉碎室下部呈锥体,底面有清洗盖。物料由进料仓进入粉碎室,压缩空气通过粉碎喷嘴加速,以两倍于音速的高速,带动原料在多喷嘴的交汇点剧烈对撞、摩擦。在强大负压差的作用下,对撞后的物料随上升气流一起运动到粉碎机上部控制叶轮的分选范围,粗颗粒被叶轮产生的强制涡流场形成的高速离心力抛向筒壁而下落继续粉碎,上升物料与下落粗粉形成了流化状态。符合细度要求的微粉则通过控制叶轮,经出料口输送到叶轮分级机、旋流分级机被层层分级形成多个成品,少量微粉由脉冲式除尘器收集达到气固分离。净化空气由引风机排出系统。

图 1-7　气流粉碎机

(二) 筛分设备

1. 旋涡振动筛 (旋振筛)　旋振筛是以立式振动电机或专用激振器为振动源,立式振动电机(或激振器)上、下端装有偏心重锤,可产生水平、垂直、倾斜的三元运动,通过调节上、下偏心重锤的相位角,改变物料在筛面上的运动轨迹以达到筛分各种物料的目的。旋振筛的特点:①物料运动轨迹和振幅可调,满足不同工艺要求;②颗粒、细粉、浆液均可筛分过滤;③筛分效率高,既可概略分级,又可进行精细筛分或过滤;④体积小,重量轻,安装移动方便;⑤网架设计独特,换网容易,筛网寿命长,清洗方便,操作简单;⑥全封闭,无粉尘溢散,有利于改善劳动条件;⑦粗、细料自动分级排出,能实现自动化作业;⑧出料口绕轴线 360° 任意设置,便于布置配套设备;⑨耗能小,噪声小,满足节能、环保要求;⑩保养简单,可单层或多层使用。

2. 电磁式往复高频筛　该机由电机、高频振动器、往复装置等组成。工作原理是电机带动往复装置使筛箱往复运动,同时利用 2~10 组高频振动器使筛网高频颤动,保持筛网网孔通畅,不堵塞,并可打碎易黏结物料。这种复合振动方式可使物料在筛网上高效筛分。特别适用于超轻、超细、易黏结物料的筛分、分级和选型。

二、粉碎筛分岗位操作

进岗前按进入 D 级洁净区要求进行着装,进岗后做好厂房、设备清洁卫生,并做好生产前工作。

(一) 粉碎筛分岗位标准操作规程

1. 设备安装配件、检查及试运行

(1)打开粉碎机主盖,安装好规定目数的筛网,筛网两头拧紧并紧固螺母,用手转动主轴时应无卡住现象,主轴活动自如。

(2)检查齿盘螺栓是否松动,排风除尘系统是否运行正常。

(3)接通粉碎机电源,开启粉碎机,确保无异常情况,停机待用。

(4)打开筛分机上盖,安装好规定目数的筛网,盖上上盖,上紧卡箍。

(5)接通筛分机电源,开启筛分机,确保无异常情况,停机待用。

2. 生产过程

(1)按批生产记录,从原辅料暂存间领取物料,确认物料名称、批号等无误,并对物料进行目检后送至称量间。

(2)按称量标准操作规程对物料、接料袋进行称量,做好记录,并进行双人复核。

(3)在粉碎机出口处扎紧接料袋,筛分机上下出口处分别扎紧接料袋。

(4)将物料加入料斗内,开启粉碎机,进行粉碎。

(5)粉碎完毕,进行称重,记录粉碎后物料重量。

(6)将粉碎后物料加入筛分机,开启筛分机进行筛分。

(7)如有必要,可将上出口的物料再次加入筛分机内进行筛分。

(8)筛分完毕,进行称重,记录筛分后物料重量。

3. 生产结束

(1)将处理好的原辅料分别装于内有洁净塑料袋的洁净容器中,填写好称量标签,标明物料的名称、规格、数量、批号、日期和操作者,放在塑料袋上,交下一道工序,或放入中间品暂存间。

(2)生产结束后,按"清场标准操作规程"要求进行清场,做好房间、设备、容器等清洁记录。

(3)按要求完成记录填写。清场完毕,填写清场记录。上报 QA 人员检查,合格后,发清场合格证,挂"已清场"标识。

4. 异常情况处理　生产过程中发现设备问题及故障,必须停机,关闭电源,及时报告,确定故障排除后,再开机生产。

粉碎机常见故障、发生原因及排除方法见表 1-4。

表 1-4　粉碎机常见故障、发生原因及排除方法

常见故障	发生原因	排除方法
主轴转向出现相反	电源线连接不正确	检查并重新连接
钢齿、钢锤磨损严重	物料的硬度过大或使用过长时间	更换钢齿、钢锤
粉碎时声音沉闷,卡死	加料速度过快或皮带过松	减慢加料速度;调紧或更换皮带
运转时有胶臭味	皮带过松或已损坏	调紧或更换皮带

筛分机常见故障、发生原因及排除方法见表 1-5。

表 1-5　筛分机常见故障、发生原因及排除方法

常见故障	发生原因	排除方法
粉料粒度不均匀	筛网安装不密闭,有缝隙	检查并重新安装
设备不抖动	偏心失效、润滑失效或轴承失效	检查润滑,维修更换

5. 注意事项　粉碎机应空载启动,运行顺畅后,再缓慢、均匀加料,不可过急加料,以防粉碎机过载引致塞机、死机。定期为机器加润滑油。每次使用完毕,必须关掉电源,方可进行清洁。旋振

筛加料必须均匀,不可过多过快。操作时手不得伸向转动部位。

不允许在未安装筛子的情况下和夹子未紧固的情况下开机。不允许在超负荷的情况下开机。不允许在机器运行时进行任何调整。

企业视角

1. 待粉碎物料严禁混有金属物,且含水量不宜过高。
2. 粉碎室门要关好锁紧,以免发生事故。设备运转或未停稳时禁止打开舱门。
3. 振荡筛在安装筛网时,将筛盖用压杆压紧,注意不要挤压手指。禁止用钝器敲打按压筛盖。
4. 粉碎、过筛前要检查设备螺栓、螺母等是否紧合良好,密封胶垫是否有损坏或漏粉。
5. 操作过程中有异常响声或温度过高等其他不良现象时,应立即停机检查。
6. 粉碎机、振荡筛必须可靠接地。

(二) 粉碎筛分工序工艺验证

1. 验证目的　粉碎筛分工序工艺验证主要针对粉碎机的粉碎效果进行考察,评价粉碎工艺稳定性。

2. 验证项目和标准　工艺条件包括筛网目数大小、药粉的细度、进出料速度等。

(1)测试程序:按规定的粉碎机转数、筛网目数和加料速度进行生产。在粉碎特定时间时取样。选取时间点应分布在粉碎开始的 1/3 部分、中间 1/3 部分和末尾 1/3 部分,分别取三个样品,取样量保持一致。

取样后进行粉末粒度检测,计算筛分率(粉碎收率)和物料平衡。

$$筛分率 = \frac{通过 \times \times 目筛网的粉末重量}{粉末总重} \times 100\% \qquad 式(1-2)$$

$$粉碎物料平衡 = \frac{实收量 + 尾料量 + 残损量}{领料量} \times 100\% \qquad 式(1-3)$$

$$筛分物料平衡 = \frac{细粉量 + 粗粉量 + 残损量}{领料量} \times 100\% \qquad 式(1-4)$$

(2)验证通过的标准:按制定的工艺规程粉碎,粉碎后物料应符合质量标准的要求,原料粉通过 100 目,筛分率大于工艺规定的某一固定值(如 99%),说明粉碎筛分工艺合理。

(三) 粉碎筛分设备的日常维护与保养

1. 粉碎机的日常维护与保养的注意事项　设备使用前应检查设备各部件是否正常;设备使用结束后应及时清洁,加料斗、筛网、粉碎腔等要清洁干净;清洗零部件时应轻拿轻放,机器拆装过程中注意正确顺序和位置,避免部件损坏。

课 堂 活 动
请思考,粉碎机在粉碎过程中出现漏粉现象,应如何处理?物料粉碎时,如何控制落料速度?

每次生产前,空机试运行设备,检查有无漏油、异常噪声和振动。若发现异常情况,则检查排除,必要时通知维修人员进行检修。

2. 筛分机的日常维护与保养的注意事项 设备使用前应检查设备各部件是否正常；设备使用结束后应及时清洁，上盖、筛网、筛分腔等要清洁干净；清洗零部件时应轻拿轻放，机器拆装过程中注意正确顺序和位置，避免部件损坏。

每次生产前，空机试运行设备，检查有无漏油、异常噪声和振动。若发现异常情况，则检查排除，必要时通知维修人员进行检修。

点滴积累

1. 粉碎是通过施加机械力的方法克服固体物料内部凝聚力，使物料达到破碎效果的操作。
2. 筛分是借助筛网孔径大小将物料进行分离的方法。筛分是为了获得较均匀的粒子群。
3. 粉碎筛分设备有：冲击式粉碎机（高效粉碎机）、气流粉碎机（流能磨）、旋涡振荡筛、电磁式往复高频筛。
4. 粉碎筛分岗位标准操作规程。
5. 粉碎机、筛分机常见故障、发生原因及排除方法。
6. 粉碎机应空载启动，运行顺畅后，再缓慢、均匀加料，不可过急加料，以防粉碎机过载引致塞机、死机。操作时手不得伸向转动部位。

任务二　称量配料

能力目标

1. 能根据批生产指令进行称量配料岗位操作；能描述称量配料工艺操作要点及其质量控制要点。

2. 会按照 TCS-150 电子秤的操作规程进行设备操作；会对 TCS-150 电子秤进行日常维护与保养。

3. 能及时发现称量配料过程中的问题并有效解决。

领取任务

根据已经获得的片剂生产领料单，请按所需称量的量选择称量器具，依据称量器具使用标准操作规程进行物料称量，确保称量的准确性。按处方量进行配料。工作完成后，对设备进行维护与保养。

配料前，应根据片剂生产的"批生产记录"和领料单，核对原辅料品名、规格、代码、批号、生产厂、包装等情况。处方计算、称量及投料必须双人复核，操作者及复核者均应在记录上签名。配好的料应装在洁净容器内，容器内、外都应有标签，写明物料品名、规格、批号、重量、日期和操作者姓名等信息。

配料方式包括手动配料和自动配料。

（1）手动配料：配料过程中需配备局部除尘设施。设有初、中、高效过滤器，采用自循环的方式运行，垂直向下出风，该方式可以有效控制粉尘不会飞扬。粉尘全部收集在初效过滤袋上面，同一产品定期或者根据压差指示进行更换，不同活性成分更换不同滤袋，既可避免污染大气，也避免了交叉污染。如称量高致敏物料，可在配有半身或装有手套孔的独立柜子中进行操作。

（2）自动配料：使物料从储料容器中被卸载并以受控的方式进入接收容器，在接收容器中物料被称量。通常采用重力卸载或启动输送的方式进行物料转移。当所需重量的物料被分配至接收容器时，下料系统会自动停止，然后分配下一种物料。

一、称量配料设备

电子秤是国家强制检定的计量器具，未按照规定申请计量检定，或者经检定后不合格的，不予使用。

1. 置零键作用 其作用为确保零位指示灯亮。若在秤盘上有大于 $d/4$（d：感量，指该电子秤的最小刻度）的非被称量重物时，即使显示窗显示零，零位指示灯也不会亮，只有按置零键后，零位指示灯才亮。

2. 去皮键作用

（1）去皮功能：即当包装袋置于秤盘上后，按去皮键，去皮灯亮，显示器显示零。此时，再拿掉包装袋，去皮灯亮，零位灯也亮，显示器显示出负的皮重量。

（2）改变皮重：即只要将新的包装袋置于秤盘上，按去皮键，则自动改变皮重。

（3）清除皮重功能：此时必须拿掉秤盘上重物，然后按去皮键，则皮重自动清除。需要注意的是，当使用另一专用秤盘时，不能将其放在原秤盘上并在"去皮"状态下长期使用，因为这会使零位自动跟踪功能丧失而引入零位漂移，影响秤的准确度。应将原秤盘换上新的专用秤盘后再开启电源，使零位指示灯亮。

3. 数字键作用 其作用为置入单价。直接按数字键即可置入单价，置入新单价时，原有单价即自动清除。

二、称量配料岗位操作

实训设备为 TCS-150 电子秤。进岗前按进入 D 级洁净区要求进行着装，进岗后做好厂房、设备清洁卫生，并做好操作前的一切准备工作。

（一）称量配料岗位标准操作规程

1. 设备校验 确认电子秤水平状态正常。开机，进行零点校正，确认零点正常。

操作人员戴上手套，根据测量范围选择标准砝码进行校验，校验合格方可投入使用。

2. 生产过程 根据生产指令，到原辅料暂存间领取加工好的原辅料，每次只允许领取一种物料,并进行双人核对、签名。

按投料计算结果进行称量配料操作,双人核对,逐项进行配制、记录。

配料时将各种处理好的原辅料按顺序排好,依照批生产记录,按所需称量的量选择称量器具,依据称量器具使用标准操作规程进行称量。

配料桶进行编号,做好物料状态标识。标明物料名称、批号、皮重、毛重、净重、件数、总重,用于产品的批号、规格,配制人、复核人、配制日期等内容。

每称完一种原辅料,将称量记录详细填入生产记录。

配制结束后再进行仔细核对检查,确认正确后,双人核查签字。

3. 生产结束 剩余物料退回原辅料暂存间,对所用量及剩余量进行过秤登记,按公式计算物料平衡,应符合限度要求;并标明品名、规格、批号、剩余数量,每份物料卡应一式两份,以备下批使用或按退库处理。

生产结束后,按"清场标准操作规程"要求进行清场,做好房间、设备、容器等清洁记录。

按要求完成记录填写。清场完毕,填写清场记录。上报 QA 人员检查,合格后,发清场合格证,挂"已清场"牌。

4. 注意事项 配料称量实行双人复核制度。

毒剧药品、麻醉药品、细贵药材与精神药品应由 QA 人员监督投料,并记录。

安全使用水、电、气体,操作间严禁吸烟和动用明火。

开启设备时应注意操作是否在安全范围之内,穿戴好工作服和手套,以免在工作中受伤。

在称量或复核过程中,每个数值都必须与规定值一致,如发现有偏差,必须及时分析,并立即报告,直到作出合理的解释,由生产部与质量管理部有关人员共同签发,方可进入下一步工序,同时在批记录上详细记录,并有分析、处理人员的签名。

企业视角

称量前需穿戴好个人防护用具,防止吸入粉尘,称量时动作要轻缓,避免物料飞溅或撒漏。应先称量辅料,再称量原料;一个物料称量后,再称量下一个物料。所用称量器具不得混用,每种物料称量完成后做好表面清洁,以免造成交叉污染。

(二) 电子秤的日常维护与保养

使用时应注意仪表显示情况,如电力不足应先充电再使用。使用时应注意仪表是否自动回零,以确保称量的准确性。将所需称量的物体轻轻放在秤台上,不能过急,用力过猛、超重等,否则影响称量的准确性。

在使用过程中切勿把水溅在仪器上,除正常按触键位外,切勿使用尖锐的东西按键,以防止仪器损坏。使用完毕,应及时关机并做好秤台、仪器清洁工作。

清理时禁止使用丙酮或乙醇清洁仪表,可用干净的布擦拭。当称量不准确时,不要随意打开仪器机壳,必须由专业人员检修。

任务三　制粒

ER 1-3-3

混合制粒

能力目标

1. 能根据批生产指令进行制粒岗位操作；能描述制粒的生产工艺操作要点及其质量控制要点。

2. 会按照 HLSG-50 湿法混合制粒机、FL-5 型沸腾干燥制粒机操作规程进行设备操作；能对制备的颗粒进行质量检验。

3. 会进行制粒岗位工艺验证；会对 HLSG-50 湿法混合制粒机和 FL-5 型沸腾干燥制粒机进行清洁、保养。

领取任务

按批生产指令选择合适的制粒设备，将固体物料制备成符合粒度要求并加以干燥的粒状物料。对制粒工艺进行验证。工作完成后，对设备进行维护与保养。

制粒就是将粉状物料加工成颗粒的过程，并根据物料情况选择是否干燥。常作为压片或胶囊填充前的物料处理步骤，以改善物料的流动性，防止物料分层和粉尘飞扬。

制粒分为湿法制粒和干法制粒两种。采用湿法制粒时，制粒岗位要完成制软材、制湿粒、干燥、整粒等步骤。制湿粒的方法有挤压制粒、高速搅拌制粒、流化床制粒、喷雾制粒、挤出滚圆制粒等。不同制粒方法制得的颗粒形状、大小、强度、崩解性、压缩成型性也不同。干法制粒岗位在完成预混合之后即可制粒，无须干燥。

制粒操作时应注意使用的容器、设备和工具应洁净，无异物。一个批号分几次制粒时，颗粒的松紧度要一致。当混合制粒结束时，应将混合器的内壁、搅拌桨和盖子上的物料擦刮干净，以减少损失，消除交叉污染的风险。

湿法制粒后的干燥，可采用烘箱干燥和流化床干燥。烘箱干燥应注意控制干燥盘中的湿粒厚度、数量,干燥过程中应按规定翻料,并记录。流化床干燥所用空气应净化除尘,排出的气体要有防止交叉污染的措施。操作中随时注意流化室的温度、颗粒流动情况,应不断检查有无结料现象。更换品种时应更换滤袋。定期检查干燥温度的均匀性。

将干燥后的颗粒再给予适当的粉碎,使结块、粘连的颗粒散开得到大小均匀一致的颗粒,称为整粒。一般采用过筛的方法进行整粒。

一、制粒、干燥、整粒设备

1. 制粒设备

(1)流化床制粒机:又称一步制粒机,见图1-8,是使药物粉末在自下而上的气流作用下保持悬浮的流化状态,黏合剂液体向流化层喷入使药物粉末聚结成颗粒的方法。该设备可以使混合、制粒、干燥集中在同一密闭容器内完成,运作快速、高效,并避免粉尘飞扬、泄漏和污染。操作时物料装入容器中,从流化床底下通过筛板吹入适宜温度的气流,使物料在流化状态下混合均匀,再喷入黏合剂液体,粉末开始聚结成粒,经过反复喷雾和干燥,当颗粒大小符合要求时停止喷雾,最后再送入热风对颗粒进行干燥,得到干颗粒。

黏合剂喷入方向有两种:一种是顶部有喷枪,喷入流动粉末上方;另一种是底座上有喷枪,喷嘴位于导流管内,导流管的作用是保证恒定流量的粉末在喷射角内。后一种方式通常用于微丸包衣。

图1-8　流化床制粒机

(2)高速搅拌制粒机:将粉体物料与黏合剂在圆筒(锥形)容器中由底部搅拌浆充分混合成湿软物料后再由侧置的高速切割刀切割成均匀的湿颗粒,见图1-9。该设备的特点是充分密封驱动轴,清洗时可切换成水,较传统工艺减少25%黏合剂,干燥时间缩短。每批仅干混2分钟,造粒1~4分钟,功效比传统工艺提高 4~5 倍。在同一封闭容器内完成干混 - 湿混、制粒。手工上料产尘量大,现采用管道将料桶与制粒机密闭连接,真空上料。黏合剂可配制成溶液加入,传统黏合剂如淀粉、明胶,需要加热成为胶体,则需要选择有夹套加热的黏合剂溶液的制备系统。当前的趋势是将黏合剂粉末直接加入干粉混合物中,只有润湿剂需要单独加入。

结构示意图　　　　　　　　　实物图

图 1-9　高速搅拌制粒机

目前常见的方式是将高速搅拌制粒机和流化床干燥器结合在一起制粒。

(3)挤压式摇摆制粒机:物料采用适当的黏合剂制成软材后,用强制挤压的方式使其通过具有一定大小筛孔的孔板或筛网而制得湿颗粒(图 1-10)。此类设备有螺旋挤压式、旋转挤压式、摇摆挤压式等。先经过混合机干混,并加入黏合剂,制成软材,再通过挤压式进行制粒。黏合剂的加入量、加入方式、速度、混合时间,桨转速,桨叶形状对软材质量有显著影响。筛网孔径或挤压轮上的孔的大小则决定了颗粒的大小。

结构示意图　　　　　　　　　实物图

图 1-10　挤压式摇摆制粒机

(4)喷雾制粒机：将药物溶液或混悬液用雾化器喷雾于干燥室内的热气流中，使水分迅速蒸发以直接制成球状干燥细颗粒。在数秒内完成原料液的浓缩、干燥、制粒的过程，原料液的含水量可以达到70%~80%，甚至更高。干颗粒可连续或间歇出料，废气由干燥室下方的出口流入旋风分离器，进一步分离出固体粉末，经风机和袋滤器后排出。喷雾制粒机的雾化器是关键零件，常用雾化器有压力式雾化器、气流式雾化器、离心式雾化器等。

(5)干法制粒机：又称为辊压式制粒机，是利用物料中的结晶水，直接将物料脱气预缩，再通过液压作用用压轮挤压成薄片，最后经过粉碎整粒、分级除尘回收等工艺制成满足要求的颗粒，见图1-11。该设备适用于在湿热条件下不稳定药物的制粒。可能影响薄片形成以及颗粒特性的关键辊压参数有辊压压力、进料速度、进料夹角等。粉末原料应能稳定进料，不稳定的进料速度会导致泄漏量超出范围，甚至影响颗粒分布、堆密度和强度。在辊压之前增加真空吸气装置，可使料斗内锁住的空气抽出，从而保证粉料均衡进料。粉料随双螺旋挤压杆进入夹角，此时粉料与辊压轮的摩擦力产生推力使其穿过辊压区。在辊压区，粉料被高度密度化，粉粒被挤压变形或变碎，最后在辊压缝最窄处形成薄片。辊压过程中，真空压力、液压压力等会影响颗粒的特性，而其后的碾磨和筛网控制颗粒成合适大小。

结构示意图　　　　　　　　　　　实物图

图1-11　干法制粒机

2. 干燥设备

(1)热风循环烘箱：利用蒸汽或电为热源，用轴流风机对热交换器以对流换热的方式加热空气，热空气层流经烘盘与物料进行热量交换。新鲜空气从进风口补充，废湿热空气从排湿口排出，通过不断补充新鲜空气与不断排出湿热空气，保持烘箱内适当的相对湿度。热风循环烘箱的特点是部分热风在箱内进行循环，整个循环过程为封闭式，从而增强了传热，节约了能源。主要适用于少量物料的干燥，如产品研发阶段，当主料用量很少又很贵重，但必须保证溶剂不易燃时。需考虑的参数有入风量、入风温度、入风湿度、干燥时间等,干燥盘的摆放、物料的厚度、干燥物料的量,干燥过程是否需要翻盘和翻盘次数均需经过验证。

(2)流化床干燥机:有的利用有孔的板或气体分散的盘,使热空气均匀接触湿物料,使物料呈沸腾状态,水分被热空气向上带走,经过气固分离装置(如袋滤器)截住所有颗粒。有的利用袋滤器的抖动来收集截住的物料,也有采用不锈钢滤器,再用反吹的压缩空气将过滤器上的产品吹落,在过滤器下游配有风机,创造负压环境,以保证最少的粉尘泄漏。关键控制参数有入风速度、流量、入风温度、入风湿度、集尘滤袋材质和致密度等。

3. 整粒设备 粉碎整粒机多用于粗状原料的粉碎和整粒、块状原料的粉碎和整粒、结块原料的分解。加工的原料进入粉碎整粒机的进料口后,落入锥形工作室,由旋转回转刀对原料起旋流作用,并以离心力将颗粒甩向筛网面,同时由于回转刀的高速旋转与筛网面产生剪切作用,颗粒在旋转刀与筛网间被粉碎成小颗粒并经筛网排出。粉碎的颗粒大小由筛网的数目、回转刀与筛网之间的间距以及回转转速的快慢来调节。

ER 1-3-4

整粒

二、制粒岗位操作

进岗前按进入 D 级洁净区要求进行着装,进岗后做好厂房、设备清洁卫生,并做好操作前的一切准备工作。

(一) 制粒岗位标准操作规程

1. 设备检查试运行 将设备、工具和容器用 75% 乙醇擦拭消毒。

设备试运行,开启混合制粒机、流化床干燥机、整粒机等设备,确保无异常情况,停机待用。

2. 生产过程

(1)领料:按批生产记录,向物料暂存室领取物料,确认品名、批号、桶号无误,运送至制粒间待用。

(2)配制黏合剂:按批生产记录核对黏合剂及溶剂数量、名称、桶号,配制黏合剂,配制过程采用双人复核。

(3)投料:打开桶盖检查聚乙烯袋袋口密封捆扎,再次双人复核物料名称、编号、数量、桶号等。按批生产记录要求的顺序及方式进行投料。

(4)预混合:按批生产记录设定搅拌桨转速和搅拌时间,进行预混合。

(5)制软材:按批生产记录设定搅拌桨转速、运行时间,加入黏合剂,开始制软材,制成合适的软材。

(6)制湿粒:按生产工艺设定搅拌桨转速、制粒刀转速和制粒时间,将软材制成均匀的湿颗粒。

(7)出料:将湿颗粒出料至容器中。再检查物料是否出尽,如有必要进行人工出料,将制粒锅内的物料完全出尽。

(8)干燥方式:流化床干燥、烘箱干燥。

1)流化床干燥:按生产工艺设定进风温度、进风量对流化床预热;预热结束后,加入物料。设定进风温度、进风量,待物料达到规定物料温度或出风温度时,岗位操作人员取样,送中控室或分析室检测,待检测合格,再进行整粒。

2)烘箱干燥:将湿颗粒平铺至烘盘,每个烘盘物料高度不超过2cm。设定温度进行干燥。每隔一段时间对物料进行翻动,烘盘位置上下左右进行交换。经过规定时间干燥后冷却。

(9)整粒:选择合适的筛网规格、垫片厚度,控制转子转速,将干颗粒通过整粒机进行整粒。取适量物料进行干燥失重检测。

3. 生产结束 整粒结束后,将干颗粒进行称重,做好"产品标识",贮存于中间站;生产结束后,按"清场标准操作规程"要求进行清场,做好房间、设备、容器等清洁记录。

按要求完成记录填写。清场完毕,填写清场记录。上报QA人员检查,合格后,发清场合格证,挂"已清场"标识。

4. 异常情况处理 生产过程中发现设备问题及故障,必须停机,关闭电源,及时报告,确定故障排除后,再开机生产。

颗粒干燥失重失控时,要及时报告QA人员进行处理。

在投料时发现有异物应立即停止生产并及时报告QA人员。

湿法制粒过程中,常遇到的问题及解决办法见表1-6。

表1-6　湿法制粒过程中容易遇到的问题及解决办法

常遇到的问题	产生原因	解决办法
颗粒过松	黏合剂用量不够或黏性不够	根据产品工艺程序适当增加黏合剂用量
	制粒时间过短	增加制粒时间
颗粒过湿	黏合剂用量过多	适当降低搅拌桨转速,防止物料堵塞,并在流化床干燥初始阶段加大进风量
流化床过滤袋堵塞	有较多的物料黏附在过滤袋上	手动振荡过滤袋,或加大振荡频率
流化床塌床,物料结块	流化床风量不够,物料堆积于筛网上无法沸腾	(1)适当加大风量 (2)将结块物料去除,手工过筛,再进行干燥

湿法混合制粒机常见故障、发生原因及排除方法见表1-7。

表1-7　湿法混合制粒机常见故障、发生原因及排除方法

常见的故障	故障的原因	排除方法
出料门速度不当	单向节流阀调节不当	调整单向节流阀
	电磁阀排气量调节不当	调整电磁阀排气回路节流阀
运行、制粒、搅拌不工作	观察状态显示,如显示"准备"状态时锅盖未降下或清洗门柄盖未旋紧,急停按钮未复位	将锅盖放下,旋紧柄盖;旋转释放其急停按钮,使状态显示为"就绪"状态
运动中电机停转	观察变频器故障显示状态	对照变频器说明书,查原因,改参数
触摸屏出现"?"	通信线接触不良	检查通信线插头、插座
未成颗粒(程序未完成自动出料)	峰值电流设定过低	调高峰值电流值
指令开关拨指进气位置无气或指令开关拨指进水位置无水	管路阻塞或膜片阀圈烧坏	通管路,更换线圈

沸腾制粒机常见故障、发生原因及排除方法见表1-8。

表1-8 沸腾制粒机常见故障、发生原因及排除方法

出现故障	产生原因	排除方法
流化状态不佳	长时间没有抖动,布袋上吸附的粉末太多	检查过滤抖动气缸
	滤袋没有锁紧	检查锁紧气缸
	床层负压过高,粉末吸附在过滤袋上	调小风门的开启度,抖动过滤袋
	各风道发生阻塞,风道不畅通	检查并疏通风管
	油雾器缺油	油雾器加油
排出空气中的细粉末	过滤袋破裂	检查过滤袋,如有破口、小孔,必须补好,方能使用
	床层负压过高将细粉抽出	调小风门开启度
	过滤袋破旧	更换过滤袋
制粒时出现沟流或死角	颗粒含水量过高	降低颗粒水分
	湿颗粒进入原料容器里置放过久	先不装足量,等其稍干后再将湿颗粒加入;颗粒不要久放于原料容器中;启动鼓造按钮将颗粒抖散
	温度过低	升温
干燥颗粒时出现结块现象	部分湿颗粒在原料容器中压死	启动鼓造按钮将颗粒抖散
	抖动过滤袋周期太长	调节抖袋时间
制粒操作时分布板上结块	压缩空气压力太小	检查喷雾开闭情况是否灵活、可靠,调节雾化压力
	喷嘴有块状物阻塞	调节输送流量,检查喷嘴,排除块状异物
	喷雾出口雾化角度不好	调整喷嘴的雾化角度
制粒时出现豆状大的颗粒且不干	雾化质量不佳	调节输液量,调节雾化压力
蒸汽压力不足,且温度达不到要求	换热器未正常工作	检查换热器,处理故障
	疏水器出现故障	排除疏水器故障,放出冷凝水

问题探究

高速湿法混合制粒机在正常运行中各项参数显示以及操作均正常,但物料制粒效果并不好,应该如何处理?

出现此种情况经常是搅拌桨、制粒刀安装不当,其上黏附的物料太多,以及物料中有异物造成的。可以取出锅体内物料,重新调整安装搅拌桨、制粒刀,必要时重新清洗搅拌桨、制粒刀,重新安装调整或更换。

(二)制粒工序工艺验证

1. 验证目的 制粒工序工艺验证主要针对制粒机所制备的颗粒效果进行考察,评价制粒工艺稳定性。

2. 验证项目和标准

(1)工艺条件:包括预混时间、黏合剂用量、搅拌转速、制粒刀转速、制粒时搅拌转速、搅拌制粒时间、干燥温度和时间。

(2)验证程序:按制定的工艺规程制粒。在三个不同的部位分别取样,取样量保持一致。

检测水分、含量、固体密度、外观。计算制粒收率和物料平衡:

$$制粒收率 = \frac{总混合后颗粒总量}{投入原辅料量 + 粉末重量} \times 100\% \qquad 式(1-5)$$

$$制粒物料平衡 = \frac{总混合后颗粒总量 + 粉末重量 + 可见损耗量}{投入原辅料量 + 投入粉末重量} \times 100\% \qquad 式(1-6)$$

(3)验证通过的标准:按制定的工艺规程制粒,所生产的颗粒应符合质量标准的要求。

(三)整粒工序工艺验证

1. 验证目的 确认该过程能对团块、大颗粒进行整粒,产生分布均匀的干颗粒。

2. 验证项目和标准

(1)按标准操作规程进行整粒,取样测定颗粒的堆密度、粒度范围。

(2)合格标准:整粒前后颗粒的堆密度之差应 ≤ 0.2g/ml,整粒后的颗粒能全部通过 × × 目筛,小于 100 目的细粉不应超过总重的 10%。

(四)制粒设备的日常维护与保养

1. 湿法混合制粒机的日常维护与保养的注意事项 检查设备连接压缩空气管线有无泄漏,真空管有无破损;检查搅拌桨以及切割刀是否安装正确可靠;检查真空泵油位是否正常,油质是否变化,必要时更换或加注真空泵油;清洁真空泵空气过滤器;检查出料活塞是否灵活、到位;清洗喷头。

2. 沸腾干燥制粒机的日常维护与保养的注意事项 风机要定期清除机内的积灰、污垢等杂质,防止锈损,第一次拆修后应更换润滑油;进气源的油雾器要经常检查,在用完前必须加油,润滑油为 5 号机械油、7 号机械油,如果缺油会造成气缸故障或损坏,分水滤气器有水时应及时排放;喷雾干燥室的支撑轴承转动应灵活,转动处定期加润滑油;设备闲置未使用时,应每隔 10 天启动一次,启动时间不少于 1 小时,防止气阀因时间过长润滑油干枯,造成气阀或气缸损坏。

企业视角

维修设备过程中,遵循"谁开机、谁关机"的原则,杜绝一人维修,一人操作。

沸腾干燥制粒机的清洗过程为:拉出原料容器、喷雾干燥室,放下滤袋架,关闭风门,用有一定压力的自来水冲洗残留在主机各部分的物料,特别对原料容器内气流分布板上的缝隙要彻底清洗干净。冲洗不了的可用毛刷或布擦拭。洗净后,开启机座下端的放水阀,放出清洗液。特别对过滤袋应及时清洗干燥,烘干备用。

三、"1+X"考证练兵场——制粒、干燥项目

颗粒剂的制备——制粒和干燥操作是固体制剂生产的 6 个岗位之一,药物制剂生产"1+X"职

业技能等级(中级)证书考核时,6个岗位随机抽取1个进行考核。

本岗位操作人员应依据批生产指令单进行生产前环境检查,按照颗粒剂生产岗位标准操作规程操作设备,填写相关生产记录及对环境、操作间进行清场工作。

考 证 要 点

1. 生产前检查 复核清场,检查温湿度、压差、设备状态标识、清洁状态等。

2. 生产操作 状态牌的更换,开机前检查机器,按生产指令要求设置参数等,湿法制粒工艺、操作要点及制剂生产过程管理。

3. 清场 按 SOP 进行正确清场,正确填写过程记录,发放清场合格证。

1. 生产前环境检查 检查场地、设备状态标识,正确复核环境(物料残留与文件遗留),正确检查操作间温湿度、压差,检查清场合格证副本,确认有效期,并将其粘贴于批生产记录。核对本次批生产记录文件是否齐全。

2. 生产岗位操作 正确领取物料,请现场 QA 人员复核准产。

(1)制粒开机前检查:检查机械部分、电气按钮、开关各部分是否正常,打开压缩空气阀门,关闭容器密封盖及出料口,系紧除尘袋,正确开机,进行空机运转。

(2)制粒开机运行:更换设备状态标识,开机,检查主界面报警指示,设定制粒参数,加入制粒物料,正确加入黏合剂,进行混合制粒,观察判断物料制粒状况,制粒完成后出料。

(3)整粒:开机前,检查筛网孔径是否与生产指令要求一致,根据工艺要求设定整粒速度参数,进行湿法整粒,结束后正确关机,更换设备状态标识,移交物料。

(4)干燥:检查插销、螺丝、阀门、气管、温度测定探头,拉出原料容器、喷雾室检查,检查捕集袋是否符合要求。正确领取物料。

开机运行:更换设备、房间状态标识,正确打开设备安全电源及空气压缩机电源、通气阀门,正确开机、设定干燥参数,正确加入干燥物料,启动设备干燥物料程序正确:容器升→风机起(稳定)→程序→加热,正确观察判断物料干燥状况,根据情况调节参数,取样评价。

出料停机:按程序正确停机,物料冷却后停机出料。

3. 岗位清场 更换生产状态标识和设备状态标识,正确选择清洁用具清洁,按清场程序进行清场。及时填写生产记录、设备使用记录、生产前检查记录,过程中粘贴清场合格证副本。

四、"1+X"考证练兵场——整粒项目

颗粒剂的制备——整粒是固体制剂生产的 6 个岗位之一,药物制剂生产"1+X"职业技能等级(中级)证书考核时,6 个岗位随机抽取 1 个进行考核。

本岗位操作人员应依据批生产指令单进行生产前环境检查,按照颗粒剂整粒岗位标准操作规程正确悬挂生产状态标识,规范检查仪器状态是否正常,按要求设置相关参数,规范进行干颗粒整

粒操作、清场,并正确填写相关记录。

考 证 要 点

1. **生产前检查** 复核清场,检查温湿度、压差、设备状态标识、清洁状态等。

2. **生产前准备** 到中间站领取物料,领取过程注意复核相关信息等。

3. **生产操作** 状态牌的更换,开机前检查机器,按要求生产指令要求设置参数等,进行上料操作。

4. **清场** 按 SOP 进行正确清场,正确填写过程记录,发放清场合格证。

1. 生产前环境检查 检查场地、设备状态标识,正确复核环境(物料残留与文件遗留),正确检查操作间温湿度、压差,检查清场合格证副本,确认有效期,并将其粘贴于批生产记录。核对本次批生产记录文件是否齐全。

2. 生产岗位操作 正确领取物料,请现场 QA 人员复核准产。开机前检查,正确安装筛网(将粒径小的筛网放于上层),设置设备参数,正式操作前更换房间与设备状态标识,正确操作设备并规范加料,关闭设备程序正确,正确收集物料。

3. 清场操作 正确更换状态标识,清除设备残留物料,清洁地面、台面,正确选择清洁用具(如正确区分清洁布),正确处理废弃物料。及时如实填写生产过程记录、生产前检查记录,并将清场合格证副本粘贴于记录,正确填写中间产品交接单据、设备使用记录及清场记录,并将清场合格证副本粘贴于记录中。

点滴积累

1. 制粒是将粉状物料加工成颗粒的过程,并根据物料情况选择是否干燥。常作为压片或胶囊填充前物料处理步骤,以改善物料的流动性,防止物料分层和粉尘飞扬。

2. 制粒分为湿法制粒和干法制粒两种。采用湿法制粒时,制粒岗位要完成制软材、制湿粒、干燥、整粒等步骤。干法制粒岗位在完成预混合之后即可制粒,无须干燥。

3. 制湿粒的方法有挤压制粒、高速搅拌制粒、流化床制粒、喷雾制粒、挤出滚圆制粒等。

4. 湿法制粒后的干燥,可采用烘箱干燥和流化床干燥。

5. 制粒、整粒设备有流化床制粒机、高速搅拌制粒机、挤压式摇摆颗粒机、喷雾制粒机、干法制粒机、粉碎整粒机。

6. 制粒岗位操作严格按照该岗位标准操作规程执行。

7. 异常情况处理 生产过程中发现设备问题及故障,必须停机,关闭电源,及时报告,确定故障排除后,再开机生产。

任务四 总混

能力目标

1. 能根据批生产指令进行总混岗位操作；能描述总混的生产工艺操作要点及其质量控制要点。
2. 会按照 HDA-100 型多向运动混合机的操作规程进行设备操作。
3. 会进行总混岗位的工艺验证；会对 HDA-100 型多向运动混合机进行清洁、保养。

领取任务

按批生产指令选择合适混合设备将物料与外加成分进行总混，进行中间产品检验。混合结束后对混合工艺进行验证。工作完成后，对设备进行维护与保养。

整粒结束后的颗粒中需要加入润滑剂和外加崩解剂等辅料时，可采取总混操作使之混合均匀，总混过程是保证药物含量均一性的重要操作工艺。总混过程中合适的混合体积会影响混合效果，可通过混合物的堆密度得出的数据计算出理论装载量，有效体积通常为 20%~85% 的体积，或使用 1/3~2/3 的装载体积为合理体积。

一、混合设备

混合设备常用的非常多，从大类上来分可分为干法混合和湿法混合两大类。干混设备主要包括旋转式混合机、二维运动混合机、三维多向运动混合机等；湿混设备主要包括槽型混合机、双螺旋锥形混合机等。总混设备通常选用干混机。混合机的转速、装料体积、装料方式、混合时间等会影响混合的效果。

1. V 形混合机 V 形混合机(图 1-12)，其工作原理是电机通过三角皮带带动减速器转动，继而带动 V 形混合筒旋转。装在筒内的干物料随着混合筒转动，V 形结构使物料被分开至两臂，旋转中又回到单臂中重组合，反复分离、合一，用较短时间即可混合均匀。

结构示意图　　　　　　　　　　实物图

图 1-12　V 形混合机

2. 方形混合机　方形混合机(图 1-13)与 V 形混合机相似,容器在中轴上转动,物料以连续转动的方式进行流动。其优势在于混合后物料不经过转移,可直接将方形混合桶移至压片机上方采用重力下料方式进行压片,因而是目前较推荐使用的混合机。

结构示意图　　　　　　　　　　　实物图

图 1-13　方形混合机

3. 二维混合机　二维混合机(图 1-14)主要由转筒、摆动架、机架三大部分构成。转筒装在摆动架上,由四个滚轮支撑并由两个挡轮对其进行轴向定位,在四个支撑滚轮中,其中两个传动轮由转动动力系统拖动使转筒产生转动,摆动架由一组曲柄白杆机构来驱动,曲柄白杆机构在机架上,摆动架由轴承组件支撑在机架上。转筒可同时进行两个运动,一个为转筒的转动,另一个为转筒随摆动架的摆动。被混合物料在转筒内随转筒转动、翻转、混合的同时,又随转筒的摆动而发生左右的掺混运动,在这两个运动的共同作用下,物料在短时间内得到充分混合。

4. 三维多向运动混合机　三维多向运动混合机由主动轴被动及万向节支持着混料桶在 X、Y、Z 轴方向做三维运动(图 1-15)。筒体除了自转运动,还做公转运动,筒体中的物料不时地做扩散流动和剪切运动,加强了物料的混合效果。并且,筒体的三维运动克服了其他种类的混合机混合时产生离心力的影响,减少了物料比重偏析,从而保证物料的混合效果。混合均匀性好,时间短。

图 1-14　二维混合机　　　　　　　**图 1-15　三维多向运动混合机**

三维运动混合机由机座、传动系统、电器控制系统、多向运动机构、混合桶等部件组成。由于混合桶具有多方向的运动,使桶体内的物料混合点多,混合效果好,其混合均匀度要高于一般混合机混合的物料,药物含量的均匀度误差要低于一般混合机。三维多向运动混合机的混合桶体型设计独特,桶体内壁经过精细抛光,无死角,无污染物料,出料时物料在自重作用下顺利出料,不留剩余料,具有不污染、易出料、不积料、易清洗等优点。

二、总混岗位操作

进岗前按进入 D 级洁净区要求进行着装,进岗后做好厂房、设备清洁卫生,并做好操作前的一切准备工作。

ER 1-3-5

总混

(一) 总混岗位标准操作规程

1. 设备安装检查及试运行 检查设备是否正常完好,对有直接接触药品的设备表面、容器、工具等进行消毒备用。设定转速和时间,进行空机试运行。

2. 生产过程 按批生产记录仔细核对待混合的各原辅料品名、批号、数量等。外加的其他物料应进行过筛处理。打开总混机加料口,往筒内加入工艺规定量的原辅料,然后锁紧加料口。将总混机转速调整至工艺规定的转速和混合时间,启动机器进行混合。

混合结束后,一般不能马上下料,需等筒内药粉平复下来再行出料。

3. 生产结束 及时收料,将其放入周转桶内挂上状态标识,按照工艺要求进行流转。生产结束后,按"清场标准操作规程"要求进行清场,做好房间、设备、容器等清洁记录。

按要求完成记录填写。清场完毕,填写清场记录。上报 QA 检查,合格后,发清场合格证,挂"已清场"牌。

4. 注意事项 操作人员要与总混机的运行轨迹保持一段安全距离,防止造成人身事故。更换品种时,必须对混合机筒体进行彻底清洗。混合过程中,操作员不得离开现场,以免发生意外。

HDA-100 型多向运动混合机标准操作规程见 ER 1-3-5。

(二) 总混工序工艺验证

1. 验证目的 确认该过程能够将颗粒与外加辅料混合均匀。

2. 验证项目和标准

(1)操作按标准程序进行,在设定的混合时间按对角线法取样,按质量标准测定颗粒的主药含量均匀度,填写记录。

(2)合格标准:混合后颗粒的主药含量均匀(测定值之间的 RSD ≤ 2%)。

(三) 总混设备的日常维护与保养

总混设备的日常维护与保养应注意:保证机器各部件完好可靠;设备外表及内部应洁净,无污物聚集;加料、清洗时应防止损坏加料口法兰及桶内抛光镜面,以防止密封不严与物料残留,各润滑杯和油嘴应每班加润滑油和润滑脂;定期检验皮带及链条的松紧,必要时应进行调整或更换。

"1+X"
考证项目

三、"1+X"考证练兵场——总混项目(以 SBH-200 三维运动混合机为例)

总混是固体制剂生产的 6 个岗位之一,药物制剂生产"1+X"职业技能等级(中级)证书考核时,压片生产、压片机拆装、片剂质检、总混岗位 4 个项目随机抽取 1 个进行考核。

本岗位操作人员应依据批生产指令单进行生产前环境检查,按照总混岗位标准操作规程正确悬挂生产状态标识,规范检查设备状态是否正常,按要求设置相关参数,规范进行物料总混操作、清场,并正确填写相关记录。

> **考 证 要 点**
>
> 1. **生产前检查** 检查操作间温度、相对湿度、静压差并记录,检查生产环境要求及操作间状态标识。
> 2. **生产前准备** 中间站领取干颗粒,生产前检查与准备结束,应请 QA 复核,双方签字后准产。
> 3. **生产操作** 状态牌的更换,进行开机前检查,进行安全操作等。
> 4. **清场** 按 SOP 进行正确清场,正确填写过程记录,发放清场合格证等。

1. 生产前环境检查 检查场地、设备状态,及时更换生产状态标识,并查看温湿度计、压力表是否符合要求,检查清场合格证副本,确认有效期。正确检查复核是否存在地面、门窗残留物料,遗留上批次文件等情况。

2. 生产岗位操作 正确领取物料,并检查物料包装是否完好,是否有变色、潮湿等现象,请现场 QA 人员复核准产。正式操作前更换房间与设备状态标识。正确开机,检查设备的运行状态。关掉电源,投料并正确设置参数按标准操作规程操作,生产结束后,正确关机,打开投料口盖,检查药粉是否混合均匀,色泽是否正常,在下料口扎好布袋,用双层洁净塑料袋接料,打开下料口阀门开始下料,并用药用推粉杆通过投料口推药粉收料,移交中间产品,正确填写中间产品交接单据。

3. 岗位清场 混料结束后,更换状态标识,清除设备残留物料,正确选择清洁用具,从上到下顺序清洁设备、地面等,正确处理废弃物。及时如实填写生产过程记录、生产前检查记录、设备使用记录、清场记录,并将清场合格证副本粘贴于批生产记录中。

> **点滴积累**
>
> 1. 总混操作是指整粒结束后的颗粒中需要加入润滑剂和外加崩解剂等辅料将其混合均匀,总混过程是保证药物含量均一性的重要操作工艺。
> 2. 混合分为干法混合和湿法混合两大类。干混设备主要包括旋转式混合机、二维运动混合机、三维多向运动混合机等;湿混设备主要包括槽型混合机、双螺旋锥形混合机等。总混设备通常选用干混机。
> 3. 总混的岗位操作中,混合机的转速、装料体积、装料方式、混合时间等会影响混合的效果,混合结束后,一般不能马上下料,需要等筒内药粉平复下来再行出料。
> 4. 操作人员要与总混机的运行轨迹保持一段安全距离,防止造成人身事故。

任务五　压片

能力目标

1. 能够按照批生产指令完成压片岗位生产操作。
2. 能完成压片过程中间产品的质量检验项目。
3. 会压片岗位的工艺验证过程。

领取任务

按批生产指令完成片剂的生产,并按要求在生产过程中对片剂进行抽样检查。压片机已完成设备验证,进行压片工艺验证。压片工序完成后,按照SOP要求进行设备清洁和清场。

压片是指将颗粒或粉末压制成片剂的工艺过程。在片剂的生产中,压片机是最为关键和重要的设备。目前国内各制药企业所使用的压片机可简单地分为单冲式压片机和多冲式旋转压片机(普通旋转压片机、亚高速旋转压片机、高速旋转压片机、包芯片压片机、全粉直接压片机等)。

单冲式压片机主要由冲模、加料机构、填充调节机构、压力调节机构和出片机构组成,见图1-16。其原理是通过偏心轮的转动带动上下冲运转,使之产生相对运动而将物料压制成药片。单冲式压片机一般每分钟压制40~100片。压片时由于上冲单向加压而容易产生裂片、噪声大等缺点,一般适用于小批量生产和实验室试制。

防护罩　手轮　料杯　电机　开关　出片口　机器底座

图1-16　单冲式压片机

多冲式旋转压片机按模具的轴心随转台旋转的线速度可分为普通旋转压片机、高速旋转压片机和亚高速旋转压片机等,其产量为每小时几万到几十万片之间,可满足不同的生产需求。普通旋转压片机转台的最高转速只能达30r/min左右,生产能力较低,一般为每小时10万片左右;高速旋转压片机转台的转速一般为 50~90r/min，生产量为每小时 20 万 ~ 50 万片。

多冲式旋转压片机还有多种分类方法，可按冲模数目来编制机器型号，如 5 冲压片机、19 冲压片机、33 冲压片机等。以转盘旋转一周填充、压片、出片等操作的次数，可分为单压压片机、双压压片机等。单压是指转盘旋转一周只填充、压片、出片一次；双压是指转盘旋转一周时填充、压片、出片各进行两次，因此生产效率是单压的两倍。双压压片机有两套压轮，为了减少机器的振动及噪声，降低设备的动力消耗，两套压轮一般设计为交替加压，因此压片机的冲数皆为奇数。

包芯片是近年来国内外发展而来的新剂型，也称干法包衣片。有学者将单冲式压片机进行了改造，研制出一步干法包衣压片机。该机与传统的压片机结构上的不同在于一步干法包衣压片机的冲头含有双层结构——中心冲和外周冲，中心冲的直径比外周冲的直径小。该系统可以装备在旋转压片机上用于工业化大生产。

粉末直接压片是将药物的粉末与适宜的辅料分别过筛并混合后，不通过湿法制粒或干法制粒而直接压制成片。由于其不必经过制粒、干燥，工艺过程简单，节能省时的同时还能保护药物，特别是增加对湿热敏感药物的稳定性，产品崩解或溶出快，成品质量稳定，并能提高片剂制备的工业自动化程度，符合 GMP。因此，粉末直接压片机越来越多地被各国的医药企业所采用，在国外约有40% 的片剂品种采用粉末直接压片的工艺进行生产。目前，国内虽然还以湿法制粒工艺进行压片为主，但随着药用辅料新品种、压片设备的不断引进和完善，粉末直接压片法的应用也将逐渐增加。国内也有一些厂家生产的旋转压片机可以用于全粉压片，但在实际应用中还有一些不完善，尚需我国制药机械专家进一步努力。

压片机所压的片形，最初多为扁圆形，以后发展为上下两面的浅圆弧形和深圆弧形，这是为了包衣的需要。随着异形压片机的发展，椭圆形、三角形、长圆形、方形、菱形、圆环形等片剂随之产生。另外，随着制剂的不断发展，因复方制剂、定时释放制剂的要求而需要制成双层、三层、包芯等特殊的片剂，这些都要在特殊压片机上完成。

在固体制剂生产车间中，压片机必须独立安置在一个操作间内，一般为"压片室"。压片室与外室保持相对负压，粉尘由吸尘装置排除。机器运转部分应隔离在安全区域内，使噪声降到最低并保证安全。压片工段应设冲模室，由专人负责冲模的核对、检测、维修、保管和发放。冲模使用前后均应检查品名、规格、光洁度，检查有无凹槽、卷皮、缺角和磨损，发现问题应追查原因并及时更换。

一、压片设备

多冲式旋转压片机主要由工作转盘、加料机构、填充调节机构、上下冲的导轨装置和压力调节机构组成，见图 1-17。工作转盘由三部分组成：上层为上冲，中层为中模，下层为下冲，

图 1-17　多冲式旋转压片机

中层位置装有填料斗。当转盘做旋转运动时,均布于转台的多副冲模按一定轨迹做圆周升降运动,通过压轮将颗粒状物料压制成片剂。

压片过程可分为三步:①充填(filling);②压片(compression);③出片(ejection)。三道程序连续进行,通过调节填充量可改变片重,通过调节压力可改变片剂硬度。采用流栅式加料机构,可使物料均匀地充满模孔,减少片重差异。

在设备的一侧通常装有吸粉箱,当压片机在高速运转时,产生粉尘和中模下坠的粉末,通过吸粉嘴排出,避免了粉尘对生产环境的影响以及对生产人员的危害。

企业视角

1. 安装机器时一定要切断电源,谨防卡手。
2. 安装冲模时,要注意上下冲头的区别,冲模安装要到位,可用手检测是否安装平整。
3. 开机人员每次开机前应先观察机器的运动部件是否有人靠近,只有确定所有的人员都不会接触机器运动部件时,才能开机,开机时应提醒其他人员,全程一人操作。
4. 生产操作时戴好口罩,进行直接接触药品的操作时必须佩戴一次性手套。
5. 设备运转时操作人员不得离岗,运转中或未停稳前严禁伸手触摸。
6. 填写标识时,物料名称的书写形式应为产品名称后加"(素片)",例如:××××(素片)。

二、"1+X"考证练兵场——压片机安装项目

压片机拆装是固体制剂片剂生产的岗位之一,药物制剂生产"1+X"职业技能等级(中级)证书考核时,4个考核项目中随机抽取1个进行考核。

本岗位操作人员应依据批生产指令单进行生产前环境检查,按照压片岗位压片机拆装标准操作规程操作,在模具室领取模具等并检查零部件,按照顺序正确、规范安装所需模具。试运行,使设备处于正常状态。填写设备记录表。

考 证 要 点

1. **生产前检查** 按 GMP 要求检查环境清洁、温湿度、压差,设备状态标识、清洁状态等。
2. **生产前准备** 正确领取模具,并填写相关记录。
3. **安装操作** 按正确顺序规范安装模具,并填写设备记录表。
4. **清场** 按该岗位标准操作规程清场,并填写相关记录。

---

1. 生产前检查 按生产前检查标准操作规程检查压片间的温湿度、压力是否符合要求,并检查设备情况。

2. 压片机安装

(1)检查领用模具:检查模具外观,是否有缺边、裂缝、变形及卷边情况,确认模具完好,并与模

具管理员核对模具的规格和数量,确认与工艺要求一致。

(2)清洁模具:按照清洁标准操作规程进行消毒操作。

(3)安装模具:开启玻璃护罩,拆下两侧观察窗,确保机器切断电源,核对将要安装的器具,并清洁使其达到标准。取下下部的不锈钢挡板,装上手摇手轮,用钥匙开启不锈钢台面挡板,取下下部铸铁挡板。

(4)安装中模:将转台圆周中模紧定螺钉旋出部分(勿使中模转入时与紧定螺钉头部相碰),放平中模,将中模打棒由上孔穿入,用锤轻轻打入(注意:中模进入模孔,不可高出运转台工作面),将螺钉紧固。

(5)安装上冲:将上导轨盘缺口处嵌舌掀起,将上冲插入模圈内,用大拇指和示指旋转冲杆,检验头部进入中模后转动是否灵活,上下升降无硬摩擦为合格,全部装妥后,将嵌舌扳下。

(6)安装下冲:取下主体平面上的圆孔盖板,通过圆孔将下冲杆装好,检验方法如上冲杆,装妥后将圆孔盖好。

(7)安装月形加料器:月形加料器装于模圈转盘平面上,用螺钉固定。安装时应注意它与模圈转盘的松紧,太松易漏粉,太紧易与转盘产生摩擦出现颗粒内有黑色的金属屑,造成片剂污染。

(8)安装加料斗:加料斗高低会影响颗粒流速,安装时注意高度适宜,控制颗粒流出量与填充的速度相同为宜。

(9)各部件装毕,将拆下的零件按原位安装好。检查储油罐液位是否适中,上下压轮是否已加黄油。检查机器零件安装是否妥当,机器上有无工具及其他物品,所有防护、保护装置是否安装好。用手转动手轮,使转台旋转 1~2 圈,观察上、下冲进入模圈孔及在导轨上的运行情况,应灵活,无碰撞现象。

3. 岗位清场　安装完毕将工具交还工具室。生产操作人员填写相关设备记录及生产记录并签名,复核人员复核确认准确无误后签名。

问题探究

在安装冲头过程中,手盘车旋转的过程中,出现机器卡死的情况,该如何解决和排查?

装冲过程中常见的卡阻现象有两种:

(1)上冲安装过程中没有放到上轨轨道上。上冲从轨道下方跟随大盘运动,当运行到上轨道的最低点时,出现卡阻。此时如果硬性盘动手轮,会破坏上轨道(必须更换上轨道)。

(2)上冲装到下冲位置。两冲总长是一样的,但冲颈部位可以看出下冲长、上冲短。

三、压片岗位操作

实训设备:ZP35B 旋转式压片机。

进入岗位前按进入 D 级洁净区要求进行着装,进入岗位后做好厂房、设备清洁卫生,并做好操作前的一切准备工作。

（一）压片岗位标准操作规程

1. 设备安装配件、检查及试运行

（1）冲模领取：从模具室领出冲模，核对模具名称、规格、编号、数量与批生产记录一致，检查光洁度，剔除有缺陷的冲头。

（2）冲模清洗：用95%乙醇清洗冲模至无可见油污，再用一次性清洁布擦干（必要时放烘干室烘干），并检查冲模不得留有水迹、油迹，冲头表面光洁，无损伤。同时用95%乙醇溶液将转台擦拭至无可见油污。

（3）配件安装：从容器存放室领出压片机配件，检查是否完好、清洁，并确保在清洁有效期内，再按设备标准操作规程组装模具、配件。

（4）设备试运行：接通电源，开启压片机，经试运行，确保无异常情况后，停机待用。

（5）装料袋准备：领取聚乙烯袋，称量容器皮重，填写名称、批号、规格、工序、容器号、皮重等，挂在容器外。

2. 生产过程

（1）领料：从中间站领取总混好的颗粒，确认桶盖密封完好，品名、规格、批号等与批生产记录一致。

（2）加料：在压片机加料斗内加入物料，应均匀，保持颗粒流动性正常，不阻塞，防止填充不均。

（3）试压：根据产品工艺要求及设备标准操作规程，调节各参数试压，待片子平均片重、硬度、外观、重量差异、崩解时限等项目符合要求后开始正式压片。

（4）正式压片：根据试压合格的参数进行正式压片，压好的素片放入素片桶内或衬有两层洁净聚乙烯袋的料桶内。操作人员需按要求进行外观、平均片重等项目检查，并记录；操作人员另需按要求取样送至中控室，检测重量差异、硬度、崩解时限等项目，并记录。

3. 结束过程
压片结束，关闭压片机。将装有素片的聚乙烯袋袋口扎紧，送至中间站，并做好产品标识。

生产结束后，按"清场标准操作规程"要求进行清场，做好房间、设备、容器等清洁记录。

按要求完成记录填写。清场完毕，填写清场记录。上报QA人员检查，合格后，发清场合格证，挂"已清场"标识。

4. 异常情况处理
压片过程中，出现片重差异、硬度、崩解时限等生产过程中质量控制指标接近标准上限或下限时，应及时调节填充量、压片机转速、主压片厚等参数；如超出标准范围，或外观出现松片、裂片、黏冲、黑点等问题时，应停止生产，及时报告QA人员进行调查处理。

松片是由于片剂硬度不够，受振动易松散成粉末的现象。检查方法为：将片剂置中指和示指之间，用拇指轻轻加压看其是否碎裂。

裂片是指片剂受到振动或经放置后，从腰间开裂或顶部脱落一层的现象。检查方法为：取数片置小瓶中振摇，应不产生裂片；或取20~30片放在手掌中，两手相合，用力振摇数次，检查是否有裂片。

黏冲是指片剂的表面被冲头黏去一薄层或一小部分，造成片面粗糙不平或有凹陷的现象。刻

有文字或横线的冲头更易发生黏冲现象。

压片过程中常遇到的问题及其主要产生原因和解决办法见表1-9。

表1-9 压片过程中常遇到的问题及其主要产生原因和解决办法

压片过程中 常遇到的问题	主要的产生原因	解决办法
松片	黏合剂黏性不够或用量不足	选择合适的黏合剂或增加用量
	颗粒过干	控制适宜含水量,可喷入适宜稀乙醇
	压力过小	适当增加压力
	转速过快	减慢转速
裂片	室内温湿度过低	调整温湿度
	黏合剂选择不当或用量不足	选择合适的黏合剂或增加用量
	细粉过多	调整细粉比例
	压力过大	适当降低压力
	推片阻力过大	增加润滑剂
	压缩速度较快,空气不能顺利排出	增加预压力,或降低转速
	颗粒过干	控制适量的水分,喷入适量稀乙醇
黏冲	颗粒含水量过多	适当干燥,确定最佳含水量
	润滑剂作用不当	选择合适润滑剂或增加用量
	冲头表面粗糙,表面已磨损或冲头表面刻有图案	更换冲头,冲头抛光,保持高光洁度
	物料易吸湿,工作场所湿度太高	控制环境相对湿度
片面有异物	颗粒内有异物	检查颗粒并处理
	上冲润滑过量	延长润滑间隔
	上冲挡油圈破损,脱落	更换挡油圈
变色/色斑	颗粒过硬	控制颗粒硬度,将颗粒适当粉碎
	物料混合不匀	应充分混合均匀
重量差异超限	颗粒大小不匀,细粉太多	重新制粒,控制颗粒大小
	颗粒流动性不好	改善颗粒流动性
	下冲升降不灵活或长短不一	更换下冲
	加料斗装量时多时少	保持加料斗装量恒定,为1/3~2/3
崩解迟缓	崩解剂品种、用量不当	调整崩解剂品种、用量,改进加入方法
	疏水性润滑剂用量过多	减少疏水性润滑剂用量或改用亲水性润滑剂
	黏合剂的黏性太强或用量过多	选择合适的黏合剂及其用量
	压力过大	调整压力
	颗粒粗硬	将颗粒适当粉碎

5. 注意事项

(1)初次试车应将填充量减少,片厚放大,将颗粒倒入斗内,运行并开车,同时调节填充量和压力,逐步增加到片剂的重量和硬软度达到质量要求,然后启动电动机,空转5分钟,待运转平稳后方可投入生产。

(2)运转过程中操作工不得离岗,观察加料斗是否磨转盘,经常检查机器运行状态,出现异常声音及时停车处理。

(3) 注意物料余量,当接近无物料时及时停车,以防止机器空转损坏模具。

(4) 速度的选择对机器的使用寿命有直接的影响,由于原料的性质、黏度及片径大小和压力,在使用上不能作统一规定,因此使用者必须根据实际情况而定。一般可根据片剂直径大小区别,直径大的宜慢,直径小则宜快;压力大的宜慢,压力小则宜快。

(二) 压片工序工艺验证

1. 验证目的　压片工序工艺验证主要针对压片机的压片效果进行考察,评价压片工艺的稳定性,确认按制定的工艺规程压片后的片剂能够达到质量标准的要求。

2. 验证项目和标准

(1) 参数:压片机转速、压力、压片时间等。

(2) 按规定的压片机转速、压力及相关工艺参数,进行生产。分开始、中间、结束 3 次取样检测片重差异、外观,每次取样量为 20 片,分 3 次取样检测脆碎度、崩解度。

(3) 检测半成品的外观、崩解度、脆碎度、片重差异,并计算崩解时限的 RSD 值。

(4) 验证通过的标准:按制定的工艺规程压片,制备片剂应符合质量标准的要求,外观、片重差异、脆碎度以及含量均应符合质量标准,崩解时限 RSD ≤ 5.0%,说明压片工艺合理。

(三) 压片设备的日常维护与保养

压片机的日常维护与保养应注意以下几点。

1. 保证机器各部件完好可靠。

2. 各润滑油杯和油嘴每班加润滑油和润滑脂,蜗轮箱加机械油,油量以浸入蜗杆一个齿为宜,每半年更换一次机械油。

3. 每班检查冲杆和导轨润滑情况,用机械油润滑,每次加少量,以防污染。

4. 每周检查机件(蜗轮、蜗杆、轴承、压轮等)是否灵活,上下导轨是否磨损,发现问题及时与维修人员联系,进行维修,方可继续进行生产。

四、"1+X" 考证练兵场——压片项目

压片是固体制剂片剂生产的岗位之一,药物制剂生产"1+X"职业技能等级(中级)证书考核时,4 个考核项目中随机抽取 1 个进行考核。

本岗位操作人员应依据 GMP 要求进行生产前环境检查,按照批生产指令领取所需物料,根据压片岗位标准操作规程生产规定数量的片剂,并依据现行版《中华人民共和国药典》(以下简称《中国药典》)对片重、片重差异及脆碎度检测,得出结论,并清场,填写相关记录表。

考 证 要 点

1. 生产操作　正确调试压片机,按标准操作规程安全生产。

2. 质量控制点　①外观性状;②硬度;③脆碎度;④重量差异。

3. 清场　按该岗位标准操作规程清场,并填写相关记录。

---

1. **生产前检查**　按照批生产指令,完成压片岗位的生产前检查,核对房间状态标识,对生产车间进行生产环境检查,完成温湿度、房间静压差记录,确认无上批生产残留。

2. **压片岗位操作**

(1)领取物料:按照领料标准操作规程到中间站领取合格的颗粒,并核对品名、规格、批号、数量和质量。

(2)开机压片:核对岗位的清场情况和状态标识。确认在清场有效期内,将清场合格证副本纳入生产记录中。检查操作间的环境要求是否达标。加料前复核品名、批号。检查原料湿度、颗粒度情况。将速度调节、片厚调节、填充量调节等调节装置调至零,启动主机,开机并启动吸尘器、筛分器,空转2~3分钟,设备运转正常无杂音,速度调至低速运行。进行压力、填充量和片厚调节,调至与生产指令相符的片重,检查质量控制外观、硬度、重量差异项目,符合内控标准后,调整压片机速度进行压片操作。操作过程中,每15分钟检查一次片重;根据实际情况进行压力、片厚、填充量、速度的调节。将压好的片装入套有塑料袋的桶内,密封;填写标签并贴在桶上。压片结束后,挂上"待清洁"标识,完成物料平衡。运行时,注意机器是否正常,不得开机离岗。

(3)压片结束:压片完成后,将调速旋钮调至零。关闭吸尘器。关闭主电机电源、总电源、真空泵开关。

3. **岗位清场**　更换状态标识牌。生产的产品、剩余物料交中间站。用饮用水擦洗干净屋顶和墙壁。清洁压片机,如要换批用95%乙醇清洗上下冲、冲孔、刮料器及转台表面至无药粉残留,用纯化水擦洗机器四周,用布擦干。清洗容器和工具。对容器、工具和设备表面用75%乙醇进行消毒。清洁消毒天花板、墙面、地面。

生产操作人员填写生产记录和清场记录并签名,复核人员复核确认准确无误后签名。

点滴积累

1. 压片是指将颗粒或粉末压制成片剂的工艺过程。
2. 压片机可简单地分为单冲式压片机和多冲式旋转压片机。
3. 粉末直接压片是将药物的粉末与适宜的辅料分别过筛并混合后,不通过湿法制粒或干法制粒而直接压制成片。
4. 多冲式旋转压片机主要由工作转盘、加料机构、填充调节机构、上下冲的导轨装置和压力调节机构组成。
5. 压片过程可分为三步:①充填;②压片;③出片。
6. 压片机的安装　生产前检查、模具领用、安装模具(安装顺序:中模-上冲-下冲-月形加料器-加料斗)、填写记录。
7. 压片岗位操作　设备安装配件、检查及试运行、领料、加料、试压、正式压片、生产结束、清场及记录填写。
8. 压片异常情况　松片、裂片、黏冲、片面有异物、变色/色斑、重量差异超限、崩解迟缓。

任务六　包衣

能力目标

1. 能根据批生产指令进行包衣岗位操作；能描述包衣的生产工艺操作要点及其质量控制要点。

2. 会按照 BGB-10C 高效包衣机的操作规程进行设备操作；能对包衣工艺过程中间产品进行质量检验。

3. 会进行包衣岗位的工艺验证；会对 BGB-10C 高效包衣机进行清洁、保养。

领取任务

按批生产指令选择合适的包衣设备，将检验合格的药物素片喷洒上所需包衣的材料，使成为包衣片，并进行中间产品检验。包衣设备已完成设备验证，进行包衣工艺验证。工作完成后，对设备进行维护与保养。

包衣是指在片芯的表面包裹上适宜材料的衣层，使药物与外界隔离的操作。除片剂外，也可用于颗粒或微丸。包衣的目的主要包括：①防止药物的配伍变化；②掩盖药物的不良气味，增加患者的顺应性；③避光、防潮，以提高药物的稳定性；④采用不同颜色包衣，增加药物的辨识能力，提高用药的安全性；⑤制成肠溶衣片，避免药物在胃内被破坏；⑥改变药物释放的位置及速度，如胃溶、肠溶、缓控释等。

包衣片按包衣材料不同一般可分为糖衣片和薄膜衣片，薄膜衣片又包括胃溶型、肠溶型、不溶型等。包衣的方法主要有以下三种：滚转包衣法、流化包衣法和压制包衣法。其中，滚转包衣法亦称锅包衣法，是经典且应用广泛的包衣方法，可用于糖包衣、薄膜包衣以及肠溶包衣等，包括普通滚转包衣法和埋管包衣法。包衣锅一般是用紫铜或不锈钢等稳定且导热性良好的材料制成，常为荸荠形。

包衣岗位的操作间为包衣室，包衣室与外室应保持相对负压，包衣设备应带有吸尘装置，进入包衣锅内的空气应经过滤。难溶性包衣材料需要使用有机溶剂进行溶解，因此使用有机溶剂的包衣室和包衣液配制室应进行防火防爆处理。包糖衣时配制糖浆煮沸后还应过滤除去杂质，色素溶解后也需要过滤处理，再加入糖浆中搅匀。包薄膜衣时，首先要根据工艺要求计算包衣材料的重量，按规定配制一定浓度的包衣液。包衣过程中，要注意控制进风温度、出风温度、锅体转速、压缩空气的压力，使包衣片快速干燥，不粘连而细腻。

薄膜包衣主要包括以下几个步骤：

包衣溶液或混悬液的配制→装料→预热→喷雾→干燥和冷却→卸料。

包衣过程是片芯通过喷雾区域后，包衣液黏附在片芯表面并迅速干燥，随着包衣锅转动，片芯不断经过喷雾区域，包衣操作反复进行，直至包衣完成。

包衣过程中需通过排气将水分带走，排出的空气中会含有一定量的粉尘微粒，因此需采用除粉装置。

卸料时可采用手工卸料、重力卸料。目前较常见是利用特制的卸料铲斗使包衣片提起,在正向转动下进行出料。也有反向转动包衣锅的卸料方式,利用锅内挡板,在反向转动时,通过包衣锅前的密闭滑道卸到容器中,这种方式可以不用打开包衣锅门。

一、片剂包衣设备

片剂包衣机可分为普通包衣机、网孔式高效包衣机、无孔式高速包衣机和流化包衣机。前三者采用滚转包衣技术,后者采用流化包衣技术。旋转式包芯压片机可实现压制包衣技术。

1. **普通包衣机** 普通包衣机是由荸荠形或球形包衣锅、动力部分、加热器和鼓风装置等组成。材料一般使用紫铜或不锈钢等金属,见图 1-18。包衣锅轴与水平呈 30°~45°,使药片在包衣锅转动时呈弧形运动,在锅口附近形成旋涡。包衣时,可将包衣材料直接从锅口喷到片剂上,调节加热器对包衣锅进行加热,同时用鼓风装置通入热风或冷风,使包衣液快速挥发。在锅口上方装有排风装置。另外可在包衣锅内安装埋管,将包衣材料通过插入片床内埋管,从喷头直接喷到片剂上,同时干热空气从埋管吹出穿透整个片床,干燥速度快。

2. **网孔式高效包衣机** 包衣时,片芯在具网孔的旋转滚筒内做复杂的运动。包衣介质由蠕动泵抽至喷枪,从喷枪喷到片芯。在排风和负压的作用下,热风穿过片芯、底部筛孔,再从风门排出,使包衣介质在片芯表面快速干燥。网孔式高效包衣机是目前较为常见的包衣设备,除包衣主机外,还有热风风机和排风风机组成包衣机组 (图 1-19),可实现封闭式包衣。

图 1-18 普通包衣机

图 1-19 网孔式高效包衣机

目前还可以采用连续薄膜包衣机进行规模化生产。

3. 无孔式高速包衣机　包衣时,片芯在无孔的旋转滚筒内做复杂的运动,包衣介质也是从喷枪喷到片芯,热风由滚筒中心的气道分配器导入,经扇形风桨穿过片芯,在排风和负压作用下,从气道分配器另一侧风抽走,使包衣介质在片芯表面快速干燥。可适用于直径较小的颗粒、微丸等的包衣,见图1-20。

4. 流化床包衣机　流化床包衣机是利用高速空气流使药片悬浮于空气中,上下翻滚,呈流化状态。将包衣液喷入流化态的片床中,使片芯表面附着一层包衣材料,通入热空气使其干燥。

图 1-20　无孔式高速包衣机

二、包衣岗位操作

进岗前按进入 D 级洁净区要求进行着装,进岗后做好厂房、设备清洁卫生,并做好操作前的一切准备工作。

ER 1-3-7

包衣

（一）包衣岗位标准操作规程

1. 设备检查及试运行　打开电源,连接压缩空气,将包衣机、搅拌桶空机运转 5 分钟确保无异常情况,停机待用。

根据批生产指令领取包衣材料。操作人员将溶媒加入各配制桶内,按工艺要求控制搅拌速度,戴上洁净手套将包衣材料溶解或混匀。难溶的包衣材料应用溶媒浸泡过夜,使其彻底溶解、混匀。

2. 生产过程

(1) 领料:从中间站领取素片,核对桶外产品标识上品名、规格、批号和批生产记录一致。

(2) 包衣前调节喷浆系统,流量稳定,扇面正常;调节喷枪位置。

(3) 打开桶盖,确认素片桶产品标识一致,素片外观无裂片、碎片、黏冲、黑点等后,再将素片倒入包衣锅内。

(4) 根据批生产指令设定包衣锅转速、进风量和进风温度,进行预热除尘;当出风温度达到要求后,按工艺要求重新设定参数,开始喷雾包衣。

(5) 包衣过程中,严格控制工艺参数,并随时检查片子的外观。

(6) 包衣片增重达到工艺要求后,停止喷浆,按工艺要求进行干燥、冷却(抛光);岗位操作人员根据工艺要求取样检测外观、增重等。

(7) 安装出料器,将片子卸入衬有两层聚乙烯袋的圆形料桶内。

3. 结束过程　包衣结束,关闭包衣机。将装有包衣片的聚乙烯袋袋口扎紧,送至中间站,并做好产品标识。

生产结束后,按"清场标准操作规程"要求进行清场,做好房间、设备、容器等清洁记录。

按要求完成记录填写。清场完毕,填写清场记录。上报 QA 检查,合格后,发清场合格证,挂"已清场"标识。

4. 异常情况处理 包衣前需检查素片外观,如有裂片、碎片、黏冲、黑点等情况,应立即停止生产。

包衣过程中遇到的设备故障及处理办法见表 1-10。

表 1-10 包衣机常见故障及处理办法

故障现象	产生原因	处理办法
机座产生较大振动	电机紧固螺栓松动	拧紧螺栓
	电机与减速机之间的联轴节位置调整不正确	调整对正联轴节
	减速机紧固螺栓松动	拧紧螺栓
	变速皮带轮安装轴错位	调整对正联轴节
包衣锅调速不合要求	调速油缸行程不够	油缸中加满油
	皮带磨损	更换皮带
风门关闭不紧	风门紧固螺钉松动	拧紧螺钉
包衣机主机工作室不密封	密封条脱落	更换密封条
热空气效率低	热空气过滤器灰尘过多	清洗或更换热空气过滤器
异常噪声	联轴节位置安装不正确	重新安装联轴节
	包衣锅与送排风接口产生碰撞	调整风口位置
	包衣锅前支承滚轮位置不正	调整滚轮安装位置
蠕动泵开动包衣液未传送	软管位置不正确或管子破裂	更换软管
	泵座位置不正确	调整泵座位置,拧紧螺帽
减速机轴承温度高	润滑油牌号错误	换成所需的机油
	包衣药片超载	按要求加料
	润滑油少	添加润滑油
喷浆管道泄漏	喷管接头螺母松动	拧紧螺母
	软管接口损坏	剪去损坏接口
	组合垫圈损坏	更换垫圈
喷枪不关闭或关得慢	气源关闭	打开气源
	料针损坏	更换料针
	气缸密封圈损坏	更换气缸密封圈
	轴密封圈损坏	更换轴密封圈
枪端滴漏	针阀与阀座磨损	用碳化矽磨砂配研
	枪端螺帽未旋紧	旋紧螺帽
	气缸中压紧活塞的弹簧失去弹性或已损坏	更换弹簧
压力波动过大	喷嘴孔太大	改用较小的喷嘴
	气源不足	提高气源压力或流量
胶管经常破裂	滚轮损坏或有毛刺	修复或更换滚轮
	同一位置上使用过长	适时更换滚轮压紧胶管的部位
胶管往外脱或往里缩	胶管规格不符	更换胶管

包衣过程中常出现的问题及解决办法见表1-11。

表1-11 包衣过程中常出现的问题及解决办法

包衣常出现的问题	可能原因	解决办法
片面粘连	流量过大,进风温度过低	适当降低包衣液流量,提高进风温度,加快包衣机转速
色差	喷射扇面不均或包衣机转速慢	调节喷枪喷射角度或适当提高包衣机转速
片面磨损	包衣机转速过快,流量太小,或片芯硬度低	调节转速及流量大小,或提高片芯硬度
花斑	包衣液搅拌不匀	配制包衣液时应充分搅拌均匀

5. 注意事项

(1)喷雾包衣时应掌握的原则:使片面湿润,又要防止片面粘连,温度不宜过高或过低。若温度过高,则干燥太快,成膜粗糙;若温度过低,浆液流量太大,则会导致粘连。

(2)配制包衣液时,搅拌速度应使容器中液体完全被搅动,液面刚好形成旋涡为宜。

(3)采用乙醇制包衣液时,应仔细检查每个阀门,防止泄漏,以免爆炸。

(二)包衣工序工艺验证

1. 验证目的 包衣工序工艺验证主要针对包衣机包衣效果进行考察,评价包衣工艺稳定性。

2. 验证项目和标准

(1)试验条件的设计:锅速、进风/排风温度、喷射速度、包衣液浓度及用量,每次取5~10个样品。

(2)评估项目:外观、片重、片重差异、溶出度(崩解度)。

(3)通过标准:上述检测项目的结果均符合现行版《中国药典》的规定。

(三)包衣设备的日常维护与保养

整套设备每工作50小时或每周须清洁、擦净电器开关探头,每年检查调整热继电器、接触器。工作2 500小时后清洗或更换热风空气过滤器,每月检查一次热风装置内离心式风机。

排风装置内离心式风机、排气管每月清洗一次,以防腐蚀。工作时要随时注意热风风机、排风风机有无异常情况,如有异常,须立即停机检修。每半年不论设备是否运行都需分别检查独立包衣滚筒、热风装置内离心式风机、排风装置内离心式风机各连接部件是否有松动。每半年或大修后,需更新润滑油。

点滴积累

1. 包衣是指在片芯的表面包上适宜材料的衣层,使药物与外界隔离的操作,除片剂外,也可用于颗粒或微丸。

2. 包衣目的主要包括:防止药物配伍变化;掩盖药物不良气味;避光,防潮,提高药物稳定性;增加药物辨识能力,提高用药安全性;改变药物释放的位置及速度。

3. 包衣片按包衣材料不同一般分为糖衣片和薄膜衣片,薄膜衣片又包括胃溶型、肠溶型、不溶型等。

4. 包衣方法主要有滚转包衣法、流化包衣法和压制包衣法,滚转包衣法是经典且应用广泛的包衣方法。

5. 包衣过程要注意控制进风温度、出风温度、锅体转速、压缩空气的压力,使包衣片快速干燥,不粘连且细腻。

6. 薄膜包衣的主要步骤为包衣溶液或混悬液的配制、装料、预热、喷雾、干燥和冷却、卸料。

7. 片剂包衣设备主要有普通包衣机、网孔式高效包衣机、无孔式高速包衣机、流化床包衣机。

8. 包衣前需检查素片外观,如有裂片、碎片、黏冲、黑点等情况,应立即停止生产。

ER 1-3-8

项目三
复习导图

目标检测

一、简答题

1. 针对不同性质的物料,该如何选择合理的方法进行混合?

2. 压片操作室的洁净度要求有哪些?

3. 压片前要进行压片机的组装,请简述其顺序。

二、计算题

某片剂每片含主药量 0.2g,测得颗粒中主药百分含量为 50%,片重范围应该是多少?

三、实例分析题

1. 某车间生产盐酸小檗碱片时,采用 80% 乙醇作为润湿剂进行制粒,干燥颗粒时若用热风循环烘箱进行干燥,是否存在安全隐患?你对此有何建议?

2. 在生产某颗粒时,使用高速混合制粒机制粒过程中,物料局部成坨,该如何处理?

3. 在生产某片剂前检查过程中,如发现清场合格证未在有效期内,应该如何操作?

4. 压片岗位在完成片剂成型后,如何将物料进行分类并作物料平衡?

项目四　片剂的质量检验

ER 1-4-1

项目四
教学课件

学习目标

1. **掌握**　片剂的质量检验项目,片剂质检设备的操作方法,片剂质检岗位职责要求与标准操作规程。
2. **熟悉**　片剂的质量标准,"1+X"药物制剂生产职业技能等级考核中片剂质检岗位操作流程。
3. **了解**　片剂质检设备运行原理、结构组成及维护与保养相关内容。

导学情景

情景描述

　　小明在网上购买了某品牌的维生素C片,接到快递后打开包装发现,瓶内有较多的粉末附着在药片和瓶身内侧,并且有的药片表面存在凹凸不平、不光滑的现象,小明不知道购买的药品是否可以继续服用。

学前导语

　　质量检验是确保药品质量合格的最后一关,所有药品在出厂前均要按照《中华人民共和国药典》及企业内控标准进行该批次药品的质量检验,所有检查项目经检验均合格后药品才被允许上市流通。本项目我们将学习片剂的质量检验,了解片剂的质检项目、质检设备与操作方法等相关内容。

任务一　阿司匹林片的质量检验

能力目标

1. 能根据SOP进行片剂的质量检验。
2. 能进行硬度仪、崩解仪、脆碎仪、溶出仪、高效液相色谱仪等操作。
3. 能描述片剂的质量检验项目和操作要点。

领取任务

对生产出的阿司匹林片进行全面质量检验,包括性状、鉴别、含量、游离水杨酸、溶出度等。

　　药品生产企业的生产活动是一个上下工序紧密联系的过程,而药品检验是药品质量体系中的一个重要环节。质量源于设计,在生产中受人员、机器、物料、方法、环境等因素的影响,会出现生产漂移,产品质量发生波动是必然的,因此必须进行生产控制和药品检验。严格按照规定方法对药品进行全项检验,是保证药品质量的重要措施和有效手段,对防止不合格物料或中间产品进入下一环节起到重要作用,杜绝不合格产品出厂销售,保证药品质量。每批物料和产品均需进行检验并出具检验报告书,检验报告书中的结论作为物料和产品放行的依据之一。物料只有经质量管理部门批准放行并在有效期或复验期内方可使用。产品只有在质量受权人批准放行后方可销售。

质量标准是检验的依据,也是质量评价的基础,在完成中间产品、待包装品和成品的检验后,确认检验结果是否符合质量标准,完成其他项目的质量评价后,得出批准放行、不合格或其他结论。外购或外销的中间产品和待包装产品也应有质量标准,如果中间产品的检验结果用于成品的质量评价,则应制定与成品质量标准相对应的中间产品质量标准。

对于片剂而言,外观、重量差异、硬度、脆碎度和崩解时限是影响其成品质量的关键因素。因此,在压片开始、中间每隔一段时间及结束时,均需进行外观、重量差异、硬度、脆碎度和崩解时限检查。当检验结果接近限度要求或与以往趋势不同时,应通知生产进行相应调节。超出限度要求时,则需进行相应的调查。

一、片剂质检设备

1. 硬度仪　片剂硬度仪是用来测定片剂硬度的仪器(图 1-21)。片剂应有适宜的硬度,以便完整成型,符合片剂外观的要求且不易脆碎。片剂的硬度涉及片剂的外观质量和内在质量,硬度过大,会在一定程度上影响片剂的崩解度和释放度,因此,在片剂的生产过程中要加以控制。具体的测定方法是将药片立于两个压板之间,通过手动或者步进电机驱动沿直径方向慢慢加压,刚刚破碎时的压力即为该片剂的硬度。

2. 崩解仪　崩解仪(图 1-22)是按现行版《中国药典》规定测定崩解时限的仪器。崩解时限是指在规定时间和条件下,内服片剂在介质中崩解成能通过直径 2mm 筛孔的颗粒或粉末的时限。

图 1-21　硬度仪

图 1-22　崩解仪

崩解仪主要由升降装置和恒温控制两部分组成。升降装置主要由吊篮、吊杆等组成,用来使装有药片的试管上下运动,模拟胃肠运动。试管的底部装有一定孔径的金属筛网,以利于碎粒漏出。恒温控制部分主要控制水温,使之接近体温,一般为 (37 ± 1) ℃。

3. 脆碎仪　脆碎仪(图1-23)是检查非包衣片脆碎情况及其他物理强度,如压碎强度等的检测仪器。

脆碎仪的基本组成和运行:内径为286mm,深度为39mm,内壁抛光,一边可打开的透明耐磨塑料圆桶,桶内有一个自中心向外壁延伸的弧形隔片[内径为(80±1)mm],使圆筒转动时,片剂产生滚动。圆筒直立固定于水平转轴上,转轴与电动机相连,转速为(25±1)r/min。每转动一圈,片剂滚动或滑动至筒壁或其他片剂上。

4. 溶出仪　溶出仪(图1-24)是专门用于检测口服固体制剂溶出度或释放度的试验仪器。它能模拟人体的胃肠环境及消化运动过程,是一种药物制剂质量控制的体外试验装置。

图 1-23　脆碎仪

图 1-24　溶出仪

溶出仪可用于成品检验,也可用于制剂生产过程中的中间品控制:控制糖衣片、薄膜衣片片芯溶出度,确保包衣后成品合格;控制片剂试压后溶出度合格,保证整批成品合格;控制肠溶衣片包衣后每锅溶出度,确保成品批检验合格。

溶出仪由机座、机头、升降机构、水浴箱、加热组件及温度传感器、转杆、玻璃溶出杯组成。机座内的电动机运行时,使机头沿升降机构上升或下降。机头上的电动机运行时,通过机头内的传动机构带动各转杆在溶出杯内溶剂中转动。加热组件内的水泵、加热器用塑胶管与水浴箱连通,构成外循环式加温水浴,可使溶出杯内溶剂的温度保持恒定(一般为37℃)。机头内的微电脑测控装置使系统具有水温、转速、定时、位置等多项自动测控功能。检验人员通过机头面板上的显示窗和键盘,可以随时监视和操纵仪器的工作。

5. 高效液相色谱仪　高效液相色谱仪见图1-25,主要用于药物含量的检测分析。高效液相色谱仪的系统由储液器、泵、进样器、色谱柱、检测器、记录仪等几部分组成。储液器中的流动相被高压泵打入系统,样品溶液经进样器进入流动相,被流动相载入色谱柱(固定相)内,由于样品溶液中的各组分

图 1-25　高效液相色谱仪

在两相中具有不同的分配系数,在两相中做相对运动时,经过反复多次的吸附 - 解吸的分配过程,各组分在移动速度上产生较大的差别,被分离成单个组分依次从柱内流出,通过检测器时,样品浓度被转换成电信号传送到记录仪,数据以图谱形式打印出来。

二、片剂质检过程

(一)阿司匹林片质量标准

1. 成品质量标准 阿司匹林片成品质量标准见表 1-12。

ER 1-4-2

阿司匹林片
成品质量
检查

表 1-12　阿司匹林片成品质量标准

检验项目		标准	
		法定标准	稳定性标准
性状		白色片	白色片
鉴别		(1)与三氯化铁试液反应显紫堇色 (2)含量测定项下的色谱图中,供试品溶液主峰和对照品主峰的保留时间一致	
含量		90%~110%	90%~110%
游离水杨酸		<3.0%	<3.0%
溶出度		≥80%	≥80%
微生物限度	细菌数	≤1 000cfu/g	≤1 000cfu/g
	霉菌和酵母菌数	≤100cfu/g	≤100cfu/g
	大肠埃希菌	不得检出	不得检出

2. 中间品质量标准 阿司匹林片中间品的质量标准见表 1-13。

ER 1-4-3

片剂中间品
检验

表 1-13　阿司匹林片中间品质量标准

中间品名称	检验项目	标准
干颗粒	干燥失重	≤3.0%
混颗粒	主药含量	95.0%~105.0%
片剂	性状	白色或类白色片
片剂质检	片量差异	±7.5%
	硬度	5~10kg
	厚度	3mm
	崩解时限	≤15 分钟
	脆碎度	≤1.0%,并不得有断裂、龟裂和粉碎的片子

3. 贮存条件和有效期规定

(1)贮存条件:密封,干燥处保存。

(2)有效期:24 个月。

（二）阿司匹林片质量检验规程

1. 性状 目测。

2. 鉴别 取本品细粉适量(约相当于阿司匹林 0.1g)，加水 10ml，煮沸，放冷，加三氯化铁试液 1 滴，即显紫堇色。

或采用 HPLC，含量测定项下的色谱图中，供试品溶液主峰和对照品主峰的保留时间一致。

3. 游离水杨酸检查

(1)HPLC 色谱条件：流动相为乙腈 - 四氢呋喃 - 冰醋酸 - 水(20：5：5：70)，检测波长为 303nm。

(2)供试液配制：取本品细粉适量(约相当于阿司匹林 0.5g)，精密称定，置 100ml 量瓶中，用 1% 冰醋酸的甲醇溶液振摇使阿司匹林溶解，稀释至刻度，摇匀，滤膜滤过，取续滤液为供试品溶液(临用新制)。

(3)对照品配制：取水杨酸对照品约 15mg，精密称定，置于 50ml 量瓶中，加 1% 冰醋酸的甲醇溶液溶解并稀释至刻度，摇匀，精密量取 5ml，置 100ml 量瓶中，加 1% 冰醋酸的甲醇溶液稀释至刻度，摇匀，为对照品溶液。进样体积设定为 10μl。

(4)系统适应性评价：重复进样 6 针对照品溶液，记录峰面积，6 针对照品溶液峰面积 RSD ≤ 5.0%；进 2 针 1% 冰醋酸的甲醇溶液；进 1 针程序控制对照品溶液。系统适应性建立后每个供试品溶液进样 1 针，每进样 12 针和序列的最后均需进 1 针程序控制对照品溶液。

(5)结果判断：$A_t C_s / A_s C_t \leq 3.0\%$。($A_t$ 为供试品峰面积，C_s 为对照品浓度，A_s 为对照品峰面积，C_t 为供试品浓度。)

4. 溶出度

(1)溶出参数：溶出介质为盐酸溶液(稀盐酸 24ml 加水至 1 000ml) 500ml(50mg 规格)、1 000ml (0.3g/0.5g)，采用第一法转篮法测定，转速 100r/min，取样时间 30 分钟。

(2)对照品溶液：取阿司匹林对照品精密称定，加 1% 冰醋酸的甲醇溶液溶解并稀释成每 1ml 含 0.08mg(50mg 规格)、0.24mg(0.3g 规格)、0.4mg(0.5g 规格)的溶液为阿司匹林对照品溶液；取水杨酸对照品，精密称定，加 1% 冰醋酸的甲醇溶液溶解并稀释制成每 1ml 含 0.01mg(50mg 规格)、0.03mg(0.3g 规格)、0.05mg(0.5g 规格)的溶液，作为水杨酸对照品溶液。

(3)供试品溶液准备

1)测定前，应对仪器装置进行必要的调试，使转篮底部距溶出杯底部(25 ± 2)mm。仪器运转时，整套装置应保持平稳，均不能产生明显的晃动或振动(包括装置所处的环境)。

2)在 6 个溶出杯中各加入所需量的溶出介质，水浴恒温至(37 ± 0.5)℃。

3)检查每个溶出杯中的温度，必须保持在(37 ± 0.5)℃。

4)称取 6 片供试品，记录重量。分别将 6 片供试品投入 6 个溶出杯中，已调整好高度的桨叶立即开始以 100r/min 的速度搅拌，并记录开始时间。

5)到规定取样时间后，从每个溶出杯中快速抽取 10ml，经滤器滤过，取续滤液为供试品溶液。

(4)色谱条件同含量测定方法

1)进样：阿司匹林对照品溶液、水杨酸对照品溶液、供试品溶液各进样 10μl，分别注入液相色谱仪中,记录峰面积。

2)数据处理:按外标法以峰面积分别计算每片中阿司匹林与水杨酸的含量,将水杨酸含量乘以1.304后,与阿司匹林含量相加即得每片溶出量。

5. 含量测定方法

(1)HPLC 色谱条件:流动相为乙腈 - 四氢呋喃 - 冰醋酸 - 水(20:5:5:70),检测波长为 276nm。

(2)供试品溶液配制:取 20 片,精密称定,充分研细,精密称取细粉约相当于阿司匹林 10mg,置100ml 量瓶中,用 1% 冰醋酸的甲醇溶液强烈振摇使阿司匹林溶解,并用 1% 冰醋酸的甲醇溶液稀释至刻度,摇匀,滤膜滤过,续滤液为供试品溶液。

(3)对照品溶液配制:精密称定阿司匹林约 10mg,加 1% 冰醋酸的甲醇溶液振摇使溶解并定量稀释至 100ml。

(4)进样体积 10μl,外标法以峰面积计算,即得。

6. 干燥失重
采用水分测定仪进行测定,取样品约 5g 置于托盘上,精密测定,105℃条件下,自动干燥模式测定。

7. 平均片重和片重差异

(1)平均片重:采用万分之一分析天平,取 10 片称量,所得数值除以 10 即得平均片重。

(2)片重差异:取 20 片,称取总重,求得平均片重。再精密称取每片片重,应在规定范围内。

8. 硬度
取 10 片,用硬度测定仪测定,取平均值。

9. 厚度
取 5 片,用游标卡尺测定。

10. 脆碎度
取本品约 6.5g,在脆碎仪中检查,减失重量应符合规定。

三、"1+X"考证练兵场——片剂质量检查项目

ER 1-4-4

片剂质量
检查

1. 片剂重量差异检查法

(1)取供试品 20 片。

(2)将称量瓶放天平上,去皮,将 20 片供试品置于称量瓶内,精密称定其总重量。总重量除以20,即得平均片重。

(3)将天平置零,从 20 片中用镊子取下 1 片,天平显示数值即为 1 片片剂的重量。如此反复操作,逐一精密称定每片片剂的重量($m_1, m_2, \cdots, m_{20}$)。

(4)结果判定:每片重量与片重差异范围进行比较(若标示片重为 0.200 0g,其片重差异限度为± 7.5%,片重差异范围为 0.185 0~0.215 0g),超出片重差异范围的不能多于 2 片,并不得有 1 片超出限度的 1 倍。

(5)及时填写检验记录。

2. 片剂硬度检验法

(1)取供试品 1 片。

(2)接通电源,按任意键进入测试界面。

(3)将供试品置于硬度仪检查室推杆的中心位置,启动仪器,仪器开始自动检查(将片剂压碎)。待检查完成,面板显示供试品硬度(N)和直径(mm)。

(4)每片检查结束后,及时用毛刷清理检测室。

(5)按上述方法共检查6片。

(6)结果判定:要求为30~50N,计算6片硬度平均值若在此范围内,判为符合规定。

(7)及时填写检验记录。

3. 片剂脆碎度检查法

(1)取供试品若干片,使其总重量约为6.5g。

(2)将供试品置于筛网上,用吹风机吹去表面的粉末。

(3)将称量瓶放天平上,去皮,将供试品置于称量瓶上,精密称定其总重量,记为m_1。

(4)打开脆碎度测定仪圆筒的盖子,将称重后的供试品放入,启动仪器,设置转速为100r/min,转动4分钟。到达设定时间,仪器自动停止。

(5)打开圆筒的盖子,取出供试品,置于筛网上,再次用吹风机吹去表面的粉末。

(6)再次精密称定供试品重量,记为m_2。

(7)结果判定:①未检出断裂、龟裂或粉碎片,且重量减失率$=(m_1-m_2)\div m_1\times 100\%$,不超过1%,判定为符合规定。②减失重量超过1%,但未检出断裂、龟裂或粉碎片的供试品,应另取供试品复检2次。3次的平均减失重量未超过1%时,且未检出断裂、龟裂或粉碎片,判为符合规定;3次的平均减失重量超过1%时,判为不符合规定。③如检出断裂、龟裂或粉碎片的供试品,即判为不符合规定。

(8)及时填写检验记录。

4. 片剂崩解时限检查法

(1)烧杯内装入800ml纯化水,设定水温为37℃,启动加热(灯变为红色),待水温升高至(37 ± 1)℃才能开始检查(注意:如果水浴水温为37℃,但烧杯内的水是新加的常温水,要等待一定时间,使烧杯内水温与水浴水温达到一致)。

(2)水温符合要求后,取供试品6片,分别放入吊篮的6根玻璃管中,每管各放1片。

(3)设定时间为15分钟(普通片的崩解时限),将吊篮悬挂至金属支杆上并浸入烧杯中,立即启动仪器,吊篮开始上下往复运动。

(4)观察供试品崩解情况,分别记录6片完全崩解(全部通过吊篮底部的筛网)的时间,6片全部崩解后停止仪器。

(5)检查完成,及时清洗烧杯和吊篮。

(6)结果判定:①在规定时间内6片全部崩解,判定为符合规定;②在规定时间内有1片未完全崩解,应另取6片复试,如果全部崩解判定为符合规定,如果仍有1片或1片以上未完全崩解,即判为不符合规定;③在规定时间内有2片及2片以上未完全崩解,即判为不符合规定。

(7)及时填写检验记录。

1. 各质检项目的取样量。
2. 各质检仪器"校验合格证"的核对与开机预热。
3. 各质检仪器的参数设置与操作顺序。
4. 各质检项目的结果判定。

点滴积累

1. 片剂的常用质检设备有：硬度仪、崩解仪、脆碎仪、溶出仪、高效液相色谱仪等。
2. 片剂的常见检验项目有：性状、硬度、脆碎度、重量差异、崩解时限、含量、微生物限度等。

任务二　阿司匹林肠溶片的质量检验

能力目标

1. 能根据SOP进行肠溶衣片的质量检验。
2. 能进行肠溶衣片释放度检验操作。

领取任务

进行阿司匹林肠溶片的质量检验。

包衣片的质量检验项目与片剂的检验项目基本一致。在片重差异检查中，薄膜包衣片在包衣后检查，而糖衣片在包衣前检查。肠溶衣片需检查释放度。

一、溶出所用设备

溶出仪、高效液相色谱仪（介绍详见"任务一　阿司匹林片的质量检验"）。

二、肠溶衣片质检过程

ER 1-4-5

阿司匹林肠
溶片释放度
检查

（一）阿司匹林肠溶片成品质量标准

阿司匹林肠溶片成品质量标准见表1-14。

比较阿司匹林肠溶片与阿司匹林片的质量检验要求，主要区别在于释放度检查，因此以下主要完成的任务是阿司匹林肠溶片的释放度检查。

表 1-14　阿司匹林肠溶片成品质量标准

检验项目		标准	
		法规标准	稳定性标准
性状		白色片	白色片
鉴别		(1)与三氯化铁试液反应显紫堇色 (2)含量测定项下的色谱图中,供试品溶液主峰和对照品主峰的保留时间一致	
含量		90%~110%	90%~110%
游离水杨酸		<3.0%	<3.0%
释放度	酸介质	<10%(2 小时)	<10%(2 小时)
	缓冲液	≥70%(45 分钟)	≥70%(45 分钟)
微生物限度	细菌数	≤1 000cfu/g	≤1 000cfu/g
	霉菌和酵母菌数	≤100cfu/g	≤100cfu/g
	大肠埃希菌	不得检出	不得检出

(二)阿司匹林肠溶片释放度检查规程

1. 释放参数

(1)酸中释放:酸释放介质为 0.1mol/L 的盐酸溶液 600ml(50mg 规格)或 750ml(0.3g 规格),采用第一法转篮法测定,转速 100r/min,取样时间 2 小时。

(2)缓冲液中释放:酸释放介质中继续加入 37℃的 0.2mol/L 的磷酸钠溶液 200ml(50mg 规格)或 250ml(0.3g 规格),混匀,用 2mol/L 盐酸溶液或 2mol/L 氢氧化钠溶液调节溶液 pH 至 6.8±0.05,取样时间 45 分钟。

2. 对照品溶液

(1)酸释放对照品溶液:取阿司匹林对照品精密称定,加 1% 冰醋酸的甲醇溶液溶解并稀释成每 1ml 含 8.25μg(50mg 规格)、40μg(0.3g 规格)的溶液为阿司匹林对照品溶液 1。

(2)缓冲液释放对照品溶液:取阿司匹林对照品,精密称定,加 1% 冰醋酸的甲醇溶液溶解并稀释制成每 1ml 含 44μg(50mg 规格)、0.2mg(0.3g 规格)的溶液,作为阿司匹林对照品溶液 2;取水杨酸对照品,精密称定,加 1% 冰醋酸的甲醇溶液溶解并稀释至每 1ml 含 3.4μg(50mg 规格)、5.5μg(0.3g 规格)的溶液,作为水杨酸对照品溶液。

3. 供试品溶液准备

(1)测定前,应对仪器装置进行必要的调试,使转篮底部距溶出杯底部(25±2)mm。仪器运转时整套装置应保持平稳,均不能产生明显的晃动或振动(包括装置所处的环境)。

(2)在 6 个溶出杯中各加入所需量的酸释放介质,水浴恒温至(37±0.5)℃。

(3)检查每个溶出杯中的温度,必须保持在(37±0.5)℃。

(4)称取 6 片供试品,记录重量。分别将 6 片供试品投入 6 个溶出杯中,已调整好高度的桨叶立即开始以 100r/min 的速度搅拌,并记录开始时间。

(5)到规定取样时间后,从每个溶出杯中快速抽取 10ml,经滤器滤过,取续滤液为供试品溶液 1。

(6) 在溶出杯中加入所需量的 37℃缓冲液释放介质，并加酸或碱调节 pH 至 6.8±0.05，继续溶出，并记录时间。

(7) 到规定取样时间后，从每个溶出杯中快速抽取 10ml，经滤器滤过，取续滤液为供试品溶液 2。

4. HPLC 色谱条件　流动相为乙腈 - 四氢呋喃 - 冰醋酸 - 水 (20∶5∶5∶70)，检测波长 276nm。

5. 进样

(1) 将阿司匹林对照品溶液、水杨酸对照品溶液、供试品溶液各进样 10μl，分别注入液相色谱仪中，记录峰面积。

(2) 数据处理：按外标法以峰面积分别计算每片中阿司匹林与水杨酸的含量，供试品溶液 1 以阿司匹林对照品溶液 1 为对照，计算酸中释放量；供试品溶液 2 则以阿司匹林对照品溶液 2 和水杨酸对照品溶液为对照，将水杨酸含量乘以 1.304 后，与阿司匹林含量相加即得缓冲液中释放量。

6. 质控标准　酸中释放量小于阿司匹林标示量 10%；缓冲液中释放量为标示量 70%。

点滴积累

1. 肠溶衣片常见质量检验项目有：性状、重量差异、含量、释放度、微生物限度等。
2. 肠溶衣片释放度检查规程包括：对照品溶液的制备、供试品溶液的制备、HPLC 色谱条件的确定、样品分析、结果判定。

ER 1-4-6

项目四
复习导图

目标检测

一、简答题

简述片剂崩解时限的结果判断标准。

二、实例分析题

片剂生产过程中，发现药片硬度测定值过大，试分析可能的原因。

项目五　片剂包装贮存

ER 1-5-1

项目五
教学课件

学习目标

1. **掌握**　包装岗位职责要求标准操作规程,包装的生产工艺操作要点及其质量控制要点;成品接收入库与成品发放。
2. **熟悉**　包装工艺过程中间产品的质量检验,包装岗位的工艺验证。
3. **了解**　包装设备的运行原理、结构组成及清洁与保养相关内容。

导学情景

情景描述

　　近日,小明因咽喉肿痛到药店选购药物,进入药店后发现同类的解热镇痛药中,不同品牌的药品其包装形式各不相同,有瓶装的,有袋装的,还有铝塑板装的。小明不清楚为什么需要不同的包装形式,不同的包装材料对药物的质量是否有影响?

学前导语

　　药品包装是指选用适当的材料或容器,按一定的包装技术对药物进行分装、密封、贴签等操作,适宜的包装形式可以为药品提供品质保护,而包装材料使用不当则可能会影响药物质量,甚至危害健康。本项目我们将学习片剂的包装与贮存,掌握片剂瓶包装常用设备与岗位操作、外包装设备与岗位操作、成品接收入库等相关内容。

任务一　瓶包装

能力目标

1. 能根据批生产指令进行瓶包装(片剂内包)岗位操作。

2. 能描述瓶包装的生产工艺操作要点及其质量控制要点。

3. 会按照 PA2000 Ⅰ型数片机、PB2000 Ⅰ型变频式塞纸机、PC2000 Ⅱ型变频式自动旋盖机等的操作规程进行设备操作。

4. 能对瓶包装工艺过程中间产品进行质量检验。

5. 会进行瓶包装岗位的工艺验证。

6. 会对瓶包装设备进行清洁、保养。

按批生产指令将片剂装入塑料瓶中,并进行质量检验。包装设备已完成设备验证,进行包装工艺验证。工作完成后,对设备进行维护与保养。

包装是在流通过程中保护产品,方便储运,促进销售,按一定的技术方法所用的容器、材料和辅助物等的总体名称。包装材料本身毒性要小,与所包装的产品不起反应,以免产生污染,应具有防虫、防蛀、防鼠、抑制微生物等性能,能一定程度上阻隔水分、水蒸气、气体、光线、气味、热量等。

片剂的包装有塑料瓶包装和铝塑包装,本任务主要完成塑料瓶包装生产线,铝塑包装生产线见"实训情境二 硬胶囊的生产"的包装任务。

一、瓶包装设备

塑料瓶包装生产线(图 1-26)一般由以下几个机组组成。

图 1-26 塑料瓶包装生产线

1. 自动理瓶机 把空瓶子放入储料部分,经正瓶装置保证所有进入输送带的瓶子直立放置,输送到自动包装线上。

2. 自动吹风式洗瓶机 把经过特殊处理的空气吹入瓶内,使瓶内的尘埃或异物被吹出瓶外,并由吸尘装置将其回收。

3. 自动数片机 按每瓶装量要求设定,药片经过机器预数后通过检测轨道落入,被记忆挡板挡住,当空瓶到达出片口时,预先数好的片子会落入瓶中,如此循环下去。

4. 自动塞入机 据装瓶工艺要求,自动把辅料(干燥剂、棉花、减震纸)塞入瓶内。

5. 自动旋盖机 盖子进入旋盖机的轨道为可调式,根据盖子尺寸不同进行调整,可剔除瓶子未旋盖或盖内无铝箔的情况。

6. 自动封口机 在高频电磁场的作用下,使铝箔产生巨大涡流而迅速发热,熔化铝箔下层的黏合膜并与瓶口黏合,从而达到快速非接触式气密封口的目的。

二、瓶包装岗位操作

进岗前按进入 D 级洁净区要求进行着装,进岗后做好厂房、设备清洁卫生,并做好生产前准备工作。

(一) 瓶包装岗位标准操作规程

1. 设备安装配件、检查及试运行 自动数片机、自动塞入机等设备的零部件按要求进行安装。生产线上各空机试运行正常后停机。

ER 1-5-2
瓶包装

2. 生产过程

(1) 领料:从中间站领取待包装的检验合格的片剂;按领料操作规程领取合格的包装材料(瓶子、盖子、纸袋等)。

(2) 理瓶:开启总电源和压缩空气。将空瓶加入自动理瓶机料斗内,开启电源后,瓶子随转盘瓶口朝上进入轨道。瓶口朝下则会落下。

(3) 数片:在数片盘中加入片剂,调整两导轨挡板的间距、调瓶闸门位置及落片斗的高低,选择手动方式,调节皮带调速旋钮,药瓶进入输送带机并被送至落片漏斗下时,按动工作启动按钮。根据产品性质、种类调节数片筛动频率。调试正常后,采用自动方式工作。

(4) 塞纸:安装纸卷,调节夹瓶闸门和挡瓶闸门,调整塞纸杆至合适高度,使纸全部塞入瓶中,又不致撞伤药片。打开转动指令开关和输送链条开关,开启"塞纸"。

(5) 旋盖:加入瓶盖,打开电源开关,瓶盖输送带和理盖盘开始工作。调节理盖盘的旋转速度,使盖迅速滑入导盖路轨。待输送带上端有一定量药瓶及导盖路轨内有一定量的瓶盖后,按开关控制箱上的启动按钮进行开车生产。开启"自动",实现"来瓶启动,缺瓶停车"。

3. 结束过程

(1) 内包装结束,关闭各设备电源。将产品送至外包装间,并做好产品标识。

(2) 生产结束后,按"清场标准操作规程"要求进行清场,做好房间、设备、容器等清洁记录。

(3) 按要求完成记录填写。清场完毕,填写清场记录。上报 QA 人员检查,合格后,发清场合格证,挂"已清场"标识。

4. 异常情况处理 旋盖机常见故障及处理方法见表 1-15。

表 1-15 旋盖机常见故障及处理方法

故障现象	故障原因	处理方法
旋盖太紧	摩擦片压力太大	打开上盖调整旋盖松紧螺帽,减少弹簧对摩擦片的压力
旋盖太松	摩擦片压力太小	打开上盖,调松松紧螺帽到适当的程度
	旋盖夹头松	发现夹头工作时有打滑声,说明未夹紧,此时要调节旋紧夹盖的松紧调节螺钉
盖子旋不上	旋盖工位处瓶子中心与旋盖夹头中心不在一条中心线上	调节后挡板和夹瓶叉头使瓶子与旋盖夹头中心一致
旋盖夹头空旋时与瓶口摩擦	旋盖夹头低位太低	调节机底部,夹头低位限位顶头高度,使夹头最低位置时不会与瓶口相碰

(二) 瓶包装工序工艺验证

1. 验证目的　瓶包装工序工艺验证主要针对瓶装生产线瓶装效果进行考察,评价瓶装工艺稳定性。

2. 验证项目和标准

(1)工艺参数:数粒机、理瓶机、旋盖机等各项频率。

(2)取样方法:按各项工艺参数规定设置机器,稳定运行后取样,每15分钟取样一次,每次分别抽取50个包装单位,检查外观、塞纸、装量、旋盖紧密度、封口密封性等。

(3)通过标准:上述检测项目的结果均符合规定。

(三) 瓶包装设备的日常维护与保养

1. 操作完毕,关闭电源,清理机器设备,保持设备洁净。

2. 日常检查各部位油孔、油杯、油箱是否润滑好。

3. 日常检查设备的振动及噪声是否正常。

4. 检修变频装置时,务必先切断电源,并等候3分钟后,方可检修。

5. 在运转中,操作箱后的连接线绝不可拔除,否则会损坏设备。

点滴积累

1. 瓶包装设备有:自动理瓶机、自动吹风式洗瓶机、自动数片机、自动塞入机、自动旋盖机、自动封口机。
2. 瓶包装生产过程为:领料、理瓶、数片、塞纸、旋盖。

任务二　外包装

能力目标

1. 能根据批生产指令进行外包装岗位操作。

2. 能描述外包装岗位的生产工艺操作要点及其质量控制要点。

3. 能对外包装工艺过程中间产品进行质量检验。

4. 会对外包装线进行清洁、保养。

领取任务

领取包装材料,进行制剂外包装。

生产接收人员与仓储管理员在生产区或备料区进行包装材料交接,生产接收人员应根据生产指令和/或物料提取单仔细核对物料名称、物料代码、物料批号、物料所需量,详细清点实际发放包装材料(简称包材)的数量等信息,并检查所发包装材料的标识完好,包装状态完好,如发现异常情况应拒收,并按偏差程序处理。交接完毕,生产接收人员应在物料提取单上签名/日期。

对未拆封的整箱说明书、标签、小盒、中包装以及整捆大箱,清点箱数、捆数即可。对于已拆零、散装的说明书、标签、小盒、中包装、大箱等,应仔细清点;零箱中完整的小捆包装不必拆散逐个清点,清点小捆数量即可;但已拆小捆的说明书、标签、小盒、中包装、大箱应逐个清点计数。例如:根据生产指令和/或物料提取单的需要,需发放一箱说明书零箱,零箱中有 8 个小捆包装(1 000 张/捆)和零散的说明书 991 张,则清点时,计数 8 个小捆为 8 000 张,但 991 张需逐个点数。

包装材料计数发放可防止并发现生产包装过程的遗漏、差错等。

一、外包装设备

1. **自动贴标签机**　瓶子输送出来经分瓶轮调至合适贴标速度,在测物电眼处产生红外感应,此时贴标打印机(图 1-27)同时进行打印动作,标签贴到瓶子上,在滚贴板的转动下完成贴标。

2. **自动装盒机**　可进行说明书折叠、快速多规格装盒调整、变频调速进行装盒。对于缺说明书、缺瓶、缺纸盒、纸盒打不开等情况,自动检测并停机。

3. **热收缩包装机**　热收缩包装机(图 1-28)用塑料膜进行纸盒的中包装,包装好的物品随输送带转动进入热收缩轨道,塑料膜经轨道加热收缩包装在物品上面,自动完成整个裹包和收缩过程。

4. **打码机**　可用于纸盒、塑料袋、瓶、铝箔、药片等的喷码(图 1-29)。

5. **捆包机**　采用 PP 带进行打包,接头短,不用铁扣,符合国际环保要求。

图 1-27　自动贴标签机

图 1-28　热收缩包装机

图 1-29　打码机

二、外包装岗位操作

操作人员按进出一般生产区更衣规程进入操作间。进岗后做好厂房、设备清洁卫生,并做好操作前的一切准备工作。

(一) 外包装岗位标准操作规程

1. 领料及领取包材

(1)领料:按包装指令单领取当班生产所需的待包装中间产品,注意核对品名、数量、批号及检验合格证。

(2)领取包材:打印人员向空白包材存放处领取外包装材料,由专人限额发放。空白包材的领用过程需双人复核包装材料名称、规格、物料编号、数量。

(3)由专人打印,打印前双人复核打印内容(批号、生产日期、有效期等),打印后的包装材料存放在已打印标签的指定区域,并做好产品标识。

(4)外包装操作人员向外包装管理员领取打印完成的包装材料,双人复核包装材料名称、批号、打印内容、流水号等信息。领取无须打印的包装材料,需双人复核包装材料的名称、物料编号、数量等信息。

(5)将领用的外包装材料与样张核对外观、色差等质量情况,检查无误后再将包装材料放入指定区域,由专人上锁保管。

2. 生产过程

(1)手工包装

1)打印批号、有效期、流水号、生产日期:将批号、生产日期、有效期、流水号字头按反版排放,安装在打码机相应位置,打印在小盒、中盒的相应位置上。打印字迹应端正、清晰。打印好的小盒、中盒按流水号用皮套捆住,按次序摆放在不锈钢方盘中。

2)装袋:班组长按每人生产定额,将待包装品发放给包装人员。包装人员将领回的待包装品放于工作台上,将工艺规定数量的待包装品按工艺规定的排列方式、方向装入防潮袋内,袋口朝上,按次序整齐摆放在不锈钢方盘中。每一方盘摆放规定数目的待封口防潮袋。装袋时注意检查待包装品质量,检出不合格品放入废料箱内,做好标记,标明品名、批号、数量、流水号。所有不合格品放入塑料袋,贴上尾料盛装单。

3)封口:启动薄膜封口机,预热,温度达到工艺要求后,对防潮袋进行封口。封好的防潮袋装入周转箱,贴好标签,标明品名、批号、数量、流水号。

4)折叠说明书:手工将说明书横向对折一次,再竖向对折一次;说明书折叠要整齐,无褶皱。

5)装小盒:一手取小盒,沿折痕折成盒装后,将一段封口,盒盖中部贴严圆封签,一手持盒,另一手取热封好的规定数量的防潮袋及折叠好的说明书一张,装入折好的小盒内,盖好小盒,圆封签封口,将装好的小盒顺同一方向排列整齐。

6)装中盒:取中盒,沿折痕折成盒状后,将装好的小盒整齐地装入折好的中盒内,盖上中盒,用圆封签封好,圆封签应端正。

(2)联动线生产

1)试运行:空机运行,正常后调试小盒外观是否符合要求。双人复核打印出的生产日期、有效期、批号等信息准确无误。调试说明书折叠外观是否符合要求,确认每个小盒均有说明书。双人复核确保无异常。取一张包装材料归入批记录作为样张。

2)剔废监控:调出设备剔废监控程序,设定监控范围。取下说明书或药板,检测设备是否能准确剔除缺说明书、缺药板的小盒,准确无误后生产。

3)复核信息:调试结束,双人复核调试的批号、生产日期、有效期是否与批包装指令上的批号、生产日期和有效期一致。确认后,方可联机生产。

4)联机生产:开始联机,正式包装药品,完成折小盒、折说明书、装盒、封口、捆包、打码、捆扎等。

5)过程控制:包装过程中随时检查小盒、中盒的外观,批号字迹清晰、位置端正,封口整齐。

a. 塑封:取规定数量的盒为一个单位,沿同向摆放,装入收缩膜内,用热收缩包装机进行塑封。小盒数量应准确,塑封平整。

b. 装大箱:将领取的大箱用封箱胶带先进行封箱底,放入塑料袋。捆包好的小盒依次通过固定光栏扫描器读取电子监管码,逐一检查后装入大箱,将打印好的大箱标签分别粘贴在大箱两侧,满足装箱要求时,用“扫描枪”扫描大箱标签的电子监管码与小盒的包装形成关联关系。装好的大箱需放入一张合格证,再封箱面。需合箱时,应填写“合箱记录”。生产过程中,取样用于稳定性检查和微生物检测。

c. 大包装:按包装规格装箱,核对产品合格证上的产品名称、产品批号、生产日期、有效期、包装规格、包装日期、包装人准确无误后,装入大箱中,再置上纸垫板后封箱。封箱时保证封胶带平整、美观。

d. 入库待验:对所有大箱标签进行外观检查合格后进行捆扎,按要求将大箱放置于托盘上入库待验。

3. 结束过程

(1)包装结束,班组长收集废料,除去内包,装入聚乙烯袋中按片数折算重量,贴好标识,放入危险固废收集箱内,并做好相关记录。

(2)班组长收集污损的包装材料,在 QA 人员监督下销毁,并做好相关记录。

(3)将剩余的包装材料经 QA 人员确认符合退库要求的包装材料进行退库,并做好相关记录。

(4)包装材料平衡计算:将剩余的、污损的及使用的包装材料与领用的包装材料进行平衡计算,确保平衡率符合要求,做好批包装记录。

(5)生产结束后,按“清场标准操作规程”要求进行清场,做好房间、设备、容器等清洁记录。

(6)按要求完成记录填写。清场完毕,填写清场记录。上报 QA 人员检查,合格后,发清场合格证,挂“已清场”标识。

4. 异常情况处理

(1)领用的外包装材料与样张核对外观、色差等质量偏差较大时,立即停止领料,报告 QA 人员。

(2)生产过程中如设备异常,停止生产,立即报告 QA 人员。

(3)包装材料的平衡计算和外包装平衡率及收率计算时,如发生偏差应按偏差相关程序进行处理。

(二)外包装工序工艺验证

1. 验证目的 外包装工序工艺验证主要针对外包装效果进行考察,评价外包装工艺稳定性。

2. 验证项目和标准

(1)工艺参数:热收缩包装机、打码机、捆包机等各项频率。

(2)取样方法:按各项工艺参数规定设置机器,稳定运行后取样,每 30 分钟取样一次,每次分别抽取 10 个包装单位,检查批号、有效期、生产日期、合格证的印字应清晰,每盒应放有说明书,每箱应放有装箱单,每箱装箱数量应正确等。并进行物料平衡计算,即根据投料量计算可得理论成品数量,根据实际成品数量可得成品收得率。

(3)通过标准:上述检测项目的结果均符合规定。

(三)外包装设备的日常维护与保养

1. 操作完毕,关闭电源,清理机器设备,保持设备洁净。

2. 日常检查各部位油孔、油杯、油箱是否润滑好。

3. 日常检查设备的振动及噪声是否正常。

4. 检修变频装置时,务必先切断电源,并等候 3 分钟后,方可检修。

5. 在运转中,操作箱后的连接线绝不可拔除,否则会损坏设备。

点滴积累

1. 外包装设备有:自动贴标签机、自动装盒机、热收缩包装机、打码机、捆包机。

2. 外包装生产过程为:空机试运行、剔废监控、复核信息、联机生产、过程控制(塑封、装大箱、大包装、入库待检)。

任务三 成品接收入库

能力目标

1. 能进行成品接收入库等仓库管理工作。

2. 会进行成品发放等仓库管理工作。

领取任务

进行成品入库、仓库储存和药品养护。

成品的接收入库、发送和运输对保证药品质量至关重要,如缺乏专业和系统的管理,也会带来药品安全的风险。如成品接收入库过程中的差错和混淆,成品储存、发送和运输过程中的温湿度异常和其他储存条件异常等。成品接收入库流程图如图 1-30 所示。

图 1-30　成品接收入库流程图

车间将包装好的成品交由仓库入库,可由仓库管理的相关人员(或生产人员)填写成品入库记录,以成品入库单或成品入库凭证等形式入库。仓库接收人员在入库时特别需要重点关注的内容如下。

(1)成品入库清点(产品的品名、批号、规格、数量),特别是核对并清点零箱药品的数量。

(2)成品包装情况:核实实际的产品包装是否与入库单所列信息相符,并检查产品的外包装是否清洁、完好无损。

(3)成品储存条件:对于有特殊要求的产品,仓库接收人员应及时将产品转入符合储存要求的条件下储存。

仓库接收人员在成品接收入库并完成相关记录后,需明确标识产品的质量状态,如储存于待检区域内,或在每个包装上贴有"待检"状态标识。若企业采用计算机管理系统,可通过其他方式,确保产品的质量状态处于"待检"。在质量部对该批产品未作出是否合格的决定前,该批产品一直处于"待检"状态。

质量部基于对产品全面有效的评估后,由质量受权人批准放行或拒绝。如准予成品合格并放行,则通知物流、库房、生产等部门,成品质量状态由"待检"转为"合格"。

仓库人员根据成品储存条件,将成品存放于合适库房,如一般库、常温库、冷库、阴凉库等。储存过程中进行定期盘点,若出现实物数量和系统数量或库存报告中的数量存在差异时,应对产生差异的物料或产品进行复盘。复盘结束后,形成盘点报告和差异报告。如有显著差异,需启动偏差处理程序进行进一步的调查。

一、成品接收入库标准操作规程

仓库按质量部的成品放行单、检验报告单和生产部填写的成品入库单验收成品,应逐项核对"三单"上的产品名称、规格、数量、包装规格和批号是否相符,与入库产品是否相符,是否签印齐全。

1. 检查外包装

(1)外包装上应醒目标明产品名称、规格、数量、包装规格、批号、储藏条件、生产日期、有效期、批准文号，每件外包装上应贴上"产品合格证"。

(2)找出合箱产品，检查是否分别贴有两个批号的"产品合格证"，其内容是否符合要求；并清点数量，填写"成品验收记录"。

2. 验收合格后，放置于合格区，挂绿色"合格"状态标识，并填写成品库存货位卡和成品入库总账。

3. 不合格的成品，放置于不合格区，按规定处理，并填写不合格品台账。

4. 仓储管理员根据仓库记账簿，填写三联单，即第一联仓库记账单，第二联生产车间记账回执单，第三联财务部统计单。把第二联交由生产部作为收货凭证，第三联交由财务部统计用，第一联作仓库台账用。

二、成品储存养护标准操作规程

仓库成品的储存养护必须按照药品性质，合理安排储存条件，采用防潮、防霉变、防虫蛀、防鼠咬等措施，合理保持成品堆垛的"五距"（墙距 ≥30cm，顶距 ≥30cm，垛距 ≥50cm，物距 ≥50cm，底距 ≥10cm），保持库内清洁卫生，成品陈列整齐美观，无倒置、倒垛现象。

1. 内服药和外用药分区码放。

2. 剂型不同的产品分开储存。

3. 对有低温要求的药品需存放在低温库内。

4. 不同品种、规格和批号分垛码放。

5. 性质互相影响、易串味品种与其他药品分开存放。

6. 采用科学养护方法，控制仓库温湿度，使温湿度维持在正常范围内。保持通风干燥，采用空调设备、排风扇和自然通风等方法达到调温控湿的目的，保证成品储存的质量，每天作温湿度记录。

三、成品发放标准操作规程

1. 发放成品凭销售合同和发货单准确发放，详细做好记录，同时标签、包装也要认真核对，保持一致，成品的包装完好。

2. 成品的出库遵循"先进先出"的发货原则，发出的成品复核人员要及时复核，检查账、卡是否相符。

3. 对发出的成品应及时做好详细原始记录，正确书写领货时间、品名、规格、产地、批号、数量、发货人、收货人、收货单位等，并有双方签名记录。

4. 发出的成品每天符合账目，日清月结，保证成品账、物、卡相符。

目标检测

ER 1-5-3

项目五
复习导图

一、简答题

简述瓶包装的生产工艺操作要点及其质量控制要点。

二、实例分析题

某片剂在瓶包装过程中，出现工作异常，导致瓶盖旋盖太紧，请根据本项目学习内容分析可能的故障原因，并给出处理方法。

项目六　技能比武——片剂生产技能大赛热身赛

ER 1-6-1

项目六
教学课件

学习目标

1. **掌握**　D级洁净区人员净化规范,压片机的安装、拆卸与使用,记录填写规范,片剂在线质量检验操作。
2. **熟悉**　压片岗位操作人员工作流程,中间产品领取和交接操作。
3. **了解**　片剂在线质量检验项目结果判断标准。

导学情景

　　"十四五"期间,我国医药工业落实制造强国等战略,全面提高医药产业链现代化水平,加快形成新质生产力,增强发展新动能,推动医药产业高端化、智能化、绿色化,对药品生产领域技术技能人才培养提出新的要求。

学前导语

　　本项目采用片剂生产技能大赛热身赛的形式,旨在提升药品生产相关专业学生技术技能水平,增强学生发现问题和解决问题的能力,主要考查学生在药品规范生产、典型生产设备使用与维护、质量检测技能、清洁作业习惯、安全和质量监管等方面的职业素养。片剂生产技能大赛热身赛总时间为90分钟,总分数为100分,可按不同任务进行单项考核,或按大赛模式进行完整考核。

任务一　生产前准备

能力目标

1. 能进行D级洁净区人员净化规范操作。
2. 能进行生产前检查操作。

领取任务

完成D级洁净区人员净化规范操作与生产前检查操作。

一、D 级洁净区人员净化

1. 考核基本要求　进入 D 级洁净区人员,应按照人员更衣操作规范完成换鞋、放置个人物品、洗手、更换洁净服、手消毒等基本操作。要求选手按照正确的操作顺序和操作规范,在规定时间内完成人员进入 D 级洁净区的净化流程。

2. 更衣记录表　见表 1-16。

表 1-16　人员更衣通道进出记录表

日期	姓名	到达工序	进入时间	出去时间

3. 人员更衣考核评分表　见表 1-17。

表 1-17　人员更衣考核评分表

考试内容		评分标准	得分
人员净化(D 级更衣)	更衣规范	1. 换鞋动作规范。1 分 2. 七步洗手法流程正确。2 分 3. 规范更衣[抓衣领,翻裤(袖)筒,过程不落地,不接触外表面,检查],更衣顺序无误。5 分 4. 正确手消毒。1 分 5. 正确开关房间门。1 分	
	其他	1. 记录填写及时、真实、完整、规范,不符合要求的每处扣 1 分 2. 5 分钟内完成,每超时 1 分钟扣 1 分	

二、生产前检查

1. 考核基本要求　正式压片生产前,生产人员应按照考核要求对生产场地和设备的清洁状况、现场环境、状态标识、文件、物料等进行核对与检查,以确保后续生产操作有序进行。要求选手根据生产前检查记录表对生产现场进行核对,并判断是否满足正式生产要求。

2. 生产前检查记录表　见表 1-18。

3. 生产前检查考核评分表　见表 1-19。

表 1-18　生产前检查记录表

产品名称	×× 片	规格	0.2g	产品批号	××××××××
操作间		压片间		生产批量	1 000 片

生产前检查		
检查要求		**是否符合要求**
1. 确认房间状态标识,并在清场有效期内		□是　□否
2. 检查清场合格证副本,并粘贴在"清场合格证副本粘贴处"		□是　□否
3. 确认无上次生产遗留物,没有与本批次生产无关的物料与文件		□是　□否
4. 确认房间压差(　　)Pa、温度(　　)℃、相对湿度(　　)%		□是　□否
5. 确认设备名称(　　　　　)、设备编码(　　　　　)		□是　□否
6. 检查设备是否已清洁、完好		□是　□否
7. 按批指令,核对冲头的品名、规格		□是　□否

操作人/日期		复核人/日期	李思/××××.××.××

清场合格证副本(粘贴处)

表 1-19　生产前检查考核评分表

考试内容		评分标准	得分
生产前检查	检查工作	1. 正确检查复核状态标识。1分 2. 正确复检地面、门窗、残留物料、遗留上批次文件情况。1分 3. 房间温湿度及压差检查。1分 4. 领取并核对冲头无误。1分 5. 请现场 QA 复核。1分	
	其他	1. 记录填写及时、真实、完整、规范,不符合处每处扣1分 2. 5分钟内完成,每超时1分钟扣1分	

点滴积累

1. 人员进入 D 级洁净区净化流程为:更鞋、放置个人物品、洗手、更换洁净服、手消毒。
2. 生产前检查主要内容有:状态标识(操作间、设备)、清场合格证(副本)、洁净区环境(压差、温度、相对湿度)、物料与文件、设备与配件等。

任务二 中间产品周转与记录填写

能力目标

1. 能规范进行中间产品领取和交接操作。

2. 能规范填写记录。

领取任务

完成中间产品交接,规范操作并填写记录。

1. 考核基本要求 生产人员应根据生产指令和/或领料单,规范进行物料(或产品)的复核、记录、标识等交接操作,并能及时、准确、真实、完整地填写相关记录。要求选手按照正确的操作规范进行中间产品交接,并能够规范地填写或修改记录。

2. 中间产品交接记录表 见表1-20~表1-22。

表1-20 中间产品交接单(领取)

需求车间		加工状态	
品　　名		数　　量	
规　　格		重　　量	
批　　号		日　　期	
操作人:	班组长:		中间站管理人:

表1-21 中间产品交接单(递交)

工序名称		加工状态	
品　　名		递 交 人	
规　　格		接 交 人	
批　　号		日　　期	
数　　量		备　　注	
操作人:	班组长:		中间站管理人:

表1-22 中间产品进出中间站台账

品名	批号	重量/数量	进站				出站			
			日期	来源	签名	复核人	日期	去向	签名	复核人

3. 中间产品交接考核评分表 见表1-23。

表 1-23　中间产品交接考核评分表

考试内容		评分标准	得分
中间产品交接	领料	1. 正确填写领料单据。1 分 2. 正确领取压片用物料并复核信息。1 分 3. 正确填写中间站台账。1 分 4. 请现场 QA 复核。1 分	
	送料	1. 正确填写送料单据。1 分 2. 正确交接中间产品至存放处。1 分 3. 正确填写中间站台账。1 分 4. 请现场 QA 复核。1 分	
	其他	1. 记录填写及时、真实、完整、规范,不符合要求的每处扣 1 分 2. 10 分钟内完成,每超时 1 分钟扣 1 分	

点滴积累

1. 中间站领料流程为:领取生产指令和 / 或领料单、复核物料信息、填写中间站台账、领取物料。
2. 记录填写注意事项有:及时、准确、真实、完整;字迹清晰易读、不易擦除;日期、时间格式统一;保持清洁,不得撕毁和任意涂改;重要记录须专人复核。

任务三　片剂生产过程

能力目标

1. 能规范进行压片机的安装与试运行操作。
2. 能正确调节压片机压制出规定数量的合格片剂。
3. 能规范进行压片机的拆卸与清场操作。

领取任务

按批生产指令要求完成片剂的生产,并按要求完成压片机的安装、拆卸和清场工作。

一、压片机的安装

1. 考核基本要求　压片操作前,生产人员应按照操作规范完成压片机冲模、刮粉器、加料斗、出片槽的安装与试运行,确保设备可用于后续正常生产操作。要求选手按照正确的安装顺序和操作规范,在规定时间内完成压片机的安装。

2. 压片机安装考核评分表　见表 1-24。

表 1-24　压片机安装考核评分表

考试内容		评分标准	得分
压片机安装	安装与试运行	1. 正确使用工具旋松中模紧固螺丝,拆卸上下冲、嵌轨等。1 分	
		2. 工作转台转动方向正确。1 分	
		3. 正确安装中模。2 分	
		4. 正确安装上冲。2 分	
		5. 正确安装下冲。2 分	
		6. 安装顺序无误。1 分	
		7. 冲模安装完毕嵌轨、螺钉正确归位。1 分	
		8. 正确安装与调试配件(加料斗、刮粉器、出片槽等)。1 分	
		9. 手轮正确转动机器,机器无卡阻。1 分	
	其他	10 分钟内完成,每超时 1 分钟扣 1 分	

二、压片操作

1. 考核基本要求　压片操作岗位,生产人员应按照生产指令与压片机标准操作规范要求,完成片剂外观、片重、硬度等调试操作,压制出规定数量的合格片剂并规范填写生产记录。要求选手在规定时间内制备出规定数量的合格片剂。

ER 1-6-2

压片岗位
操作

2. 压片操作记录表　见表 1-25。

表 1-25　压片操作记录表

产品名称	×× 片	规格	0.2g	产品批号	×××××××
操作间	压片间			生产批量	1 000 片
试压片检查记录					
外观	质量标准:片面白色、光洁			□合格　□不合格	
片重	g			□合格　□不合格	
硬度	N			□合格　□不合格	

片重差异 /g	重量差异（±7.5%）										□合格 □不合格
	上限 /g				下限 /g						
	总重 /g				平均片重 /g						
	1	2	3	4	5	6	7	8	9	10	
	11	12	13	14	15	16	17	18	19	20	

硬度 /N	1	2	3	4	5	□合格 □不合格
	6	7	8	9	10	

正式压片记录		
压片开始时间	时　　　　分	
压片结束时间	时　　　　分	
物料平衡	物料平衡计算： 　　　　　　　　　　　□符合限度　　　　□不符合限度	
操作人/日期		复核人/日期　　　李思/××××.××.××
备注	填写要求：请在你认为正确的内容"□"内打"√"	

3. 压片操作考核评分表　见表1-26。

表1-26　压片操作考核评分表

考试内容		评分标准	得分
压片操作	生产过程	1. 正确更换状态标识。2分 2. 空车试运行。1分 3. 正确加料。1分 4. 正确进行压片机填充调节，使片重符合要求。3分 5. 正确进行压片机压力调节，使硬度符合要求。3分 6. 正确进行片重差异检查。3分 7. 正确进行硬度检查。3分 8. 正确收集残留物料、不合格药片等。2分 9. 正确收集合格药片。1分 10. 正确进行物料平衡计算。2分 11. 安全生产。2分 12. 生产出规定数量的合格片剂。2分	
	其他	1. 记录填写及时、真实、完整、规范，不符合要求的每处扣1分 2. 25分钟内完成，每超时1分钟扣1分	

三、清场操作

　　1. 考核基本要求　压片结束后，生产人员应按照清场标准操作规范要求，完成压片机的拆卸、设备与房间清洁等清场操作，并规范填写记录。要求选手在规定时间内完成压片机的拆卸、清洁与清场工作。

　　2. 清场操作记录表　见表1-27。

　　3. 清场操作考核评分表　见表1-28。

表 1-27　清场操作记录表

产品名称	× × 片	规格	0.2g	产品批号	× × × × × × × ×
操作间	压片间			生产批量	1 000 片
清场类型	□大清场		□小清场		

清场要求		是否符合要求
1. 设备等	设备、设施台面上异物清理干净	□是　□否
	桌面物品规制整齐或放回原位	□是　□否
	冲模拆卸完毕	□是　□否
	冲模消毒并涂抹润滑油	□是　□否
2. 将工具、模具归还工具室与模具室		□是　□否
3. 清除操作过程中产生的废弃物		□是　□否
4. 生产设备和房间状态标识准确、清楚		□是　□否
5. 清场结束后,申请 QA 复核,领取清场合格证		□是　□否
操作人 / 日期		复核人 / 日期	李思 /× × × ×.× ×.× ×
清场合格证正本粘贴处			

表 1-28　清场操作考核评分表

考试内容		评分标准	得分
清场操作	拆卸过程	1. 正确拆卸配件,如加料斗、刮粉器、出片槽等。1 分	
		2. 正确使用工具旋松中模紧固螺丝、上下冲嵌轨等。1 分	
		3. 工作转台转动方向正确。1 分	
		4. 正确拆卸下冲。2 分	
		5. 正确拆卸上冲。2 分	
		6. 正确拆卸中模。2 分	
		7. 拆卸顺序正确。1 分	
		8. 嵌轨、螺钉正确归位。1 分	
		9. 正确安装防护门。1 分	
		10. 正确清洁与消毒设备与配件。1 分	
		11. 设备内表面与外表面清洁抹布不混用。1 分	
		12. 正确更换状态标识与清场合格证。1 分	
		13. 申请 QA 复核。1 分	
	其他	1. 规范填写清场记录,不符合要求的每处扣 1 分	
		2. 15 分钟内完成,每超时 1 分钟扣 1 分	

点滴积累

1. 压片机安装顺序为:中模、上冲、下冲、刮粉器、出片槽、加料斗。
2. 压片生产过程为:领取物料、加入物料、试压片(外观、平均片重、硬度、重量差异)、正式压片(定期抽检、填写生产记录)。
3. 压片机拆卸顺序为:加料斗、出片槽、刮粉器、下冲、上冲、中模。

任务四　片剂在线质量检验

能力目标

1. 能规范进行质检仪器的检测操作。

2. 能规范填写质检记录。

3. 能正确判断检测结果是否合格。

领取任务

对生产的片剂进行在线质量检验,包括外观、片重差异、硬度、脆碎度,正确判断质检结果并填写记录。

1. 考核基本要求　生产人员应根据质检项目要求,规范进行片剂外观、片重差异、硬度、脆碎度的检测操作,准确填写相关质检记录并正确判断质检结果。要求选手规范进行片剂质量检验,并填写相关记录。

2. 片剂在线质量检验记录表　见表 1-29。

表 1-29　片剂在线质量检验记录表

产品名称	×× 片	规格	0.2g	产品批号	××××××××
操作间		中控室		生产批量	1 000 片
检测记录					
检测时间		_____年___月___日　___时___分—___时___分			
房间温度		____~____℃		□合格　□不合格	
房间相对湿度		____%~____%		□合格　□不合格	

项目	质量标准				检验结果
外观	完整光洁、色泽均匀				□合格 □不合格
脆碎度 /%	≤ 1%				
	检测时间	检测前 /g	检测后 /g	脆碎度 /%	□合格 □不合格
	___时___分				
	复试第 1 次时间	检测前 /g	检测后 /g	脆碎度 /%	□合格 □不合格
	___时___分				
	复试第 2 次时间	检测前 /g	检测后 /g	脆碎度 /%	□合格 □不合格
	___时___分				

项目	质量标准										检验结果
片重差异 /g	重量差异（±7.5%）										□合格 □不合格
	上限 /g				下限 /g						
	总重 /g				平均片重 /g						
	1	2	3	4	5	6	7	8	9	10	
	11	12	13	14	15	16	17	18	19	20	
硬度 /N	30~50N					□合格 □不合格
	1	2	3	4	5	
	6	7	8	9	10	
操作人 / 日期		复核人 / 日期		李思 /××××.××.××	
备注	填写要求：请在你认为正确的内容"□"内打"√"				

3. 片剂在线质量检验考核评分表　见表 1-30。

表 1-30　片剂在线质量检验考核评分表

考试内容		评分标准	得分
片剂在线质量检验	脆碎度	1. 取样量正确。1 分 2. 天平称量读数操作规范（称量前吹去片剂表面细粉）。2 分 3. 脆碎仪操作规范。1 分 4. 数据计算与结果判断正确。2 分	
	片重差异	1. 取样量正确。1 分 2. 天平称量读数操作规范。1 分 3. 减重法称量 20 片片重。1 分 4. 数据计算与结果判断正确。2 分	
	硬度	1. 取样量正确。1 分 2. 硬度仪操作规范。1 分 3. 数据计算与结果判断正确。2 分	
	崩解时限	1. 取样量正确。1 分 2. 崩解仪参数设置正确。1 分 3. 崩解仪操作规范。1 分 4. 结果判断正确。2 分	
	其他	1. 规范填写质检记录，不符合要求的每处扣 1 分 2. 20 分钟内完成，每超时 1 分钟扣 1 分	

ER 1-6-3

项目六
复习导图

目标检测

一、简答题

简述片剂脆碎度的检测流程。

二、计算题

某片剂脆碎度检测前取样量为 6.503 2g，经过脆碎度检测后称重为 6.487 3g，无断裂、龟裂或粉碎片，请计算并判断该批药片的脆碎度检查结果是否合格。

实训情境二

硬胶囊剂的生产

项目一　接收生产指令

学习目标

1. **掌握**　硬胶囊生产指令接收程序。
2. **熟悉**　硬胶囊生产质量控制点。
3. **了解**　硬胶囊生产操作工艺条件。

导学情景

情景描述

追溯胶囊的历史,早在公元前1500年,古埃及人就发明了胶囊。在中国明朝中期,就有记载用小块面囊包裹饮片药液的用法,这是我国有记载的最早的胶囊。1730年,奥地利维也纳的药剂师开始使用植物提取物(主要是淀粉)手工制造胶囊,成为了近现代胶囊工艺的雏形。到了1846年,使用明胶为主要原料的胶囊制造技术在法国获得专利。而后随着现代机械工业化的推进,在20世纪初,胶囊已成为医药领域应用最为广泛的药物制剂之一。

学前导语

随着机械工业的兴起,特别是自动胶囊填充机等先进设备的问世,胶囊剂取得了很大的发展,成为世界上使用最广泛的口服剂型之一。本项目将重点介绍硬胶囊剂生产工艺流程和生产操作过程及工艺条件。

任务　硬胶囊剂生产工艺

能力目标

1. 能描述硬胶囊生产的基本工艺流程。
2. 能明确硬胶囊生产的关键工序。

领取任务

根据需生产的制剂品种,选择合适的制备方法,并明确该制剂品种的生产工艺流程。

胶囊剂指原料药物或原料药物与适宜辅料充填于空心胶囊或密封于软质囊材中所形成的固体制剂。通常根据囊壳的不同,可将胶囊剂分为软胶囊和硬胶囊。胶囊剂具有可掩盖药物的不良臭味,提高药物的稳定性,药物在体内起效快、生物利用度高,液态药物固体化,质量可控等优点。

硬胶囊的生产流程与片剂的相似,因此一般可将硬胶囊生产线与片剂生产线安排在同一车间内,仅需增设胶囊填充机即可。目前,全自动胶囊填充机在企业中应用越来越广泛,大大提高了硬胶囊生产效率,降低了生产成本。硬胶囊的生产过程包括物料的领取、囊心物的制备、填充、封口、质检及包装等。

课堂活动
给学生提供布洛芬缓释胶囊,要求学生观察胶囊壳组成,并将胶囊囊帽和囊身分开,倾出内容物,请同学分析哪些药物可以制成胶囊剂,并设计胶囊剂的生产工艺流程。

一、胶囊剂的生产工艺流程

根据生产指令和工艺规程编制生产作业计划,见图2-1。

(1)备料:主要是进行领料,并对物料进行粉碎过筛。

(2)配料:主要是按处方比例进行称量和投料。

(3)制粒:可采用干法、湿法或直接粉末压片等方法,在此以湿法制粒为例。

(4)干燥:湿法制粒(除流化床一步法制粒外)可采用烘箱干燥或流化床干燥。

(5)整粒、总混:需检测颗粒的含量、水分、外观。

图 2-1 硬胶囊工艺流程图

(6)胶囊填充:使用填充机填充囊心物,填充后的胶囊需进行抛光,并检查外观光洁度、平均重量、重量差异、崩解度、含量。

(7)内包装:常采用铝塑包装。

(8)外包装:应检查成品外观、数量、质量等。

(9)入库。

硬胶囊生产工艺中除胶囊填充和铝塑包装岗位外,其他均与片剂生产工艺相似,在此重点阐述上述两个岗位。硬胶囊生产过程中的质量控制点见表 2-1。

表 2-1　硬胶囊生产质量控制点

工序	质量控制点	质量控制项目	检查频次
备料	原辅料	异物	随时/班
	过筛	异物、细度	1次/班
配料	投料	品种、数量	1次/班
制粒	颗粒	混合时间	1次/班
		黏合剂外观、浓度、温度	1次/班
		制粒时间	1次/班
		粒度、外观	随时
干燥	烘箱干燥	温度、时间	随时
	流化床	温度、滤袋	随时
	干粒	水分	1次/班
整粒、总混	干粒	筛网、含量	1次/批、1次/班
		异物、粒度	随时
胶囊填充	囊壳	规格、外观	1次/班
	胶囊	装量差异	1次以上
		平均装量	1次/15min
		溶出度(崩解时限)	1次/批
		外观	随时
铝塑包装	胶囊	外观、异物	随时/班
	铝塑	热封、批号、装量	随时/班
外包装	装盒	装量、说明书、标签	随时/班
	标签	内容、数量、使用记录	随时/班
	装箱	数量、装箱单、印刷内容	1次/批、1次/班

知识链接

硬胶囊剔废与检查仪

为进一步确保产品质量,在硬胶囊抛光后,可选配胶囊质量检测设备,对胶囊外观缺陷进行检测。该胶囊外观缺陷检测系统包括一个拍摄胶囊中部图像的中部影像摄像机和分别拍摄胶囊两个端面图像的两个端面影像摄像机。该中部影像摄像机的摄像头与移动到该胶囊外观缺陷检测位置处的相应胶囊的中部相对,两个端面影像摄像机的摄像头分别与移动到该胶囊外观缺陷检测处相应胶囊的两个端面相对,从上向下拍摄胶囊图像,影像摄像机与计算机控制系统的相应控制端口连接,可达到检测胶囊外观缺陷的功能。

二、硬胶囊剂生产操作过程及工艺条件

填充物料制备好之后进行胶囊填充,质检通过后可进行内包装,通常采用铝塑泡罩包装。

1. 胶囊填充　确定胶囊填充机已清洁清场,复核模具与指令无误,检查模具完好程度并符合要求。分别向料斗中加入空心胶囊和待填充物。先进行试填充,调节至合格,再进行正常生产。生产过程中随机检查外观、锁口、重量差异等。将填充好的胶囊进行抛光。收集胶囊至双层聚乙烯袋的接料桶内。

胶囊填充操作工艺条件:必须控制操作间相对湿度保持在 60% 以下。随时目视检测,胶囊成品应无锁口不严、瘪头、漏粉等问题。

企业视角

1. 根据防止泄漏、医疗用途、药物性质和剂量选择适宜的空心胶囊,并按照现行版《中国药典》四部空心胶囊或肠溶胶囊项下的规定进行检验,合格者方能使用。

2. 空心胶囊储存在温度为 18~28℃、相对湿度为 30%~40% 的环境中,避光,密闭。

3. 硬胶囊的药物应在 21~23℃、相对湿度 40%~55% 的环境中填充,以保持胶囊壳含水量不会发生太大的变化。

4. 胶囊剂的内容物不论是原料药物还是辅料,均不应造成囊壳变质。

---

2. 铝塑包装　确定铝塑包装机已清洁清场,复核模具与指令无误,并检查模具完好程度符合要求。复核待包装胶囊的状态标识与生产指令无误。复核聚氯乙烯(PVC)、铝箔(PTP)与生产指令相符。安装包装机的模具,并对与物料有接触的模具进行消毒。将 PVC、PTP 装好,升温,调试,使行程与板块相符。上述工作无误后打开冷却水、空压机、升温开关,将胶囊放入加料斗内,启动机器,进行包装。正常运转后,随时补缺粒,检查包装后的铝塑板平展程度、密封性、无缺粒、脏板。装好的板应计数,码放整齐,放入周转箱内,贴签标明品名、数量、批号、操作者、生产日期,转中间站。

铝塑包装操作工艺条件为:加热板温度按设备要求及气泡成型情况调定。热封辊温度按设备要求及铝塑板热封情况调定。下料应均匀。工作结束后应切断电源、水源、气源,确保安全。废料应及时处理。随时目检外观,要求铝塑板板形端正,无异物,无缺片,无脏片,无漏粉;热合严密,泡眼完好均匀;批号印字清楚、端正、准确。

ER 2-1-2

项目一
复习导图

目标检测

1. 什么是胶囊剂,胶囊剂有何特点?
2. 简述硬胶囊的生产工艺条件。

项目二　生产硬胶囊

ER 2-2-1

项目二
教学课件

ER 2-2-2

硬胶囊生产
简介

学习目标

1. **掌握**　硬胶囊生产工艺流程,药物填充过程。
2. **熟悉**　铝塑泡罩生产过程和质量检验要点。
3. **了解**　铝塑泡罩机的生产原理。

导学情景

情景描述

　　吃药对每个孩子来说都是件苦差事,药片、药粉都免不了苦涩的味道。年仅 6 岁的小明每次吃药都非常抗拒,有一次医生开了胶囊类药物,这让小明不仅不觉得难吃,反而对五颜六色、造型精致的胶囊产生了很大的兴趣。

学前导语

　　色彩在我们的生活中扮演着非常重要的角色。色彩的魅力不仅体现在视觉上的美感,还体现在对情绪、心理的影响。巧妙地将色彩的魅力应用到药物制剂上,鲜艳的胶囊颜色可以减少人们对服药的排斥心理。此外,囊体还能掩盖药物不良臭味,提高药物稳定性。

　　大家知道药物是如何进入胶囊壳的吗?

任务一　胶囊填充

能力目标

1. 能根据批生产指令进行胶囊填充岗位操作。
2. 能描述胶囊填充的生产工艺操作要点及其质量控制要点。
3. 会按照 NJP800-B 全自动胶囊填充机的操作规程进行设备操作。
4. 能对胶囊填充中间产品进行质量检验。
5. 会进行胶囊填充岗位工艺验证。
6. 会对 NJP800-B 全自动胶囊填充机进行清洁、保养。

领取任务

按批生产指令将物料用胶囊填充机填充于空心胶囊壳中,并进行中间产品检验。胶囊填充机及相关设备已完成设备验证,进行胶囊填充工艺验证。工作完成后,对胶囊填充设备进行维护与保养。

胶囊填充是指使用半自动或全自动胶囊填充机,将药物粉末或颗粒填充于空心囊壳中并抛光成合格胶囊剂的工艺过程。胶囊生产车间须符合 GMP 要求(洁净度级别为 D 级),对于明胶胶囊应放置于温度 15~25℃、湿度 35%~65% 的环境中。胶囊在低湿条件下会失水变脆,在湿条件下会吸水变软。水分的获得或流失,会引起明胶膜层的变化。胶囊的储存区域设计控制为室温 10~30℃,湿度 30%~70%。

一、胶囊填充设备

胶囊填充主要设备有全自动胶囊填充机和半自动胶囊填充机。

1. **全自动胶囊填充机**　全自动胶囊填充机(图 2-2)主要由机座和电控系统、液晶界面、胶囊料斗、播囊装置、旋转工作台、药物料斗、填充装置、胶囊扣合装置、胶囊导出装置组成。

全自动胶囊填充机采用间歇运动和多工位孔塞计量方式,可以自动完成硬胶囊的调头、分囊、填充、剔废、合囊、成品推出等胶囊填充过程。与药粉接触的部分不会与药粉发生反应,符合 GMP 标准,所有的运动部件磨损极小,符合人机工程。它具有剂量可调、有安全保护、统计产量计时、胶囊上机率高等特点。

全自动胶囊填充机的工作原理如下:装在料斗里的硬胶囊随着机器的运转,逐个进入顺序装置的顺序叉内,经过胶囊导槽和拨叉的作用使胶囊调头,机器每动作一次,

图 2-2　全自动胶囊填充机

释放一排胶囊进入模块孔内,并使其体在下,帽在上。转台的间隙转动,使胶囊在转台的模块中被输出到各工位。真空分离系统把胶囊顺入模块孔中的同时将体和帽分开。接着填充杆把压实的药柱推到胶囊体内。下一个工位把上模块中体和帽未分开的胶囊清除吸掉。再次将下模块缩回与上模块并合,经过推杆作用使填充好的胶囊扣合锁紧。最后将扣合好的成品胶囊推出收集。

2. **半自动胶囊填充机**　半自动胶囊填充机(图 2-3)是一种半自动胶囊填充设备,集"机、电、气"于一体,可分别独立完成播囊、分体、药粉填充、锁紧等步骤。半自动胶囊填充机适用于填充粉状、颗粒状物料。

半自动胶囊填充机主要由送囊调头分离机构、药料填充机构、锁紧机构、变频调速机构、气动控制和电器控制系统、保护装置等部件以及真空泵和气泵附件组成。可配备不同的模具对不同型号的胶囊进行填充。该设备采用开放式设计,具有经济、适用性强的特点;但存在粉尘大、容易污染且效率低等问题,目前一般不用于企业的生产,主要用于教学实训。

图 2-3　半自动胶囊填充机

半自动胶囊填充机的工作原理如下：空心胶囊从料斗插取到播囊管中，经播囊器释放一排胶囊，受推囊板的作用向前推进至调头位置，胶囊受压囊头向下推压并同时调头（体朝下，帽朝上），受负压气流的作用下，进入胶囊模具，囊帽受模孔凸檐阻止留在上模具盘中，囊体受真空的作用，滑入下模孔内，完成胶囊的排囊、调头和分离工作。

料斗上装有调速电机，带动螺旋桨使物料强制灌入空胶囊。下转盘带动模具旋转，下转盘同样被调速电机带动运转，使模具在加料嘴下面运转一周，由气缸推向模具，料斗到位后转盘电机和料斗电机自动启动，填料完成。

通过脚踏阀使顶胶囊气缸动作，已装满药料的胶囊（上下模合在一起）进行锁紧，然后，用于推动胶囊模具，使顶针复位将胶囊顶出，流入集囊箱里。填充好的胶囊挑出废品后，用胶囊抛光机进行抛光，用洁净的物料袋或容器密封保存，即完成胶囊的制备过程。

> **课 堂 活 动**
> 相比于半自动胶囊填充机，全自动胶囊填充机生产硬胶囊剂有何优势？

二、胶囊填充岗位操作

实训设备：NJP800-B 全自动胶囊填充机。

进岗前按进入 D 级洁净区要求进行着装，进岗后做好厂房、设备清洁卫生，并做好操作前的一切准备工作。

（一）胶囊填充岗位标准操作规程

1. 设备安装配件、检查及试运行　按工艺要求安装好填充杆组件，对相关生产用设备进行空载运行，检查设备运行是否正常。一般故障自行排除，不能排除的故障通知设备维修人员进行检修。

2. 生产过程

（1）领料：根据制剂生产指令开具领料单，领取空心胶囊，核对空心胶囊数量、型号、外观质量。

根据制剂生产指令检查上工序移交的待填充品,注意核对品名、批号、规格、净重、检验报告单或合格证等。

(2)胶囊填充:将空心胶囊和药物粉末或颗粒分别加入胶囊料斗和物料料斗中。试填充,调节定量装置,称重量,计算装量差异,检查外观、套合、锁口是否符合要求,并经QA人员确认合格。试填充合格后,机器可正常填充。在填充过程中要随时抽查装量,控制填充的速度,检查胶囊的外观、锁口以及装量差异是否符合要求;质检员定时检测装量。

(3)胶囊抛光:从出料口流出的胶囊,用专用勺子将胶囊加入抛光机漏斗,动作要轻缓。抛光好的胶囊接入套有聚乙烯袋的接料桶内。

3. 结束过程

(1)填充结束,关闭胶囊填充机、吸尘装置等。

(2)将合格品和不合格品按中间站管理规程转入中间站,并做好产品标识。

(3)生产结束后,按"清场标准操作规程"要求进行清场,做好房间、设备、容器等清洁记录。结算本岗位物料,按物料平衡管理规定和收率管理规定进行检查与计算。

(4)按要求完成批生产记录填写。清场完毕,填写清场记录。上报QA人员检查,检查合格后,发清场合格证,挂"已清场"标识。

4. 异常情况处理
胶囊填充过程中,出现平均重量、装量差异、崩解时限等生产过程中质量控制指标接近标准上下限时,应及时调节填充量、胶囊填充机转速等参数;若超出标准范围或出现锁扣不牢等问题时,应停止生产,及时报告QA人员进行调查处理。

胶囊填充过程中常遇到的问题及其主要产生原因和解决办法见表2-2。

表2-2 胶囊填充过程中容易出现的问题及解决办法

现象	可能原因	解决办法
瘪头	压力太大	调整压力
锁口不到位	压力太小	调整压力
错位太多	顶针不垂直或冲模磨损	调正顶针,更换冲模
套合后漏粉	囊壳贮存不当,水分流失	空胶囊应贮存于阴凉库

企业视角

操作人员按照企业人员进入D级洁净区净化流程着装进入操作间,做好操作前的一切准备工作。填充操作前,操作人员应对操作间进行以下检查,避免产生污染或交叉污染。

1. **温湿度、静压差的检查** 应根据所生产药品的特性及原辅料的特性设定相应的控制范围,确认操作间符合工艺要求。

2. **生产环境卫生检查** 检查操作时地面、工具是否干净、齐全;确保生产区域没有上批遗留的产品、文件或与本批产品生产无关的物料。

3. **容器状态检查** 检查容器等应处于"已清洁、消毒"状态,且在清洁、消毒有效期内。否则按容器清洁消毒标准程序进行清洁消毒,经检查合格后方可进行下一步操作。

4. 生产设备检查 设备应处于"设备完好""已清洁"状态。重点检查胶囊填充机下列部件：旋转台、罩内部、下料斗、水平叉、导引块、上下模块、空胶囊加料器、颗粒料斗、给料装置、废胶囊剔除盒和吸尘器等。

(二) 胶囊填充工序工艺验证

1. 验证目的 对胶囊填充机填充效果通过胶囊工序工艺验证进行考察，评价填充工艺稳定性。

2. 验证项目和标准

(1) 工艺条件：填充速度；取样点为每10分钟，取样10粒；检测项目有装量差异、崩解时限、外观，并计算收率和物料平衡。

(2) 验证通过的标准：符合胶囊中间产品质量标准，对取样数据进行分析，要求在标准的范围内且所有数据排列无缺陷。

(三) 胶囊填充设备的日常维护与保养

机器长时间工作，更换药物生产或者停用较长时间时，需要对药粉直接接触的设备零部件进行清理。机器下部的传动部件要经常擦净油污，使观察运转情况更清楚。

真空系统的过滤器要定期打开清理堵塞的污物。

点滴积累

1. 胶囊填充是指使用半自动或全自动胶囊填充机，将药物粉末或颗粒填充于空心囊壳中并抛光成合格胶囊剂的工艺过程。
2. 全自动胶囊填充机主要由机座和电控系统、液晶界面、胶囊料斗、播囊装置、旋转工作台、药物料斗、填充装置、胶囊扣合装置、胶囊导出装置组成。
3. 半自动胶囊填充机是一种半自动胶囊填充设备，集"机、电、气"于一体，可分别独立完成播囊、分体、药粉填充、锁紧等步骤。适用于填充粉状、颗粒状物料。

任务二　铝塑泡罩包装

能力目标

1. 能根据批生产指令进行铝塑泡罩包装的操作。
2. 能描述铝塑泡罩包装的生产工艺操作要点及其质量控制要点。
3. 会按照 DPP-80 型铝塑泡罩包装机的操作规程进行设备操作。
4. 能对泡罩包装中间产品进行质量检验。
5. 会进行泡罩包装岗位工艺验证。

按批生产指令将胶囊用胶囊铝塑泡罩包装机进行内包装,并进行中间产品检验。铝塑泡罩包装机及相关设备已完成设备验证,进行胶囊内包装工艺验证。工作完成后,对内包装设备进行维护与保养。

药品的铝塑泡罩包装是通过模压成型或真空吸泡将产品封合在透明塑料薄片形成的泡罩与底板(用纸板、塑料薄膜或薄片、铝箔或它们的复合材料制成)之间的一种包装方法。国内称为压穿式包装,国外称为PTP(press through pack)包装,是片剂、胶囊剂、栓剂、丸剂等固体制剂药品包装的主要方式之一。

根据铝塑泡罩包装的不同形式,可分为双硬铝、双软铝或聚氯乙烯(polyvinyl chloride,PVC)铝塑泡罩,进行铝塑包装后再进行装盒(装说明书)、裹包和装箱。

一、铝塑泡罩包装设备

平板式泡罩包装机(图2-4)一般的工作过程如下:通过PVC加热装置对PVC进行加热至设定温度,平板正压泡罩成型装置将加热软化的PVC吹成光滑的泡罩;然后通过给料装置填充药片或胶囊,由入窝压辊将已成型的PVC泡带同步平直地压入热封铝筒相应的窝眼内,再由滚筒辊热封装置将铝箔与PVC热封;最后由打字冲裁装置在产品上打上批号并使产品成型。

图2-4 平板式泡罩包装机

平板式泡罩包装机整体采用开式布局结构,可视性好,机器的维护、调整简单、方便,可采用模块化模具,更换安装做到同机多规格生产,模具费用低。该设备具有加热板温控检测、主电机过载保护、PVC和PTP包材料位检测等功能。

二、铝塑泡罩包装岗位操作规程

实训设备：DPP-80 型铝塑泡罩包装机。

进岗前按进入 D 级洁净区要求进行着装，进岗后做好厂房、设备清洁卫生，并做好操作前的一切准备工作。

（一）铝塑泡罩包装岗位标准操作规程

1. 设备安装配件、检查　根据工艺要求安装整套模具并设定批号。

2. 生产过程

（1）领料：按批包装指令领取待包装半成品、铝箔、PVC 硬片，核对品名、规格、批号、数量与批包装指令一致。

ER 2-2-3

铝塑泡罩包
装岗位操作

（2）安装铝箔、PVC 硬片和字粒，接通电源，待温度、气压达到设定值后，打开输送带开关，按下开关，进行空机试运行。检查泡眼、热封、批号、压痕、冲裁等情况，符合规定后，打开加料器转刷，将药由料斗加入，并打开下料闸，使药料由加料器加入泡眼中。

（3）适当打开下料闸门，调整扫粒速度；点动机器运转，观察扫粒情况。如出现缺粒，即调整扫粒速度和整车的运行速度。

（4）正常生产时，操作人员观察到个别泡眼缺少物料时，手工补上物料；同时检查裁切下来的铝塑板，剔除漏装、冲裁压坏和受到污染的铝塑板。

3. 结束过程

（1）工作完毕，按下停机开关，然后依次关停转刷、输送带、压缩机、成型模块、热封机、塑片传送带、铝箔传送带等，再切断电源，关闭进水阀，取下塑片、铝箔以及字模。

（2）将装有铝塑板的接料桶送至中间站，并做好产品标识。

（3）生产结束后，按"清场标准操作规程"要求进行清场，做好房间、设备、容器等清洁记录。

（4）按要求完成记录填写。清场完毕，填写清场记录。上报 QA 检查，合格后，发清场合格证，挂"已清场"标识。

4. 异常情况处理　出现异常情况，立即报告 QA 人员。如胶囊落地，收集后弃去。

铝塑泡罩包装常见设备故障及解决办法见表 2-3。

> **课 堂 活 动**
> 请同学们思考平板式胶囊铝塑泡罩包装机的工作原理。

5. 注意事项

（1）出现不同步时，应先将成型的塑片剪掉，重新安装，若仍未同步，可调节行程微调旋钮，使其同步。

（2）机器运行时，不得将手及其他硬物放入模具中，防止人身伤害及设备损坏。

加料器的药料不能太多，过多易被转刷搅破。以能填满泡眼、无空泡为宜。停机时，模具应处分开状态，以免塑片烧断。模具退回时填写记录。

表 2-3　铝塑泡罩包装机常见故障发生原因及解决办法

故障现象	原因	解决办法
PVC 泡罩成型不良	加热辊温度过高或过低	调整温度
	吸泡真空不足	清理成型辊气道异物
	成型辊处冷却水温不好	清除冷却系统水垢异物
	PVC 过厚或过薄	选择合适的 PVC
热封不良	气压不对	调整气压
	气缸摆杆松动	紧固
	热压辊与传动辊不平行	调整平行度
	加热温度低	调整温度
打批号不好	字粒安装位置不对	调整位置
	字粒过紧或过小	调整螺丝压紧度
	张紧轮调节位置不对	调整位置
冲切不准、位置不对	步进辊松动	调整,紧固
	摩擦轮打滑	清洁,紧固
	轮的位置不对	调整位置、间隙

(二) 铝塑泡罩包装工序工艺验证

1. 验证目的　通过对包装机的包装效果进行考察,评价泡罩包装的工艺稳定性。

2. 验证项目和标准

(1)工艺条件:包括成型温度、热封温度、运行速度等。

(2)按规定的成型温度、热封温度、运行速度,进行生产。稳定后开始取样,每15分钟取样一次,每次取样 6 板,进行装量、外观及封合性检测(渗漏试验)。

(3)验证通过的标准:目测外观整洁,切边整齐,泡罩外形规整无异形泡,封合性良好。

(三) 铝塑泡罩包装设备的日常维护与保养

1. 日常保养

(1)机器要经常擦拭,保持清洁,经常检查机器运转情况,发现问题及时处理。按润滑要求进行润滑,工作完毕对压合网纹辊涂上机油,以防生锈,并对各导柱与轴承用油脂润滑一次。

(2)工作时,各冷却部位不可断水,保持水路通畅,做到开机前先供水,然后再对加热部分进行加热。加热辊面要保持清洁,清除污物应用细铜丝刷进行清理。

(3)工作结束后,先切断电源,各个加热部位冷却至室温后再关闭水源、气源,并在主动辊与热压辊之间垫入木楔。

(4)模具在使用或存放时,切忌磕碰划伤,切勿与腐蚀物接触。

2. 定期保养　每 3 个月对减速器装置进行检修一次。每半年对真空泵进行拆机清洗。每年对成型辊、传动辊清理一次水垢。

点滴积累

1. 药品的铝塑泡罩包装是通过模压成型或真空吸泡将产品封合在透明塑料薄片形成的泡罩与底板（用纸板、塑料薄膜或薄片、铝箔或它们的复合材料制成）之间的一种包装方法。
2. 平板式泡罩包装整体采用开式布局结构，可视性好，机器的维护、调整简单、方便，可采用模块化模具，更换安装做到同机多规格生产，模具费用低。具有加热板温控检测、主电机过载保护、PVC和PTP包材料位检测等功能。

目标检测

项目二
复习导图

1. 请列举胶囊帽体分离不良的原因，并说出解决方法。
2. 发生锁口过松的原因是什么？该如何解决？
3. 空胶囊上下未能正常分离时应注意进行怎样的调整？
4. PVC泡罩成型不良的主要原因有哪些？
5. 冲切不准、位置不对的原因有哪些？该如何解决？

项目三　硬胶囊的质量检验

ER 2-3-1
项目三
教学课件

导学情景

情景描述

　　药品的质量直接关系到人们的生命健康,而药品的质量主要通过药品检验来保证。药品检验是药品生产中的重要环节,它能够确认药品的质量,保证药品的安全有效性。在这一过程中,质量控制显得尤为重要,只有加强药品质量控制,才能确保药品检验过程中的准确性和可靠性。

学前导语

　　本项目将以阿司匹林肠溶胶囊为例,对其成品和中间产品质量检验项目进行详细介绍。

任务　阿司匹林胶囊的质量检验

能力目标

能根据 SOP 进行阿司匹林胶囊剂的质量检验。

领取任务

进行阿司匹林胶囊剂的质量检验。

　　胶囊剂的质量检验项目主要包括外观、装量差异、水分、崩解时限、溶出度、含量等项目。其中需要注意的是:①凡规定检查溶出度或释放度的胶囊剂可不再检查崩解时限;②肠溶胶囊剂的崩解时限测定,需先在胃液中检查 2 小时,再在肠液中检查。

　　胶囊壳的质量也必须达到一定要求。一般要检查透气性、脆碎度(胶囊口手压不破)、松紧度、崩解性、重金属铬含量(不超过百万分之二)、水分含量(12%~15%)、胶囊壳的厚度及均匀度、炽灼残渣、冻力强度等,还应检查微生物限度。

毒胶囊事件

2012 年 4 月 15 日,中央电视台《每周质量报告》曝光了河北一些不法企业用生石灰处理皮革废料,熬制成工业明胶,卖给绍兴某胶囊生产企业制成明胶空心胶囊,再流入药品生产企业做成各种胶囊制剂供患者使用。由于皮革在工业加工时要使用含铬的鞣制剂,这样制成的胶囊制剂往往重金属铬超标。六价铬对人体的毒性非常大,容易进入人体细胞,对肾、肝等内脏器官和 DNA 造成损伤,在人体内蓄积,具有致癌性,并可能诱发基因突变。

一、阿司匹林胶囊剂质量标准

阿司匹林肠溶胶囊成品质量标准见表 2-4。

表 2-4　阿司匹林肠溶胶囊成品质量标准

检验项目		法规标准	稳定性标准
性状		本品内容物为白色颗粒,除去包衣后显白色	本品内容物为白色颗粒,除去包衣后显白色
鉴别		(1)与三氯化铁试液反应显紫堇色 (2)含量测定项下的色谱图中,供试品溶液主峰和对照品主峰的保留时间一致	
含量		90%~110%	90%~110%
游离水杨酸		<3.0%	<3.0%
释放度	酸介质	<10%(2 小时)	<10%(2 小时)
	缓冲液	≥70%(45 分钟)	≥70%(45 分钟)
微生物限度	细菌数	≤1 000cfu/g	≤1 000cfu/g
	霉菌和酵母菌数	≤100cfu/g	≤100cfu/g
	大肠埃希菌	不得检出	不得检出

阿司匹林肠溶胶囊中间品质量标准见表 2-5。

表 2-5　阿司匹林肠溶胶囊中间品质量标准

中间品名称	检验项目	标准
干颗粒	干燥失重	≤3.0%
混颗粒	主药含量	95.0%~105.0%
胶囊	性状	均匀、光滑,不应有明显的色差或色斑
	10 个胶囊重量	××g
	囊重差异	±7.5%
	重量差异	±7.5%
	崩解时限	胃液中 2 小时不破坏,肠液中 1 小时内全部崩解

比较阿司匹林肠溶胶囊与阿司匹林肠溶片,两者的质量检验项目中最大的区别在于重量差异检查,因此以下主要介绍重量差异检查方法。

课 堂 活 动
请同学们思考阿司匹林肠溶胶囊成品和中间品质量标准有何区别?

二、胶囊剂重量差异检查

1. 重量差异检查方法 除另有规定外,取供试品 20 粒,分别精密称定重量后,倾出内容物(不得损失囊壳),用小刷或其他适宜用具拭净硬胶囊囊壳,分别精密称取囊壳重量,求出每颗内容物的装量与平均装量。

2. 装量差异标准 每粒的装量与平均装量相比较,超出装量差异限度的胶囊不得多于 2 粒,并不得有 1 粒超出限度 1 倍。

案例分析

案例:2012 年,经有关部门检测,共 9 家药厂 13 个批次胶囊剂药品质量检测不合格。针对此事件,卫生部要求"毒胶囊"企业所有胶囊药停用,药用胶囊接受审批检验。请分析产生"毒胶囊事件"的原因。

分析:究其原因是胶囊剂所用的空胶囊壳不符合质量要求。为保证其质量,对空胶囊壳须进行必要的质量检查。有关检查项目有性状、松紧度、脆碎度、崩解时限、通气性、炽灼残渣和重金属等。而上述事件发生的原因就是所用空胶囊壳重金属铬含量超标。

点滴积累

1. 胶囊剂的质量检验项目主要包括:外观、装量差异、水分、崩解时限、溶出度、含量等项目。
2. 阿司匹林肠溶胶囊成品质量检验项目有:性状、鉴别、含量、游离水杨酸、释放度和微生物限度。
3. 阿司匹林肠溶胶囊中间品质量检验项目有:干燥失重、主药含量、性状、10 个胶囊重量、囊重差异、重量差异及崩解时限。

ER 2-3-2

项目三
复习导图

目标检测

硬胶囊的重量差异检查如何进行?

实训情境三

软胶囊剂的生产

项目一　接收生产指令

ER 3-1-1

项目一
教学课件

学习目标

1. **掌握**　软胶囊生产的基本工艺流程。
2. **熟悉**　软胶囊生产的关键工序。
3. **了解**　软胶囊生产指令的下达流程。

导学情景

情景描述

　　陈同学因参加学校组织的夏季运动会,暴晒时间过长,体内湿热过度蓄积,出现头晕、胸闷、腹胀、呕吐、神志恍惚等中暑症状。陈同学立即服用药箱中的藿香正气软胶囊4粒,并转移至阴凉处休息,症状有所缓解。

学前导语

　　软胶囊剂是目前广泛应用的剂型,是将一定量的液体原料药物、药物溶液、混悬液、乳状液或半固体密封于软质囊材中,形成大小、形状各异的胶囊剂。本项目我们将学习软胶囊生产的基本工艺流程及关键工序。

任务　软胶囊剂生产工艺

能力目标

能按照生产指令接收软胶囊生产要求。

领取任务

学习软胶囊生产工艺,熟悉软胶囊生产操作过程及工艺条件。

　　软胶囊剂(又称胶丸)是指将一定量的药液加适宜的辅料密封于球形或椭圆形的软质囊材中所制成的剂型,可用滴制法或压制法制备。囊材主要是由明胶、甘油、水或适宜的药用材料制成。

一、软胶囊生产工艺流程

根据生产指令和工艺规程编制生产作业计划,如图 3-1 所示。软胶囊应在 D 级洁净区,室温 18~25℃、相对湿度(relative humidity,RH)30%~45% 的环境下进行生产。现介绍压制法的生产流程及操作。

软胶囊生产流程

图 3-1 软胶囊压制工艺流程图

(1)原辅料验收:对收料和来料的化验报告、数量等进行验收。

(2)化胶:明胶、增塑剂、纯化水等进行化胶,制备明胶液。

(3)配料:按处方比例进行称量、投料,配制囊心物。

(4)制丸:采用压制法进行制丸。

(5)干燥:采用转笼干燥,使软胶囊定型。

(6)洗丸:使用挥发性有机溶剂清洗表面石蜡油,挥去有机溶剂。

(7)拣丸:进行拣丸,挑出异形丸,保证囊重。

(8)内包装:可采用瓶装线或铝塑包装线进行内包装。

(9)外包装。

(10)入库。

生产质量控制要点见表 3-1。

表 3-1　软胶囊生产质量控制要点

工序	质量控制点	质量控制项目	频次
备料	原辅料	异物	1次/批
配料	投料	含量、数量、异物、细度	1次/班
化胶	投料、溶胶真空度、温度、时间	黏度、水分、冻力	1次/班
制丸	胶丸成形	丸形、装量、渗漏	20min/次
干燥	转笼	外观、温度、湿度	1次/班
清洗	洁净情况	清洁度	1次/班
拣丸	丸形	大小丸、异形丸	1次/班
包装	瓶装	数量、密封度、文字、批号	随时/班
	盒装	数量、说明书、标签	随时/班
	装箱	数量、装箱单、印刷内容	随时/班
	标签	批号、文字、使用数	1次/班

二、软胶囊生产操作过程及工艺条件

1. 化胶　按照领料单,对各物料的品名、规格、批号、数量及产品合格证进行核对,并检查相关设备,确保其处于工作状态。

按明胶∶甘油∶水 = 1∶(0.4~0.6)∶1 的比例称取明胶、甘油、水和一定量色素;先用约 80% 水浸泡明胶使其充分溶胀;将剩余水与甘油混合,置煮胶锅中加热,加入明胶液,搅拌使之完全溶解,脱泡至最少量为止。将色素加至罐中,混合均匀,除去上浮的泡沫,滤过,测定胶液黏度符合要求后,保温 50~60℃静置。

2. 配料　配料间保持室温 18~25℃和相对湿度 50% 以下。按处方量称取物料,搅拌使其充分混匀,使用胶体磨研磨并真空脱气。

3. 制丸　将上述胶液放入保温箱内,保温温度为 50~60℃;将制成合格的胶片和药液通过自动旋转制囊机压制成软胶囊。压制软胶囊操作室洁净度按 D 级洁净度要求,室内相对室外呈正压,温度 20~24℃,相对湿度 40% 以下。

4. 干燥　将压制后的软胶囊进行转笼干燥,并放入干燥箱定型。

5. 洗丸　用乙醇在洗丸机中洗去胶囊表面油层,再放入干燥箱中除去乙醇。

6. 拣丸　将干燥后的软胶囊进行人工拣丸或机械拣丸,拣去大小丸、异形丸、明显网印丸、漏丸、气泡丸等,将合格的软胶囊丸放入洁净干燥的容器中,称量,标记,标明产品名称、重量、批号、日期,用不锈钢桶加盖封好后,送中间站。

7. 检验、包装(瓶包装)　取上述软胶囊进行质量检验,合格后包装。按照药品的既定规格进行内包装和外包装。

(1)内包装:从中间站领取待包装品,并在内包材暂存库中领取内包材。启动理瓶机、筛动数粒机、塞纸机和旋盖机,实现对软胶囊的瓶包装。

(2) 外包装：①检查内包装瓶标签贴附和字迹是否合格；②领取包装材料，由专人管理和发放；③包装使用的小盒和大盒都必须在指定位置打印批号、有效期、生产日期，打印清晰，不重叠，按照要求放置一定的数量；④批号、有效期在打印前，对批号模版以及打印的第一个盒、装箱单、大箱等进行检查，第一个打印的小盒粘贴在生产记录上。

8. 尾料处理　将尾料集中，称量，分别放入专用的不锈钢桶中保存，按"尾料管理制度"的要求，定期进行处理、检验，统一重新利用。

9. 清场　按要求进行清场，并填写清场记录，QA 质检员检查合格后，签发清场合格证。

点滴积累

1. 软胶囊生产工艺流程。
2. 软胶囊生产操作过程及工艺条件为：化胶［明胶∶甘油∶水 = 1∶(0.4~0.6)∶1］、配料(配料间室温 18~25℃，相对湿度 50% 以下)、制丸(操作室洁净度 D 级)、干燥、洗丸、拣丸、检验、包装、尾料处理、清场。

目标检测

ER 3-1-3

项目一
复习导图

1. 简述软胶囊的生产工艺流程。
2. 简述软胶囊的生产工艺条件。

项目二　生产软胶囊

项目二
教学课件

学习目标

1. **掌握**　软胶囊生产的基本操作规程,生产工艺流程。
2. **熟悉**　软胶囊的生产方法,化胶的操作要点。
3. **了解**　软胶囊生产设备的操作原理。

导学情景

情景描述

　　自 1935 年问世以来,软胶囊剂已成为临床应用最广泛的药用制剂之一。我国在软胶囊制剂方面的研究起步较晚,20 世纪 70 年代初期采用模压法生产软胶囊,由于设备落后,产品质量不够好。20 世纪 80 年代以来,软胶囊剂生产企业引进旋转式软胶囊机,使得生产能力、技术水平、产品品种都有了显著的发展和提高。

学前导语

　　随着生产能力和技术水平的进步,我国已自行研制开发出多个中药软胶囊品种,如藿香正气软胶囊、六味地黄软胶囊、复方丹参软胶囊、麻仁软胶囊和鸦胆子油软胶囊等,取得举世瞩目的成就。本项目我们将学习软胶囊的生产工艺操作要点、质量控制要点及生产操作规程。

任务一　化胶

能力目标

1. 能描述化胶的生产工艺操作要点及其质量控制要点。
2. 会按照操作规程操作水浴式化胶罐。
3. 会进行化胶岗位工艺验证。
4. 会对水浴式化胶罐进行维护和保养。

领取任务

按批生产指令选择合适的化胶设备将物料煮制成适合压制的明胶液,并进行中间产品检验。

　　化胶是指使用规定的化胶设备,将胶料、水、增塑剂、防腐剂、色素等辅料煮制成适用于压制软胶囊的明胶液的过程。增塑剂主要为甘油、山梨醇、丙二醇等。常用的附加剂包括着色剂、遮光剂、矫味剂和防腐剂等。在化胶操作时,一般先把增塑剂(如甘油)、水、附加剂等加入容器中,搅拌均匀,升温至一定温度后再加入明胶颗粒,搅拌,真空脱泡,制得均质胶液。

一、化胶设备

1. **水浴式化胶罐**　见图 3-2,采用水平传动、摆线针轮减速器使圆锥齿轮变向,结构紧凑,传动平稳;搅拌器采用套轴双桨,由正转的两层平桨和反转的三层锚式桨组成,搅动平稳,均质效果好。罐体与胶液接触部分由不锈钢制成。罐外设有加热水套,用循环热水对罐内明胶进行加热,升温平稳。罐上还设有安全阀、温度计和压力表等。

2. **真空搅拌罐**　是一种控温水浴式加热搅拌罐,罐内可承受一定的正、负压力,常可用于溶胶、贮胶,实现地面压力供胶。罐身一般为不锈钢焊接而成的三层夹套容器,内桶用于装胶液,夹层装加热用的纯化水。罐体上带有温度控制组件及温度指示表,可准确控制和指示夹层中的水温,以保证胶液需要的工作温度。罐盖上设

图 3-2　水浴式化胶罐

有气体接头、安全阀及压力表,工作安全可靠,通过压力控制可将罐内胶液输送至主机的胶盒中。

二、化胶岗位操作

实训设备:水浴式化胶罐。

进岗前按进入 D 级洁净区要求进行着装,进岗后做好厂房、设备清洁卫生及操作前的一切准备工作。

(一)化胶岗位标准操作规程

1. **设备安装配件、检查及试运行**　检查化胶罐及其附属设备(煮水锅、真空泵、冷热水循环泵、搅拌机、仪器、仪表工具)是否处于正常状态;化胶罐盖密封情况,开关是否灵敏;紧固件无松动,零部件齐全完好,润滑点已加油润滑,且无泄漏。

检查煮水锅内水量是否足够(水位线应在视镜 4/5 处),如水量不足,应开启补水阀,补足水量。从安全角度考虑,水位不能超过视镜 4/5 处,以防通入蒸汽后造成锅内压力过大发生爆炸。

检查化胶罐、生产用具是否已清洁、干燥;检查电子秤、流量计的计量范围是否符合生产要求,并应清洁完好;有计量检查合格证,在规定的使用期内,并在使用前进行校正。

2. **生产过程**　从中间站领取待化胶的甘油、明胶、色素等,核对品名、规格、批号、数量。

开启循环水泵,开启蒸汽阀门,蒸汽与循环水直接接触并加热循环水。当循环水温度达到 95℃时应适当减少蒸汽阀门的开启度(以排气口没有大量蒸汽溢出为准)。

ER 3-2-2

化胶岗位操作

根据胶液配方及配制量,用流量计量取定量纯化水放入化胶罐内。

开启热水循环泵,将煮水锅内热水循环至化胶罐夹层,加热罐内纯化水。

待化胶罐内纯化水温度达 50~60℃ 时,关闭罐上的排气阀和上盖,开启搅拌机和真空泵,将称量好的明胶和甘油等原辅料用吸料管吸入化胶罐内,吸料完毕,关闭真空泵。

待罐内明胶完全吸水膨胀,搅拌均匀。

待罐内胶液达到 65~70℃ 时,开启缓冲罐的冷却水阀门,开启真空泵,对罐内胶液进行脱泡。测定胶液黏度和气泡量均符合要求后,关闭真空泵电机和冷却水阀门,用 60 目双层尼龙滤袋滤过胶液到保温储胶罐中,50~55℃ 保温,2~24 小时内备用。

3. 结束过程　生产结束后,按"清场标准操作规程"要求进行清场,做好房间、设备、容器等清洁记录。

按要求完成记录填写。清场完毕,填写清场记录。上报 QA 人员检查,合格后,发清场合格证,挂"已清场"标识。

4. 异常情况处理　出现异常情况,立即报告 QA 人员。

化胶时设备常见故障及解决方法见表 3-2。

表 3-2　化胶时设备常见故障及解决方法

故障现象	发生原因	解决方法
开机气堵	进料水管泵或冷却水泵的外部管路内的空气无处排放	拧松进水管路连接件或打开旁路阀门排出所有气体
未达到给定生产能力	供给的加热蒸汽质量不符合要求	将加热蒸汽的进口管路和输汽管路适当保温,以改善供气质量
	出口背压过高,疏水器排泄不畅	排除疏水器出口处的背压因素
	进料水流量压力与加热蒸汽压力不适应	重新调整进料流量与初级蒸汽压力
	蒸馏水机蒸发面可能积有污垢	按照产品说明书内的技术要求清洗
蒸馏水温度过低,电导率大于 $1\mu S/cm$	水管路内因压力变动造成冷却水流量变化	通过冷却水调节阀降低冷却水流量;冷却水泵旁路阀稳定进水压力
	进料水不符合要求	对水的预处理设备进行修理
细菌污染	开机时,冷水高速进入蒸馏水机,蒸汽消耗太高,中断蒸馏	属初始状态,待 1~2 分钟就会恢复操作平衡,无须调节
	进料水压力不足	按接管技术重新调整进料压力
	冷凝器温度波动(甚至低于 85℃)	检查蒸馏水机各元件工作状态
	水预处理设备处于再生、供水的交替期,使进料水的水质波动	改善水质预处理设备运转工况,使供水质量稳定

5. 注意事项

(1)化胶前检查热水循环系统和抽真空系统是否正常,热水温度是否达到工艺要求。

(2)真空开始后注意液面上涨情况,防止跑料,堵塞真空管道。

(3)注意化胶罐的密封,放胶管阀门的垫片易破损,导致抽真空时吸入空气产生气泡。

(4)放胶整个过程尽可能控制在 2 小时内,温度不能超过 72℃。

(二) 化胶工序工艺验证

1. 验证目的 通过对溶胶效果进行考察,评价化胶工艺的稳定性,确认既定的工艺规程可以制备符合质量标准的胶液。

2. 验证项目和标准

(1)参数包括化胶温度、化胶时间、真空度等。

(2)按标准操作规程进行化胶,结束后分别从顶部、中间、底部取 3 个样,观察胶液外观性状,并测黏度。

(3)合格标准:明胶完全溶解,无结块,胶液色泽均匀,黏度在 25~40Pa·S 范围内。

(三) 化胶设备的日常维护与保养

化胶设备的日常维护与保养应注意以下几点:

(1)保证机器各部件完好可靠。

(2)设备外表及内部应洁净,无污物聚集。

(3)各润滑杯和油嘴应加润滑油和润滑脂。

(4)定期检查化胶罐盖、真空泵、压力表等的密封性。

点滴积累

1. 软胶囊化胶设备有:水浴式化胶灌、真空搅拌罐。
2. 软胶囊化胶岗位操作包括:检查设备、生产过程(纯化水温度 50~60℃、胶液温度 65~70℃)、结束过程(清场)。
3. 软胶囊化胶工序工艺验证的合格标准为:明胶完全溶解,无结块,胶液色泽均匀,黏度在 25~40Pa·S 范围内。

任务二 配料(配制内容物)

能力目标

1. 能根据批生产指令进行软胶囊配料操作。
2. 能描述胶体磨或乳化罐的操作规程。
3. 会进行配料岗位工艺验证。
4. 会对配料设备进行维护和保养。

领取任务

按批生产指令选择合适设备将药物及辅料配制成适合包囊的软胶囊内容物,并进行中间产品检查。设备已完成设备验证,进行配料工艺验证。工作完成后,对设备进行维护与保养。

软胶囊配制内容物是指将药物及辅料通过调配罐、胶体磨、乳化罐等设备配制成符合软胶囊质量标准的溶液、混悬液及乳液内容物的工艺过程。内容物配制的方法有：①药物本身是油类，仅需加入适宜的抑菌剂，或再添加一定数量的油（或 PEG400 等），混匀即得；②药物为固体粉末，首先需粉碎至 100~200 目，再与油混合，经胶体磨研匀，或用低速搅拌加玻璃砂研匀，使药物以极细腻的粒子状态均匀悬浮在油中。

一、配料设备

1. 胶体磨 在胶体磨（图 3-3）中，流体或半流体物料通过高速相对连动的定齿与动齿之间，使物料受到强大的剪切力、摩擦力及高频振动等作用，有效地被粉碎、乳化、均质、混合，从而获得符合软胶囊要求的内容物。其主机部分由壳体、动磨片、静磨片、调节机构、冷却机构、机械密封、电机等组成。

图 3-3　胶体磨

2. 真空乳化搅拌机 该设备可用于乳剂和乳剂型软膏的加热、溶解、均质乳化。该机组主要由预处理锅、主锅、真空泵、液压、电器控制系统等组成，均质搅拌采用变频无级调速，加热采用电热和蒸汽加热两种，具有乳化快、操作方便等优点。

3. 双向搅拌均质配液罐 该罐体上部采用多层分流刮壁搅拌，由正转刮壁桨叶和反转多层分流式桨叶组成。采用不同转速及转向对药液进行高效混合。底部采用高剪切乳化分散器和变频调速搅拌，使药液通过高剪切乳化分散器中的定子与转子间隙运转原理，实现强化剪切混合的作用，进而达到快速和有效的混合均质。本设备适用于多种不同物料混合，罐体采用内胆、加温层、保温层三层结构，用循环热水对罐内进行加热，具有混合性能强、真空效果好、加热均匀、粗粒剪切、刮壁清洗方便等特点，是新一代软胶囊的配料、真空搅拌、均质的理想设备。

二、软胶囊配料岗位操作

实训设备：胶体磨、乳化罐、配料罐。

进岗前按进入 D 级洁净区要求进行着装，进岗后做好厂房、设备清洁卫生，并做好操作前的一切准备工作。

（一）软胶囊配料岗位标准操作规程

1. 生产过程

（1）按照生产指令领取待配制的原辅料，核对品名、批号、规格、数量。

(2)将固体物料分别粉碎,过100目筛。

(3)将液体物料过滤后加入配料罐。

(4)将固体物料按一定的顺序加入配料罐中,与液体物料混匀。

(5)将混匀后的物料加入胶体磨或乳化罐中,进行研磨或乳化。

2. 结束过程

(1)配料结束,关闭水、电、气。

(2)将研磨或乳化后得到的药液过滤后用干净容器盛装,并做好产品标识,标明品名、规格、批号、数量。

(3)设备、生产工具按清洁规程进行清洁,配料间按"清场标准操作规程"进行清场。

(4)按要求完成记录填写。清场完毕,填写清场记录。上报 QA 人员检查,合格后,发清场合格证,挂"已清场"标识。

(二)软胶囊配料工序工艺验证

1. 验证目的　通过对均质和混合效果进行考察,评价配料工艺的稳定性,确认制定的配料工艺规程可以得到符合质量标准的胶囊内容物。

2. 验证项目和标准

(1)均质次数

评价方法:设定胶体磨参数、混合量、胶体磨间隙。

经胶体磨分别均质 1 次、2 次、3 次,过程中分别从出料口分段取 3 个样,每个样取 50g,测定混悬液沉降体积比。

合格标准:混悬液外观均匀一致,静置 3 小时后沉降体积比符合规定。

(2)混合时间

评价方法:设定配料罐参数、混合量、配料罐转速。

分别混合 20 分钟、40 分钟、60 分钟、80 分钟,分别从顶部、中间、底部取 3 个样,每个样取 50g,测定主药含量。

合格标准:混悬液外观均匀一致,主药含量符合规定,与平均值最大偏差符合规定。

(3)混合均匀性

评价方法:设定配料罐参数、混合量、配料罐转速,混合时间按工艺验证值确定。

混合结束后,混悬液外观均匀一致,分别从顶部、中间、底部取 3 个样,每个样取 50g,测定主药含量。

合格标准:主药含量符合规定,与平均值最大偏差符合规定。

(4)静置均匀性

评价方法:将混合均匀的内容物经真空脱泡完全后放出静置,分别在 0 小时、3 小时、6 小时、9 小时分别从顶部、中间、底部取 3 个样(取样前用加料勺搅拌 1 分钟),每个样取 50g,测定主药含量。

合格标准:主药含量符合规定,与平均值最大偏差符合规定。

（三）软胶囊配料设备的日常维护与保养

软胶囊配料设备的日常维护与保养应注意以下几点。

（1）设备外表及内部应洁净，无污物聚集，同时做好防锈处理。

（2）检查所有电器元件各接头的紧固状况、线路的老化情况、各部位防水情况等。

（3）检查底座水槽内部排水是否通畅，检查水封密合情况、弹簧松紧度、齿轮磨损情况，检查主轴密封圈磨损情况。

点滴积累

1. 软胶囊配料设备有：胶体磨、真空乳化搅拌机、双向搅拌均质配液罐。
2. 软胶囊配料岗位操作包括：生产过程（物料混合）、结束过程（药液过滤盛装，做好产品标识，清场）。
3. 软胶囊配料工序工艺验证包括：均质次数、混合时间、混合均匀性、静置均匀性。

任务三　软胶囊压制

能力目标

1. 会描述软胶囊压制的生产工艺操作要点及其质量控制要点。
2. 能按照软胶囊机的操作规程压制软胶囊。
3. 会进行软胶囊压制岗位工艺验证。
4. 会对软胶囊机进行维护和保养。

领取任务

按批生产指令选择合适软胶囊压制设备将药液和胶液压制成软胶囊，并进行产品检验。软胶囊机已完成设备验证，进行软胶囊压制工艺验证。工作完成后，对设备进行维护与保养。

ER 3-2-3

软胶囊滴丸机示意图

软胶囊常用滴制法和压制法进行制备。压制法是指使用规定的模具和软胶囊压制设备将药物油溶液或混悬液压制成合格软胶囊的工艺过程。压制工艺根据模具可分为平模压制和滚模压制。其中，滚模压制是较常采用的方式，因此本次任务操作对象为滚模式软胶囊压制机。

一、软胶囊压制设备

主要设备为滚模式软胶囊压制机，该设备能把各类药品、食品、化妆品、各种油类物质和疏水混悬液或糊状物定量压注并包封于明胶膜内，形成大小、形状各异的密封软胶囊。根据冷却系统不同可分为水冷却型和风冷却型，如图 3-4 和图 3-5 所示。

图 3-4　水冷却型软胶囊机

图 3-5　风冷却型软胶囊机

工作原理如下：生产时，胶液分别由软胶囊机两边的输胶系统流出，铺到转动的胶带定型转鼓上形成胶带，由胶盒刀闸高低调整胶带厚薄，胶带经冷源冷却定型后，由上油滚轮揭下胶带。自动制出的两条胶带由左右两边向中央相对合的方向靠拢移动，再分别穿过左右各自上油滚轮时，完成涂入模剂和脱模剂的工作，然后经胶带传送导杆和传送滚柱，从模具上部对应送入两平行对应吻合转动的一对圆柱形滚模间，使两条对合的胶带一部分先受到楔形注液器加热与模压作用而先黏合。此时，内容物料液泵同步将内容物料液定量输出，通过料液管到楔形注液器，经喷射孔喷出，冲入两胶带间所形成的由模腔包裹着的囊腔内。因滚模不断转动，使喷液完毕的囊腔旋即模压黏合而完全封闭，形成软胶囊。

二、软胶囊压制岗位操作

实训设备：RGY6X15F 风冷却型软胶囊机。

进岗前按进入 D 级洁净区要求进行着装，进岗后做好厂房、设备清洁卫生，并做好操作前的一切准备工作。

（一）软胶囊压制岗位标准操作

1. 设备安装配件、检查及试运行　准备所需模具、喷体及洁净胶盒等；检查生产用具和压制软胶囊设备是否清洁、完好及干燥。

检查电子秤、电子天平是否符合如下要求：计量范围符合生产要求，清洁完好，有计量检查合格证，并在规定的使用期内，且在使用前进行校正。按"中间产品递交许可证"核对保温胶罐内胶液的名称、规格、有无 QA 人员签字，胶罐编号并清点个数。将胶罐进行保温，保温温度为 50~60℃。

2. 操作过程　打开输胶管和胶盒的加热开关，调整胶盒温控仪，温度一般设定为 50~60℃；打开冷风机，调节冷风温度 4~6℃。

ER 3-2-4

软胶囊压制
岗位操作

将存放胶液的真空搅拌罐调节到位,设定罐内压力为 0.03MPa,连接输胶管。

待温度稳定,打开真空搅拌罐出口的阀门,使胶液流入胶盒中。当胶盒存有 2/3 胶液时,开动主机,调节胶盒上的厚度调节柄,打开出胶口制胶膜,并调节胶膜厚度 0.8mm 左右,此时滚模转速调整为 1~2r/min 为宜。

机器转动约 2 分钟后,胶膜由胶皮轮转到油滚系统传递时打开润滑油。将涂油后的胶膜放在支架上,引入滚模,通过滚模、下丸器和拉网轴进入废胶桶内。用测厚表测量两边胶膜厚度,并调整胶盒开口的大小,使胶膜厚度两边均匀,并达到要求的 0.8mm 左右。

开转模,将铸鼓轮展制的胶带剥出,经过油轮及顶部导杆引入两只转模中间,引导胶带进入拨轮中间,同时开注射器和电热棒加热,取样检测压出胶丸的夹缝质量、外观、内容物重,及时作出调整,直至符合工艺规程为止。在压制过程当中,应随时检查丸形是否正常、有无渗漏,并每 20 分钟检查装量差异一次。

3. 结束过程 压制结束,关闭压制机。全批生产结束后,收集产生的废丸,称重并记录数量,使用胶袋盛装,放于指定地点,作废弃物处理。

生产结束后,按"清场标准操作规程"要求进行清场,做好房间、设备、容器等清洁记录。

按要求完成记录填写。清场完毕,填写清场记录。上报 QA 检查,合格后,发清场合格证,挂"已清场"标识。

4. 异常情况处理 发现异常情况,应立即报告 QA 人员。

压制过程中容易出现的问题及解决方法见表 3-3。

表 3-3 压制过程中容易出现的问题及解决方法

现象	发生原因	解决方法
喷体漏液	接头漏液	更换接头
	喷体内垫片老化,弹性下降	更换垫片
胶丸内有气泡	料液过稠,夹有气泡	排出料液中的气泡
	供液管路密封不良	更换密封件
	胶皮润滑不良	改善润滑
	喷体变形,使喷体与胶皮间进入空气	摆正喷体
	加料不及时,使料斗内药液排空	关闭喷体并加料,待输液管内空气排出后继续压丸
胶丸夹缝处漏液	胶皮太厚	减少胶皮厚度
	转模间压力过小	调节加压手轮
	胶液不合格	更换胶液
	喷体温度过低	升高喷体温度
	两转模模腔未对齐	停机,重新校对滚模同步
	内容物与胶液不适宜	检验内容物与胶液接触是否稳定,并作出调整
	环境温度太高或者湿度太大	降低环境温度和湿度

现象	发生原因	解决方法
胶丸装量不准	内容物中有气体	排出内容物中气体
	供液管路密封不严,有气体进入	更换密封件
	供料泵泄漏药液	停机,重新安装供料泵
	供料泵柱塞磨损	更换柱塞
	料管或者喷体有杂物堵塞	清洗料管、喷体等供料系统
	供料泵喷注定时不准	停机,重新校对喷注同步
胶丸崩解迟缓	胶皮过厚	调整胶皮厚度
	干燥时间过长,使胶壳含水量过低	缩短干燥时间

(二)软胶囊压制工序工艺验证

1. 验证目的 通过对软胶囊机压制效果进行考察,评价压制工艺的稳定性,确认制定的工艺规程可以压制达到质量标准要求的软胶囊。

2. 验证项目和标准

(1)装量

评价方法:按照既定的软胶囊机的工艺参数,在生产过程中严格控制,每隔15分钟取2次样,每次10颗软胶囊,按现行版《中国药典》规定方法测定装量。

合格标准:符合规定。

(2)含量

评价方法:依据已确定的软胶囊机工艺参数,在生产过程中严格控制,每隔1小时取1次样,直至生产结束,检测药物含量。

合格标准:符合规定。

(三)软胶囊压制机的日常维护与保养

坚持每班检查、清洁、润滑、紧固等日常保养。

经常注意仪表的可靠性和灵敏性。

每周更换一次料泵箱体石蜡油。

点滴积累

1. 软胶囊压制设备为:滚模式软胶囊压制机。
2. 软胶囊压制岗位操作包括:设备检查、操作过程(胶盒温度50~60℃、冷风温度4~6℃、胶膜厚度0.8mm)、结束过程(收集废丸,作废弃物处理;清场)。
3. 软胶囊压制工序工艺验证:装量、含量。

任务四 软胶囊干燥、清洗

能力目标

1. 会描述软胶囊干燥、清洗的生产工艺操作要点及其质量控制要点。

2. 会根据软胶囊干燥定型转笼、超声波软胶囊清洗机的操作规程操作。

3. 会进行软胶囊干燥、清洗工序工艺验证。

领取任务

按批生产指令选择合适的软胶囊干燥、清洗设备将压制后的软胶囊进行干燥、清洗,并进行产品检验。干燥、清洗设备已完成设备验证,进行软胶囊干燥清洗工艺验证。工作完成后,对设备进行维护与保养。

软胶囊在压制成型后因胶皮水分含量较高,容易导致软胶囊外壳变形,必须进行干燥工序使胶囊定型;同时在压制工艺过程中,作为润滑剂的石蜡黏附在胶囊壳上,必须在干燥后清洗干净。

对胶囊干燥过快或过猛都会造成外观不合格和崩解度差等的后果,因此常在使用转笼干燥和风机吹风等预干措施后,再进行自然风干。洗丸是指使用乙醇或异丙醇等清洗溶剂将胶囊表层的油脂去除。传统的洗丸方式是在洗涤槽内加入一定量的清洗溶剂,手工反复搅拌若干时间后,捞出平铺在晾丸台上,彻底挥发清洗溶剂。

一、软胶囊干燥、清洗设备

1. 软胶囊干燥定型转笼 如图 3-6 所示,将压制的合格胶丸经输送机送入干燥转笼内进行干燥定型。干燥机可一节也可多节串联组成,能顺向转动也可逆向转动。干燥箱一端由鼓风机输出恒温的空调风以保证软胶丸干燥。

2. 软胶囊清洗机 如图 3-7 所示,软胶囊清洗机根据主要部件不同分为滚笼式和履带式,洗涤形式也分为冲淋式和浸泡式。采用超声波技术的软胶囊清洗机清洗过程分为超声波浸洗、浸泡、丸体与乙醇分离、喷淋四个步骤。

图 3-6　软胶囊干燥定型转笼

3. 软胶囊拣丸机 如图 3-8 所示,软胶囊通过加料器均匀地落在不锈钢输送辊上,胶丸在输送辊上翻转,同时又随着输送辊向前移动,并经过静电消除,供人工检查后采取气动原理吸取出不合格产品,胶丸与人员不接触,从而达到使药品无污染分选和静电消除的目的。符合 GMP 规范,检查无死角、盲点,是软胶囊外观检查的理想设备。

图 3-7　软胶囊清洗机

图 3-8　软胶囊拣丸机

二、软胶囊干燥、清洗岗位操作

实训设备：软胶囊干燥定型转笼、超声波软胶囊清洗机。

进岗前按进入 D 级洁净区要求进行着装，进岗后做好厂房、设备清洁卫生，并做好操作前的一切准备工作。

（一）软胶囊干燥、清洗岗位标准操作规程

1. 生产过程

（1）按生产指令准备所需干燥车、不锈钢勺、装丸盘等用具；检查生产用具、干燥转笼是否清洁、完好、干燥。

（2）从压制工序，领取批生产指令所要求的软胶囊中间产品。复核品名、规格和 QA 签发的"中间产品递交许可证"。

（3）启动转笼，从转笼放丸口倒入胶丸，装丸最大量为转笼的 3/4；干燥 7~16 小时，将准备好的胶盘放在胶丸出口处，将干燥转笼旋转方向调至右转，放出胶丸。

（4）从转笼取出的胶丸置于干燥车上的筛网上（以 2~3 层胶丸为宜），并摊平；再将干燥车推入干燥间静置干燥；每隔 3 小时翻 1 次，达到工艺规程所要求的干燥时间（8~16 小时）后，每车按上、中、下层随机抽取若干胶丸检查，胶丸坚硬不变形，即可送入洗丸间，或用胶桶装好密封并送至洗前暂存间。

（5）打开浸洗缸、喷淋缸的缸盖，倒入一定量乙醇，盖上缸盖，打开冷水阀，将胶丸加入清洗机料斗内，经浸洗、喷淋后出丸，已清洗的胶丸表面应无油腻感，即可放置干燥车并摊平分置于筛网上（每筛以 2~3 层胶丸为宜）。将干燥车推入干燥隧道，挥去乙醇；干燥期间每隔 3 小时翻丸 1 次，达到工艺规程所要求的干燥时间（5~9 小时）后，抽取若干胶丸检查，丸形坚硬不变形，即可收丸。

（6）按要求拣丸，拣出大丸、小丸、脏漏丸、网印及无光泽丸、异形丸，称重；合格的丸剂装入内衬洁净塑料袋的贮料桶中，放好桶卡标明产品名称、批号和重量，扎紧塑料袋，盖好桶盖，防止吸潮，移

至中间站。

2. 结束过程

(1)生产结束,关闭水、电、气。将干燥好的胶丸放入内置洁净胶袋的胶桶中,扎紧胶袋,盖好桶盖,防止吸潮;并做好产品标识,标明品名、规格、批号、数量。

(2)生产结束后,按"清场标准操作规程"要求进行清场,做好房间、设备、容器等清洁记录。

(3)按要求完成记录填写。清场完毕,填写清场记录。上报 QA 人员检查,合格后,发清场合格证,挂"已清场"标识。

(二) 软胶囊干燥、清洗工序工艺验证

1. 验证目的 通过对软胶囊机干燥和清洗效果考察,评价干燥清洗工艺的稳定性,确认按制定的工艺规程能够制得清洗符合要求的软胶囊。

2. 验证项目和标准

(1)项目:干燥时间。

(2)评价方法:在规定的温度和相对湿度下对湿软胶囊进行干燥。在干燥过程中,24 小时内每 4 小时翻动软胶囊 1 次;24~48 小时每 8 小时翻动软胶囊 1 次;以后每天至少翻动软胶囊 2 次。分别在干燥 24 小时、36 小时、48 小时、54 小时取样,观察外观,用手挤压感觉硬度,测囊壳水分等。

(3)判定标准:外观为规整卵圆形;硬度应手指用力挤压后感觉有一定韧性,无明显变形,松开手指软胶囊不变形;胶皮水分在 11%~14% 范围内。

点滴积累

1. 软胶囊干燥、清洗设备有:软胶囊干燥定型转笼、软胶囊清洗机、软胶囊拣丸机。
2. 软胶囊干燥、清洗岗位操作包括:生产过程(干燥、洗丸、拣丸)、结束过程(胶丸放入胶桶,做好产品标识;清场)。
3. 软胶囊干燥、清洗工序工艺验证包括:外观、硬度、胶皮水分(11%~14%)。

ER 3-2-5

项目二
复习导图

目标检测

1. 在化胶时加入甘油有何作用?

2. 造成软胶囊漏液的主要原因是什么? 如何解决?

项目三 软胶囊的质量检验

学习目标

1. **掌握** 维生素 E 软胶囊的质量检验项目和要求。
2. **熟悉** 软胶囊的质量检验操作过程。
3. **了解** 软胶囊的质量检验设备原理。

导学情景

情景描述

维生素 E 又名生育酚,是指含苯并二氢吡喃结构、具有 α- 生育酚生物活性的一类物质,是人体重要且必需的脂溶性维生素,广泛存在于坚果、谷类、绿叶蔬菜及植物油中,具有抗氧化、抗肿瘤、抗炎等生物活性。

学前导语

维生素 E 常见片剂、软胶囊剂、注射剂等剂型,本项目我们将学习维生素 E 软胶囊的质量检验要点。

任务 维生素 E 软胶囊的质量检验

能力目标

会进行维生素 E 软胶囊的质量检验。

领取任务

进行维生素 E 软胶囊的质量检验。

根据现行版《中国药典》四部的要求,软胶囊质量检验项目有装量差异、崩解时限、溶出度(释放度)、含量、微生物限度等。

一、维生素 E 软胶囊含量测定

设备介绍:气相色谱仪。

气相色谱仪(图 3-9)是一种以气体作为流动相,可进行多组分混合物分离、分析的工具。其具有灵敏度高、分析速度快、应用范围广等特点。待测物样品被蒸发为气体并注入色谱分离柱柱顶,以惰性气体(指不与待测物反应的气体,只起运载蒸气样品的作用,也称载气)将待测物样品蒸气带入柱内,基于待测物在气相和固定相之间的吸附 - 脱附(气固色谱)和分配(气液色谱)来实现分离。常采用相对保留值法,或以标准品的峰位进行定性分析,利用峰面积可以进行定量分析。

图 3-9　气相色谱仪

二、维生素 E 软胶囊质量检验岗位操作

(一) 维生素 E 软胶囊质量标准

1. 成品质量标准　维生素 E 成品质量检验项目及标准见表 3-4。

表 3-4　维生素 E 成品质量检验项目及标准

检验项目		标准	
		法规标准	稳定性标准
性状		内容物为淡黄色至黄色的油状液体	内容物为淡黄色至黄色的油状液体
鉴别		(1) 与硝酸反应显橙红色 (2) 含量测定项下的色谱图中,供试品溶液主峰和对照品主峰的保留时间一致	
含量		90%~110%	90%~110%
生育酚(天然型)		消耗硫酸铈滴定液(0.01mol/L)不超过 1.0ml	消耗硫酸铈滴定液(0.01mol/L)不超过 1.0ml
有关物质 (合成型)	α- 生育酚	<1.0%	<1.0%
	单个杂质峰面积	<1.5%	<1.5%
	杂质峰面积之和	<2.5%	<2.5%
比旋度		≥ +24°	≥ +24°

检验项目		标准	
		法规标准	稳定性标准
微生物限度	细菌数	≤1 000cfu/g	≤1 000cfu/g
	霉菌和酵母菌数	≤100cfu/g	≤100cfu/g
	大肠埃希菌	不得检出	不得检出

2. 中间品质量标准 维生素 E 软胶囊生产过程中间品检验项目及标准见表 3-5。

表 3-5 维生素 E 中间品检验项目及标准

中间品名称	检验项目	标准
囊心物溶液	主药含量	95.0%~105.0%
胶囊	性状	内容物为淡黄色至黄色的油状液体
	10 个胶囊重量	2.334~2.612g（参考）
	装量差异	±10%
	崩解时限	<60 分钟

（二）维生素 E 软胶囊质量检验标准操作规程

1. 鉴别 取本品约 30mg，加无水乙醇 10ml 溶解后，加硝酸 2ml，摇匀，在 75℃加热约 15 分钟，溶液显橙红色。

2. 比旋度

（1）样品处理：避光操作，取内容物适量，约相当于维生素 E 0.4g，精密称定，置于 150ml 具塞圆底烧瓶中，加无水乙醇 25ml 溶解。加硫酸乙醇溶液（1→7）20ml，置水浴上回流 3 小时，放冷，用硫酸乙醇溶液（1→72）定量转移至 200ml 量瓶中并稀释至刻度，摇匀。精密量取 100ml，置分液漏斗中，加水 200ml，用乙醚提取 2 次（75ml、25ml），合并乙醚液。加铁氰化钾氢氧化钠溶液 50ml，振摇 3 分钟；取乙醚层，用水洗涤 4 次，每次 50ml，弃去洗涤液，乙醚液经无水硫酸钠脱水后，置水浴上减压或氮气流下蒸干至 7~8ml 时，停止加热，继续挥干乙醚。残渣立即加异辛烷溶解并定量转移至 25ml 量瓶中，用异辛烷稀释至刻度，摇匀。

（2）按现行版《中国药典》四部的要求测定比旋度，比旋度（按 D-α- 生育酚计）不得低于 +24°（天然型）。

3. 装量差异 除另有规定外，取供试品 20 粒，分别精密称定重量后，倾出内容物（不得损失囊壳），囊壳用乙醚等易挥发溶剂洗净，置通风处使溶剂挥尽。再分别精密称定每一囊壳重量，即可求出每粒内容物的装量与平均装量。

每粒的装量与平均装量相比较，超出装量差异限度的软胶囊不得多于 2 粒，并不得有 1 粒超出限度 1 倍，则装量差异检测合格。

4. 含量测定（气相色谱法）

（1）色谱条件：硅酮（OV-17）为固定液，涂布浓度为 2% 填充柱，或用 100% 二甲基聚硅氧烷为固定液的毛细管柱。柱温 265℃，理论板数按维生素 E 峰计算不低于 500（填充柱）或 5 000（毛细管柱),维生素 E 峰与内标物质峰分离度符合要求。

（2）配制内标溶液：取正三十二烷适量,加正己烷溶解并稀释成每 1ml 中含 1.0mg 的溶液,作为内标溶液。

（3）校正溶液配制：取维生素 E 对照品约 20mg,精密称定,置棕色具塞锥形瓶中,精密加内标溶液 10ml,密塞,振摇使溶解。

（4）样品溶液配制：取本品约 20mg,精密称定,置棕色具塞瓶中,精密加内标溶液 10ml,密塞,振摇使溶解。

（5）进样：校正溶液和样品溶液各取 1~3μl 注入气相色谱仪中,测定,计算,即得。

5. 生育酚

（1）样品溶液配制：取本品适量(维生素 E 0.10g),加无水乙醇 5ml 溶解后,加二苯胺试液 1 滴。

（2）测定方法：用 0.01mol/L 硫酸铈滴定液滴定。

点滴积累

1. 维生素 E 软胶囊质量检验设备为：气相色谱仪。
2. 维生素 E 软胶囊质量检验岗位操作包括：鉴别、比旋度(不得低于 +24°)、装量差异、含量测定、生育酚。

ER 3-3-2

项目三
复习导图

目标检测

1. 甘油的用量对胶皮的质量有什么影响?
2. 哪些药物适宜作软胶囊内容物?
3. 简述滚模式软胶囊压制机的工作原理。

实训情境四

小容量注射剂的生产

项目一　接收生产指令

项目一
教学课件

小容量注射
剂生产简介

学习目标

1. **掌握**　小容量注射剂生产的指令流转过程。
2. **熟悉**　小容量注射剂的生产工艺过程。
3. **了解**　生产指令的制订和传达。

导学情景

情景描述

　　小张同学进入某药企实习,实习岗位是小容量注射剂车间的一名操作员。刚进入车间,车间主任安排小张先熟悉车间流程。通过学习,小张理解了小容量注射剂制备的整个过程。请思考:

　　(1)小容量注射剂的生产工艺。

　　(2)小容量注射剂的生产操作过程。

学前导语

　　无菌制剂的生产工艺按是否采用有效灭菌方法进行灭菌,分为最终灭菌工艺和无菌生产工艺(非最终灭菌工艺)。小容量注射剂如药物较为稳定,常采用最终灭菌工艺;否则需采用无菌生产工艺,无菌灌装制剂、无菌粉状粉针剂和冻干粉针剂等也采用该工艺过程,本书将在"实训情境六　注射用冻干制剂(冻干粉针)的生产"中详细介绍该工艺过程。大容量注射剂一般亦采用最终灭菌工艺进行生产。

任务　小容量注射剂生产工艺

能力目标

1. 能描述注射剂生产的基本操作方法。

2. 能明确注射剂生产工艺及设备。

3. 会根据生产工艺规程进行生产操作。

领取任务

学习小容量注射剂生产工艺,熟悉注射剂生产操作过程及工艺条件。

一、小容量注射剂生产工艺流程

小容量注射剂最终灭菌工艺流程见图 4-1。配液、粗滤时可在 D 级（或 C 级）区域内,精滤则必须在 C 级洁净区内进行。最终灭菌产品,灌封可在 C 级背景下的 A 级洁净区进行。小容量注射剂采用非最终灭菌工艺时,即无法采用可靠灭菌方法进行灭菌的产品,灌封(灌装)工序必须在 B 级背景下的 A 级洁净区内进行,物料转移过程中也需采用 A 级保护。各工序生产质量控制要点见表 4-1。

图 4-1　小容量注射剂最终灭菌工艺流程图

表 4-1　小容量注射剂生产质量控制要点

工序	质量控制点	质量控制项目
车间洁净度	洁净区、无菌区	尘埃粒子、换气数、沉降菌、浮游菌
氮气、压缩空气	送气口、各使用点	含量(仅氮气)、水分、油分
制水	各使用点	全检
配制	药液	粗滤:可见异物、微生物限度、细菌内毒素 精滤:可见异物、pH、澄明度、含量
安瓿洗瓶	安瓿	清洁度
	注射用水	可见异物
安瓿干燥灭菌	安瓿	清洁度、不溶性微粒、细菌内毒素
过滤	微孔筒式过滤器	完整性试验、滤芯可见异物

工序	质量控制点	质量控制项目
灌封	灌装间	沉降菌、操作人员和设备微生物
	药液	不溶性微粒
	安瓿注射液	装量差异、可见异物
灭菌	安瓿注射液	灭菌方式、码放方式、灭菌数量、达到灭菌温度后的保温时间、F_0值、可见异物、含量、pH、无菌、热原
灯检	安瓿注射液	可见异物、封口质量
印包	包装材料	字迹清晰、标签完整性

二、小容量注射剂生产操作过程及工艺条件

1. 领料 核对原辅料的品名、规格、数量、报告单、合格证。

2. 工艺用水 原水为符合国家标准的饮用水。纯化水为饮用水经蒸馏法、离子交换法、反渗透法或其他适宜的方法制备的制药用水,不含任何附加剂。注射用水为纯化水经蒸馏所得的水,应符合细菌内毒素试验要求。

纯化水的制备由原水经石英砂过滤,活性炭过滤器、软化器处理,经一级反渗透、二级反渗透,再经紫外光灯灭菌进入贮罐。注射用水的制备是由纯化水经多效蒸馏水机蒸馏而得。

制水工艺条件:原水应符合国家饮用水标准,原水的预处理的进水流量应 ≤3m³/h,温床的流量为3m³/h,多效蒸馏水机蒸汽压力应在0.3~0.4MPa之间,压缩空气压力应在0.3~0.4MPa之间,纯化水和注射用水的全部检查项目应符合要求。

3. 理瓶、洗瓶

(1)理瓶、洗瓶操作过程:按批生产指令领取安瓿并除去外包装,烤字安瓿要核对批号、品名、规格、数量。可采用高速理瓶机自动流转,采用一体化清洗设备清洗(或送入粗洗间用纯化水粗洗后送入精洗间,注射用水甩干)并检查清洁度符合规定后送隧道烘箱。

(2)理瓶、洗瓶工艺条件:注射用水经检查无可见异物。洗瓶用注射用水水温应为(50±5)℃,冲瓶水压应在0.15~0.2MPa之间。

4. 配制 根据原料或工艺的要求不同,可采用浓配法或稀配法进行配制。浓配法是将全部药物加入部分溶剂中先配成浓溶液,过滤后稀释至规定浓度。稀配法是将全部药物及辅料一次性加至全部溶剂中,适用于不易发生可见异物问题的原料。

(1)配制操作过程:按批生产指令,领取原辅料。注射剂用原料药,非水溶媒,在检验报告单加注了"供注射用"字样,需仔细核对。根据原辅料检验报告书,核对原辅料的品名、批号、生产厂家、规格及数量,并分别称(量)取原辅料。原辅料的计算、称量、投料必须进行复核,确认准确无误后,

操作人、复核人均应在原始记录上签名。过滤前后,过滤器需要进行完整性试验。配料过程中,凡接触药液的配制容器、管道、用具、胶管等均需进行特别处理。称量时使用经计量检定合格、标有在有效期内合格证的衡器,每次使用前应校正。

(2)配制工艺条件:配制用注射用水应符合现行版《中国药典》四部注射用水标准,每次配料前必须确认所用注射用水已按规定检验,并取得符合规定的结果及报告。药液从配制到灭菌的时间不得超过12小时。

5. 灌封

(1)灌封操作过程:将已消毒灌封机的活塞、针头、液球、胶管等安装好,用0.5μm及0.22μm滤芯过滤的新鲜注射用水冲洗灌注系统。调试灌封机,试开机并校正装量,再抽干注射用水。根据需要调整管道煤气和氧气压力。观察安瓿封口处受热均匀,拉丝钳拉丝封口达到要求。接通药液管道,将开始打出的适量药液循环回到配制岗位,重新过滤,并检查可见异物情况。灌封机各部运转调至生产所需标准,开始灌封,灌封时每小时抽检装量一次,每小时检查药液澄明情况一次,装量差异应符合规定,并填写在原始记录上。

(2)灌封工艺条件:检测装量注射器,准确度1ml注射器应至0.02ml,2ml注射器应至0.1ml,5ml注射器应至0.2ml,20ml注射器应至1.0ml。已灌装的半成品,必须在4小时内灭菌。

6. 灭菌及检漏

(1)灭菌及检漏操作过程:将封口后的安瓿注射剂根据产品流转卡,核对品名、规格、批号、数量正确后,送入安瓿检漏灭菌柜中,关闭柜门,按下启动键。灭菌检漏结束后(过程由电脑控制)打开柜门,取出产品,再用纯化水进一步冲洗,逐盘将进色水产品检出后,送去湿房(a)去湿。

(2)灭菌及检漏工艺条件:去湿房(a)温度(55±5)℃,时间3小时。热不稳定产品控制在45℃以下。

7. 灯检

(1)灯检操作过程:产品去湿后进入灯检室,核对品名、规格、批号、数量正确后,按现行版《中国药典》四部通则可见异物检查法中的灯检法进行检查。灯检后产品送入去湿房(b)。

(2)灯检工艺条件:去湿房(b)温度(55±5)℃,时间2小时。热不稳定产品控制在45℃以下。

8. 印包

根据批包装指令,领取全部包装材料。按产品流转卡核对产品名称、规格、批号、数量等,并根据品名、规格、批号,安装印字铜板(品名、批号、规格由工序负责人和工序质监员核对)。核对无误后开印包机,检查印字字迹是否清晰并将印字后产品逐一装入纸盒内,每10小盒为一扎,同时检查有无漏装。需手工包装的产品,每1小盒为一组,每5小盒或10小盒为1中盒,每10中盒或20中盒为一箱,最后装入大箱中,由工序质检员核对装箱单和拼箱单内容,放入装箱单和拼箱单,核对品名、规格、数量等无误后封箱。

ER 4-1-3

项目一
复习导图

目标检测

1. 简述小容量注射剂的生产工艺流程。

2. 小容量注射剂的生产工艺条件有哪些？

项目二　生产前准备

学习目标

1. **掌握**　人员进出 C 级洁净区的正确方法,小容量注射剂的准备工作。
2. **熟悉**　注射剂生产环境要求。
3. **了解**　制水系统的制备原理。

导学情景

情景描述

　　某注射剂车间生产一批小容量注射剂。各岗位人员按更衣规程进入洁净区。在注射剂生产前进行生产前准备工作,生产结束后进行清场工作。请思考:

　　(1)生产人员进入 C 级洁净区的更衣过程。

　　(2)小容量注射剂生产前准备工作有哪些?

　　(3)C 级洁净区的清场工作如何进行?

学前导语

　　小容量注射剂生产洁净区有 D 级、C 级、B 级、A 级,最终灭菌产品工艺过程中,人员进入岗位只有 C 级、D 级。根据岗位对洁净度级别要求,人员按相应更衣规程进入洁净区。D 级更衣规程见片剂生产,A/B 级更衣规程见冻干粉针生产,以下主要介绍 C 级洁净区的更衣规程。

任务一　小容量注射剂生产区域人员进出

能力目标

1. 能采用正确的方法进出 C 级洁净区。
2. 会按照正确的方法进行洁净服洗涤。
3. 会进行更衣确认。

领取任务

进行"人员进出 C 级洁净区"的操作练习。操作完成后按洁净区洗衣岗位标准操作规程清洗洁净服。通过更衣确认评估操作人员按规程更衣后掌握衣着要求的能力。

一、小容量注射剂生产洁净区对人员的要求

进入 C 级洁净区的着装要求：应该将头发、胡须等相关部位遮盖，应当戴口罩，穿手腕处可收紧的连体服或衣裤分开的衣服，并穿适当的袜子或鞋套。工作服不应脱落纤维或微粒。GMP 要求操作人员应避免裸手直接接触药品、与药品直接接触的包装材料和设备表面。

二、人员进出生产区

（一）人员进出 C 级洁净区的更衣

ER 4-2-2

人员进入 C
级洁净区

进入大厅，将携带物品（雨具等）存放于指定位置，到更鞋区，脱下自己鞋放入鞋柜内，换上工作鞋。进入一更，摘掉各种饰物，如戒指、手链、项链、耳环、手表等。进入盥洗室，采用流动纯化水、药皂洗面部、手部。换工作服，戴工作帽。

进入二更时在气闸间更换二更洁净鞋，脱去工作服，手部清洗并烘干，或用 75% 乙醇进行手部消毒；按各人编号从标示"已灭菌"或"已清洗"的容器中取出自己的洁净服。使用洁净的头套罩住全部头发。佩戴口罩。按从上到下的顺序更换洁净服，将衣袖口扎紧，扣好领口。佩戴无尘手套。进入 C 级洁净区操作间。

工作结束后，按进入程序逆向顺序脱下洁净服，装入原衣袋中，统一收集，悬挂"待清洗"标识，换上自己的衣服和工作鞋，离开洁净区。

（二）洁净服清洗

操作人员按各自洁净度级别区域的更衣规程更衣，进入洗衣岗位操作室。检查洗衣机运行是否正常。将"待清洗"的洁净服按个人编号核对件数并逐件检查，有破损处或穿用时间过长换掉，有明显污迹处拣出，用手工特别搓洗后再放入一起洗涤。洗衣结束后，按洗衣房清洁管理规程清洁操作台面、洗衣机表面、墙面、地面。

不同洁净度级别的工作服分别在本洁净度级别区域内的洗衣房洗涤。洁净区不同岗位的洁净服分别洗涤。洁净服内衣、外衣应分别洗涤，洁净口罩用专用洁净盆手工洗涤。

操作过程：检查洗衣机供水、供电情况。用纯化水冲洗洗衣机滚筒。按洗衣机操作及清洁规程开始洗涤。向洗衣机内注入过滤的纯化水至浸没衣物。取洗涤剂 10ml 加入洗衣机内。设定水温50℃。衣物在滚筒内洗涤 15 分钟，脱水 5 分钟。漂洗 5 分钟，脱水 2~5 分钟。用 pH 试纸测最后一遍漂洗水，pH 与纯化水一致为无洗涤剂残留物。关机，取出衣物。排净洗衣机内残余水，用纯化水冲洗滚筒，再用超细布擦干。洁净口罩的洗涤用干净专用洁净盆，盛放过滤的纯化水，加适量洗涤剂，再将口罩放入浸泡 10 分钟后，用手工搓洗，然后反复漂洗至中性。

折叠洁净服时，先用不脱落纤维的超细布浸蘸 75% 乙醇，擦拭整衣台面。手部用 75% 乙醇进行消毒。在 A 级层流罩下，将洗涤好的洁净服逐件采用反叠方式折叠整齐，按编号装入相应的洁净袋内（包括口罩、无菌帽）捆扎好袋口。再将洗涤好的洁净内衣折叠整齐，装入相应袋内，捆扎好袋口。

灭菌操作:按清洁规程清洁脉动真空灭菌器。手部进行清洁消毒后,再将整理好的洁净服分别放入脉动真空灭菌器内进行灭菌,按脉动真空灭菌器 SOP 操作,温度 132℃,5 分钟。并做好灭菌记录。

人员生产操作前,按进出 D 级、C 级洁净区更衣规程进行更衣,进入洁净区。按洁净工作服清洗、灭菌发放规程,通过传递窗进行发放并做好记录。

按洗衣机操作及清洁规程清洁洗衣机,按脉动真空灭菌器清洁规程进行清洁消毒,按洗衣房清洁消毒规程进行屋内清洁消毒。清洁结束后班长复查签字,QA 人员检查合格后签字,并悬挂"已清洁"标识。

无菌服发放编号及数量应准确、准时。洗涤后的洁净服要洁净,折叠整齐,附件齐全。洗涤后的洁净服微粒检测应符合规定标准。灭菌后的无菌服菌检应符合规定标准。

使用洗衣机时不得将手触摸转动部位,严禁湿手关闭电开关。发现设备出现故障或有异常声响,立即停机,请维修人员修理,不能正常生产时,填写"偏差及异常情况报告"报车间领导及时处理。

(三)洗衣确认

1. 验证目的 洗衣确认主要针对洁净服洗涤效果进行考察,评价洗衣工艺稳定性。

2. 验证项目和标准

(1)测试程序:记录洁净服洗涤灭菌的工艺条件,包括温度、时间等。按洁净区工作服洗涤、灭菌相关规程检查洗涤后的清洁度。

(2)合格标准:工作服的清洁度,应清洁、无菌、干燥、平整。

(四)更衣确认

1. 验证目的 更衣确认主要针对操作人员更衣规范性进行考察,评价更衣操作稳定性。

2. 验证项目和标准

(1)测试程序:操作人员按更衣规程进行更衣,测试人员用接触碟法取样进行更衣确认程序的表面监控。

(2)取样点如下:双手手指、头部、口罩、肩部、前臂、手腕、眼罩。取样点在正面,选择接触药品机会较大且容易散发微生物的部位。

(3)合格标准:人员表面微生物 $<1cfu/25cm^2$

任务二　C 级洁净区生产前准备

能力目标

1. 能进行小容量注射剂的生产前准备。

2. 能进行 C 级洁净区物料的进出操作。

3. 能进行 C 级洁净区的清场、清洁卫生。

领取任务

练习 C 级洁净区的物料进出,并进行 C 级洁净区的清场、清洁卫生。

小容量注射剂最终灭菌产品的洁净区包括 D 级洁净区和 C 级洁净区,非最终灭菌产品的洁净区还包括 B 级洁净区和 B 级下的 A 级。D 级洁净区的物料进出和清场程序详见"实训情境一 片剂的生产",而 B 级洁净区的物料进出和清场程序详见"实训情境六 注射用冻干制剂(冻干粉针)的生产"。本任务主要介绍 C 级洁净区的生产前准备工作。

人员进入工作岗位后一般均需进行以下准备工作:①检查生产区域、设备、工具的清洁、卫生情况是否符合要求,状态标识是否齐全;②检查清场工作是否符合要求;③校正衡器、量器及检测仪器,并检查是否在计量检定合格有效期内;④从传递窗内接收所需物料。

一、C 级洁净区工器具清洗、灭菌

在工器具清洗、灭菌前先检查设备清洁状态,用浸有注射用水的半湿洁净抹布按照自内向外、自上向下的顺序擦拭净化热风循环烘箱和脉动真空灭菌柜的内壁。清洁标准:表面无积尘,无污迹。检查净化热风循环烘箱各仪表是否完好,记录仪是否装好记录纸。打开净化热风循环烘箱侧门内的总电源,检查确认参数设定应为:灭菌温度设定为 250℃,灭菌时间为 1 小时,终点温度为 50℃,打印时间设定为 5 分钟打印 1 次。打开脉动真空灭菌柜的总电源,检查确认参数设定应为:灭菌温度设定为 121℃,灭菌时间为 30 分钟,纯蒸汽的压力大于 0.12MPa,打印时间设定为 5 分钟打印 1 次。

工器具清洁与转移:确认应灭菌物品情况,清点数量。将不锈钢桶或盒子放入清洗池中,打开纯化水,边冲边用洁净抹布全面擦洗器具内外壁,洗至无可见污物,在工器具清洗间用注射用水全面冲洗约 2 分钟,不锈钢桶和盒子内外壁都需冲洗。冲洗完毕将不锈钢桶和盒子用半湿丝光毛巾擦干,倒置于灭菌柜中等待灭菌。灌装机部件由灌装岗位人员拆卸后,交与 C 级洁净区器具清洗灭菌人员进行清洁,在注射用水下用洁净抹布擦洗至无污迹,用注射用水冲洗 3 次,每次 2 分钟,用专用抹布擦干。清洁后的工器具应加盖密闭转移,防止污染,并在 6 小时内灭菌。灭菌后的工器具在 C 级背景下的 A 级环境取出,及时加盖密闭后在 A 级层流罩下存放。

能够耐受干热灭菌的不锈钢桶、盆、镊子等在干热灭菌柜中灭菌。程序结束后,待温度降低至规定温度后,通知 C 级洁净区人员打开后门,在 A 级层流罩下取出被灭菌物品。

C 级洁净区工器具由各岗位在工器具清洗间清洁。最后关闭总电源,收集打印记录,及时填写岗位生产记录。

二、物料、物品进出 C 级洁净区标准操作规程

1. 物料传入 领料人员领取物料后,先清理外包装,内包装用浸饮用水的半湿丝光毛巾擦拭清

洁,再传入传递窗内,紫外光灯照射30分钟。C级洁净区人员从传递窗取出,用浸有75%乙醇的半湿丝光毛巾擦拭消毒后传入C级洁净区。

2. **物料传出** 需要传出C级洁净区的物料、物品,由传递窗传出岗位。

3. **注意事项** 物品转移过程中,注意做好标志,避免混淆。传递窗两侧的门严禁同时打开。

三、C级洁净区环境清洁

各工序在生产结束后,或在更换品种、规格、批号前应彻底清理作业场所,未取得清场合格证之前,不得进行下一个品种、规格、批号的产品生产。修后、长期停产重新恢复生产前应彻底清理及检查作业场所。车间大消毒前后要彻底清理及检查作业场所。超出清场有效期的应重新清场。

清场后应符合以下要求:地面无积灰,无结垢。门窗、室内照明灯、风口、工艺管线、墙面、天棚、设备表面、开关箱外壳等清洁干净,无积灰。室内不得存放与生产无关的杂物及上批产品遗留物。使用的工具、容器清洁,无异物。设备内外无上批生产遗留的药品,无污迹,无油垢。

具体清场过程:先用丝光毛巾蘸1%碳酸钠溶液依照清洁顺序将天花板、墙壁、门窗等部位擦洗一遍,再用半湿丝光毛巾擦洗一遍,用浸过消毒液的半湿胶棉拖把将地面擦洗至洁净,无污迹。如操作区域采用甲醛大消毒前,用丝光毛巾擦拭传送轨道和传送皮带等日常清洁不易接触部位,把回风口拆下清洁,将纱网和回风口上的灰尘清至废物桶,纱网和回风口用纯化水冲洗干净,用丝光毛巾擦干,放回原位。有明显污迹的地方,用浸有1%碳酸钠溶液的半湿丝光毛巾擦拭至无泡沫,无污迹,用浸有注射用水的半湿丝光毛巾擦拭干净。

每个生产周期第7天生产结束后,用浸有消毒液的半湿丝光毛巾按照以上程序对洁净区环境、设备表面、工作台等进行擦拭消毒。

清洁完毕,更换操作间、设备、容器等状态标识,QA人员检查合格后,发放清场合格证,生产人员填写清场合格证(正、副本),正本放在本批次批生产记录中,副本放入操作间门口标识位置。退出生产岗位。

四、C级洁净区生产设备清洁

1. **净化热风循环烘箱的清洁方法** 用浸有注射用水的半湿丝光毛巾将烘箱四周外表面擦拭至洁净,再用浸有注射用水的半湿丝光毛巾擦拭一遍。将烘箱内部(包括储物架)用浸有注射用水的半湿洁净抹布擦拭至干净。烘箱每次使用前按以上步骤清洁一遍。清洁标准:无积尘,无污迹。

2. **脉动式真空灭菌柜的清洁方法** 用浸有注射用水的半湿丝光毛巾将灭菌柜的外表面擦拭至干净后,再用浸有注射用水的半湿丝光毛巾擦拭一遍。用浸有注射用水的半湿洁净抹布将灭菌柜内部擦拭至洁净,再用浸有75%乙醇的半湿洁净抹布擦拭一遍。灭菌柜每次使用前按以上步骤清洁一遍。清洁标准:无积尘,无污迹。

3. **灌封机的清洁方法** 生产前用浸75%乙醇的半湿洁净抹布将送瓶转盘、进瓶螺杆、灌注底座、夹瓶夹子、封口底座、出瓶台面擦拭洁净。生产结束后用镊子清理瓶子所经轨道和夹瓶夹子处,用浸有 75% 乙醇的半湿洁净抹布反复擦拭至洁净,用浸 75% 乙醇的半湿洁净抹布再擦拭一遍。用浸有 75% 乙醇溶液的半湿丝光毛巾将灌封机的外表面、安全罩擦拭一遍。清洁标准:无异物,无污迹。

4. 容器、工具架等的清洁方法 生产区的容器包括物料的周转桶、清洁盆等。生产用工具架、容器应当根据岗位需要定置摆放,不得随意挪动。容器必须标明状态标识,注明已清洁、未清洁状态,标明其中的物料名称、批号、数量,以免造成污染或混淆。

每天生产结束后将工作台、储物架、洁具架等的上、下表面用浸有注射用水的半湿丝光毛巾擦拭至洁净,再用浸有注射用水的半湿丝光毛巾擦拭一遍。

5. 有难以清洁的污迹部位可以先用浸有 1% 的碳酸钠溶液的半湿丝光毛巾擦拭至洁净,再用浸过纯化水的毛巾擦拭干净。

6. 每个生产周期第 7 天工作结束后,用浸有 75% 乙醇的半湿丝光毛巾擦拭设备、工器具表面至洁净,无污迹,用浸有 75% 乙醇的半湿丝光毛巾擦拭容器内外表面至洁净。

7. 设备、工器具清洁完毕,应及时更换"已清洁"标识,并标明有效期,到期需重新清洁。C 级洁净区的设备、工器具清洁后有效期为 48 小时。

五、C 级洁净区清洁工具清洁

C 级洁净区清洁工具的清洗地点是在 C 级洁净区洁具间。所使用的清洁剂为 1% 的碳酸钠溶液、纯化水。

C 级洁净区清洁工具的清洁方法:清洗 C 级洁净区设备的丝光毛巾用 1% 碳酸钠溶液浸泡 10 分钟后手工搓洗至无污迹,用纯化水冲洗至无泡沫,拧干,折叠晾在洁具间工具架上。擦拭天花板、门窗、不锈钢桶、小推车、洁具架、工具柜、地拖架、洁净衣架、水池、墙壁、工作台的丝光毛巾用 1% 碳酸钠溶液浸泡 10 分钟后手工搓洗至无污迹,用纯化水冲洗至无泡沫,拧干,折叠晾在洁具间工具架上。清洁地面的洁净拖把用毛刷轻刷至无杂物,用纯化水冲洗至无泡沫,挤干,折叠晾在洁具间工具架上。C 级洁净区的清洁工具存放于本岗位工具架上,不得随意摆放。

每班生产结束后由洗烘工序人员进行清洁,生产过程中清洁工具使用完毕立即进行清洗。

每 7 天生产结束后,清洁工具按以上要求清洁后,用消毒液浸泡 30 分钟,拧干或挤干备用。消毒液轮流更换使用。

六、小容量注射剂车间物料平衡管理规程

注射剂车间应在规定的生产阶段结束后,进行物料平衡计算。通过注射剂物料平衡计算操作,把握生产过程中物料收率变化,以防止混药、差错和交叉污染,确保产品质量。

原料各工序物料平衡内容与计算方法见表 4-2。

表 4-2　原料各工序物料平衡内容与计算

工序	物料平衡	标准范围	计算公式
配料工序	a:原料纯投入量,单位:g n:中间体测定取样量,单位:ml s:规格,单位:g/ml P:中间体含量,单位:% b:待灌封药液量,单位:ml	95%~105%	$A=(b+n) \times s \times P/a \times 100\%$
灌封工序	z:灌封合格品量,单位:ml d:灌封不合格品量,单位:ml e:药液残留量,单位:ml x:灌封检测量,单位:ml	95%~105%	$B=(z+d+e+x)/b \times 100\%$
灭菌工序	c:灌封合格品量,单位:支 f:灭菌检漏合格品量,单位:支 g:灭菌检漏不合格品量,单位:支	95%~105%	$C=(f+g)/c \times 100\%$
灯检工序	h:灯检合格品量,单位:支 i:灯检不合格品量,单位:支 j:半成品取样量,单位:支	95%~105%	$D=(h+i+j)/f \times 100\%$
包装工序	k:包装合格品量,单位:支 l:包装不合格品量,单位:支 m:留样量,单位:支	95%~105%	$E=(k+l+m)/h \times 100\%$

整个生产工序的原料标准范围:95%~105%,设成品含量:y,总物料平衡率见式(4-1)。

$$物料总平衡率 = \frac{[z/c \times (k+l+m+i+j+g)+(x+e+d+n)] \times s \times y}{a} \times 100\% \qquad 式(4-1)$$

标签的物料平衡标准范围为 100%,计算公式见式(4-2)。

$$物料平衡率 = \frac{领用数 + 破损数 + 退回数}{成品耗用数 + 样张数 + 损耗数 + 取样留样} \times 100\% \qquad 式(4-2)$$

安瓿的物料平衡标准范围:95%~105%,计算公式见式(4-3)。

$$物料平衡率 = \frac{成品数 + 灯检不合格数 + 损耗数 + 取样留样}{领用数 - 破损数 - 退回数} \times 100\% \qquad 式(4-3)$$

如超过物料平衡规定限度,应查找原因,作出合理解释,则该批产品方可按正常产品继续生产或销售。物料平衡表应作为批生产记录或批包装记录的一部分,与批生产记录或批包装记录一同保存。

任务三　制药用水生产

能力目标

1. 能进行纯化水的生产。
2. 会进行注射用水的生产。
3. 能进行制药用水的日常监测。

领取任务

按操作规程进行纯化水生产，并进行监测。按操作规程进行注射用水的生产，并进行监测。工作完成后，对设备进行维护与保养。

制药企业的生产工艺用水涉及制剂生产过程当中容器清洗、配液及原料药精制纯化等所需要使用的水，包括饮用水、纯化水和注射用水。

在生产前准备工作中要对制药用水进行质量检查。生产区 QA 检查人员根据请验单按《工艺用水监控规程》中规定的取样频次、取样点提前进行取样，根据不同要求进行理化分析或微生物检测检查。进行工艺用水取样时，如同时采取数个水样时，用作微生物学检验的水样应在前面取样，以免取样点被污染。水样取样完毕，需填写样品标签贴于取样瓶外，其内容包括样品名称、取样地点、编号（车间内水龙头均有编号）、取样日期、取样时间、检验项目、取样人等。

目前，现行版《中国药典》中纯化水和注射用水的重要检测项目是电导率和总有机碳（total organic carbon，TOC）。当水中含有无机酸、碱、盐或有机带电胶体时，电导率就增加。检查制药用水的电导率可在一定程度上控制水中电解质总量。而各种有机污染物、微生物及细菌内毒素经过催化氧化后变成二氧化碳，进而改变水的电导，电导的数据又转换成总有机碳的量。如果总有机碳控制在一个较低的水平上，意味着水中有机物、微生物及细菌内毒素的污染处于较好的受控状态。因此，《美国药典》率先在 20 世纪 90 年代采用电导率代替几种盐类的化学测试，采用 TOC 代替易氧化物的检测，这两种指标均可以实现在线监测，提高生产效率，减少人为因素、环境因素的干扰。

一、制药用水生产设备

（一）纯化水处理系统

纯化水处理系统由原水处理系统和反渗透装置两部分组成。

1. 原水处理系统　原水首先应达到饮用水标准，如达不到则需要预先处理到饮用水标准，方可作为制药用水或纯化水的起始用水。而饮用水中往往含有电解质、有机物、悬浮颗粒等杂质，不能满足反渗透膜对进水的质量要求，如不经预处理，对设备的使用年限及性能会产生影响，导致出水质量不合格。

原水处理组合由原水箱、机械过滤器、活性炭过滤器、软化器、保安过滤器等构成。原水箱的材料可采用304B不锈钢或非金属（如聚乙烯）制成。原水泵可采用普通的离心泵。原水水质浊度较高时，常用精密计量泵从配备的药箱中在进水管道投加絮凝剂。机械过滤器一般用石英砂过滤器，罐体可采用玻璃钢内衬聚乙烯胆的非金属罐体，用于除去原水中的大颗粒、悬浮物、胶体及泥沙以降低原水浊度对膜系统的影响。随着压差升高以及时间推移，可通过反向冲洗操作去除沉积的微粒。活性炭过滤器用于吸附水中部分有机物、微生物、水中余氯（对游离氯的吸附率可达99%以上）。可采用定期巴氏消毒保证活性炭吸附作用，反冲可参照机械过滤器。软化器是利用钠型阳离子树脂将水中Ca^{2+}、Mg^{2+}置换，可防止反渗透（reverse osmosis，RO）膜表面结垢，提高RO膜的工作寿命和处理效果。系统配套一个盐水储罐和耐腐蚀的泵，用于树脂的再生。保安过滤器是原水进入反渗透膜前最后一道处理工艺，主要用于防止以上工序可能存在的泄漏。当保安过滤器前后压差≥0.05MPa时，说明滤芯已堵塞，此时应当拆开清洗或更换新滤芯。

也有采用超滤装置进行反渗透的前处理，可除去水中有机物、细菌等，确保反渗透进水品质。

2. 反渗透装置　制备纯化水可采用二级反渗透装置进行除盐。反渗透装置能够阻挡所有可溶性盐及分子量大于100的有机物。反渗透系统采用串联的方式，将一级反渗透的出水作为二级反渗透的进水。二级反渗透系统的二级排水（即浓水）质量远高于一级反渗透的进水，可将其与一级反渗透进水混合作为一级的进水，提高水的利用率。典型二级反渗透系统设计如图4-2所示。

1. 原水；2. 高压泵；3. 一级反渗透装置；4. 浓水排水；5. 一级反渗透出水；6. 中间储罐；
7. 二级高压泵；8. 二级反渗透装置；9. 二级浓水排水（返回至一级入口）；10. 纯化水出口

图4-2　二级反渗透系统示例

在反渗透装置进出口的供水管道末端均设置大功率紫外线杀菌器，以杜绝或延缓管道系统的微生物的滋生，防止污染。最后再经精密过滤器出水。

目前也有采用一级（或二级）反渗透+EDI组合进行纯化水的生产。EDI即电除盐（electrodeionization）装置，使用混合树脂床、选择性渗透膜以及电极，保证连续的水处理过程，并可实现树脂连续再生。

EDI技术是将电渗析和离子交换相结合的除盐工艺，既可利用离子交换作深度处理，且不需要采用额外试剂进行再生，仅利用电离产生的H^+和OH^-，达到再生树脂的目的。

EDI的工作原理见图4-3，EDI在运行过程中，树脂分为交换区和新生区，在运行过程中，虽然树脂不断地进行离子交换，但电流连续不断地使树脂再生，从而形成了一种动态平衡；EDI模块内将始终保持一定空间的新生区；这样EDI内的树脂也就不再需要化学药品的再生，且其产水品质也得到了高品质的保证，其运行主要包括以下三个过程。

（1）淡水进入淡水室后，淡水中的离子与混合树脂床发生离子交换，从而从水中脱离。

（2）被交换的离子受电性吸引作用，阳离子穿过阳离子交换膜向负极移动，阴离子穿过阴离子交换膜向正极移动，并进入浓水室而从淡水中去除。离子进入浓水室后，由于阳离子无法穿过阴离子交换膜，被截留在浓水室，这样阴阳离子将随浓水水流被排出模块；与此同时，由于进水中的离子被不断去除，淡水的纯度将不断提高，待由模块排出时，其纯度可以达到接近理论纯水的水平。

（3）水分子在电的作用下，被不断离解为 H^+ 和 OH^-，两者将分别使得被消耗的阴、阳离子树脂连续再生。EDI 能高效去除残余离子和离子态杂质，尤其当用水质要求高时。EDI 相对于混床树脂具有以下优势：①无须树脂的化学再生，不需要中和池中的酸碱；②能够极大地减少地面和高空作业；③所有的水处理系统操作都能够在控制室内完成，无须前往现场；④连续工作，不是间歇操作，长时间稳定地出水，没有废弃树脂污染排放的风险。

图 4-3　连续电去离子（EDI）原理

（二）多效蒸馏水机

按现行版《中国药典》规定，必须采用蒸馏法制备注射用水，制药企业普遍采用的注射用水制水设备是多效蒸馏水机。以纯化水为原料水，用蒸汽加热制备注射用水，并需通过一个分离装置去除细小水雾和夹带的杂质（如内毒素）。一般由蒸发换热器、分离装置、预热器、冷凝器、电气仪表、温度压力控制装置、管路系统等组成。

多效蒸馏水机的蒸发器采用列管式热交换"闪蒸"使原料水生成蒸汽，同时将纯蒸汽冷凝成注射用水。采用内螺旋水汽"三级"分离系统，以去除热原。经计算和合理设计，能量可多次重复利用，多效蒸馏水机是蒸馏法最佳的制水节能设备。蒸发器的个数可用效数表示，为达到较高的能量利用率至少需要三效。每效包括一个蒸发器、一个分离装置和一个预热器。工作原理如图 4-4 所示。

图 4-4 多效蒸馏水机原理

第一效蒸发器采用工业蒸汽为热源,工业蒸汽的冷凝水以废水排放。其他蒸发器以纯蒸汽为热源,得到的冷凝水为去热原的蒸馏水(即注射用水)。末效蒸发器下部有浓水排放口,冷却器上部有废气排放口。冷却器用于将气液两相的纯蒸汽与注射用水混合液冷却为注射用水,冷却水应采用纯化水,有利于防止污染。

二、纯化水生产操作

操作人员按进出一般生产区更衣规程进入操作间。进岗后做好厂房、设备清洁卫生,并做好准备工作。

(一)纯化水生产岗位标准操作规程

除常规的生产前准备外,需做好氯化物、铵盐、酸碱度等检查的准备。

1. 生产过程

(1)预处理:打开阀门,确认系统运行过程中水流从原水箱到纯化水贮箱的通畅。进行石英砂过滤器、活性炭过滤器的反冲,观察澄清度是否合格。检查精密过滤器、保安过滤器是否正常。

(2)反渗透装置运行:手动开机,调节一级、二级的浓水淡水出水流量比符合要求,再采用自动运行方式进行产水和输送水。

(3)日常监控:生产过程中总出水口每 2 小时取样一次,进行电导率、酸碱度的检测。

2. 结束过程
关闭纯化水处理系统,按要求进行清场,做好房间、设备、容器等清洁记录。按要求完成记录填写。清场完毕,填写清场记录。上报 QA 人员检查,合格后,发清场合格证,挂"已清场"标识。

3. 注意事项
纯化水的储存时间不超过 24 小时。比电阻应每 2 小时检查一次,脱盐率每周检查一次。定期对系统进行在线消毒。

ER 4-2-3

纯化水的生产

(二) 纯化水处理系统的日常维护与保养

长期不使用时，关闭原水箱的进水阀，且放尽各个贮水罐中的储水。

设备使用过程中，每天至少运行 1 小时，水泵禁止空载。

设备的正常使用温度为 5~33℃，最佳温度为 24~27℃，最高温度 35℃，进水温度每升高 1 摄氏度或降低 1 摄氏度，产水量将增加或减少 2.7%~3.0%，因此冬季的出水应适度调节 RO（反渗透）进口压力，以调节其产水量。

需经常对照前期的运行状况（如压力、流量、脱盐率、产水量、温度等参数），如果发现有明显差异，应及时分析原因，及时处理。

供水系统是关键部件，必须注意产水、用水、回水、补充水之间的平衡，以尽量减少纯水箱的液位波动。

一旦开机后尽量减少停机，以保证足够长的循环时间。

系统停运时间不宜超过 2 天（特别在夏天高温季节），在长时间不用水时必须进行保护性运行，系统需要长期停运前，RO 装置必须进行保护液保护。

三、注射用水生产操作

操作人员按进出一般生产区更衣规程进入操作间。进岗后做好厂房、设备清洁卫生，并做好操作前的一切准备工作。

(一) 注射用水生产岗位标准操作规程

除常规生产前准备外，还需做好检查氯化物、铵盐、酸碱度、细菌内毒素的检测准备。

1. 生产过程

（1）开机预热：确保纯化水贮罐有足够的水，开启蒸汽发生器。当蒸汽压力达到要求时，将蒸汽通入蒸馏水机内，使管道内充满大量白色蒸汽，调节蒸汽阀门保持蒸汽压力在 0.3MPa 左右，预热 10 分钟。

（2）制水：打开纯化水系统的输水泵。打开多效蒸馏水机总电源。选择自动控制模式，调节阀门开度，使蒸汽压力在规定范围内，进水流量上升为标准流量后，温度上升至 80℃时，自动开启冷却水，维持蒸馏水温度在 92~99℃。经取样口取样检验水合格后，阀门自动选择开闭，使注射用水进储罐。

（3）日常监控：生产和使用过程中在贮水罐、总送水口每 2 小时取样检测 pH、氯化物和电导率。

2. 结束过程
制水结束，退出主界面，关闭电脑，关闭多效蒸馏水机电控柜电源，排尽水后关闭阀门。在注射用水储罐上贴标签，注明生产日期、操作人、罐号。按"清场标准操作规程"要求进行清场，做好房间、设备、容器等清洁记录。按要求完成记录填写。清场完毕，填写清场记录。上报 QA 检查，合格后，发清场合格证，挂"已清场"标识。

3. 注意事项
生产注射用水过程中应按时清洗系统各部件，保证系统正常运转。定期对系统进行在线消毒。每 2 小时进行 pH、氯化物、铵盐检查，其他项目应每周检查一次。注射用水必须在

80℃以上保温或在70℃以上保温循环,注射用水的储存时间不得超过12小时。

(二)多效蒸馏水机的日常维护与保养

需经常注意疏水器是否正常。正常工作状态下,疏水器温度非常高,如有故障须在蒸馏水机停机并冷却至室温后,卸下疏水器,清理干净即可。

调试正常后,每周必须至少运行一次。

所有管道系统的连接部位,必须经常检查,并重新紧固。注意紧固连接件时,必须在设备处于停机并冷却至室温下进行。

在长时间不使用前,应将注射用水贮罐中的水排空,并做好干燥灭菌处理;打开3个蒸馏塔下端的排水阀门,将塔中的积水排放干净;打开检测取样口的阀门,将积水排放干净;打开电机(包括变压器、工控机、显示屏等)工作,使其尽量干燥。

在长时间未使用后,所有管道系统的连接部位,必须检查,并重新紧固;对注射用水贮罐进行清洗并消毒。

四、工艺用水日常检测

工艺用水系包括饮用水、纯化水、注射用水,涉及用于配料、容器清洗等工序所需的水。工艺用水要求见表4-3。

表4-3　工艺用水要求

类别	用途	水质要求
饮用水	用于非无菌药品的设备、器具和包装材料的初洗;纯化水的水源	符合《生活饮用水卫生标准》GB 5749—2022
纯化水	用于非无菌药品的配料、洗瓶;用于无菌制剂容器的初洗;用于非无菌原料药的精制;制备注射用水的水源	符合内控标准和现行版《中国药典》标准
注射用水	用于胶塞、配液罐、玻瓶的精洗;用于无菌制剂容器具及管道的最终洗涤;用于注射剂的配制	符合内控标准及现行版《中国药典》标准

1. **工艺用水的监控**　质量保证部QA人员应对工艺用水进行质量监控,一般饮用水须由当地环保局或防疫站每年全检一次,每月对饮用水按内控标准自行检测一次。制水岗位人员要及时取样检测,由QA人员负责每周对纯化水进行取样,并将样品送交QC人员进行全项检测。

纯化水和注射用水的检测项目见表4-4,检测频次如下。

(1)水质维护:注射用水系统必须经过验证合格后,方可投入使用,并进行严格变更控制;注射用水系统正常情况每年进行一次再验证,以确认验证状态是否漂移。注射用水系统操作人员进行定期的清洗、消毒及设备维护等操作。

(2)常规监测:由岗位操作人员对纯化水总出水口进行电导率、酸碱度检测,每2小时检测一次。制水岗位操作人员对注射用水取样检测pH、氯化物和电导率,生产和使用过程中在贮水罐、总送水口每2小时检测一次。中控室在各使用点取样检测细菌内毒素,每天一次。

表 4-4 纯化水和注射用水检验项目

检验项目	纯化水	注射用水	检测手段
酸碱度	符合规定		在线检测或离线分析
pH		5~7	在线检测或离线分析
硝酸盐	<0.000 006%	同纯化水	采样和离线分析
亚硝酸盐	<0.000 002%	同纯化水	采样和离线分析
氨	<0.000 003%	同纯化水	采样和离线分析
电导率	符合规定 不同温度对应不同的规定值 如 20℃<4.3μS/cm, 25℃<5.1μS/cm	符合规定 不同温度对应不同的规定值 如 20℃<4.3μS/cm, 25℃<5.1μS/cm	在线用于生产过程控制。后续取水样进行电导率的实验室分析
总有机碳（TOC）	<0.5mg/L	同纯化水	在线 TOC 进行生产过程控制,后续取样进行实验室分析
易氧化物	符合规定		采样和离线分析
不挥发物	1mg/100ml	同纯化水	采样和离线分析
重金属	<0.000 01%	同纯化水	采样和离线分析
细菌内毒素		<0.25EU/ml	注射用水系统中采样检测,实验室测试
微生物限度	100cfu/ml	10cfu/100ml	实验室测试

注:纯化水的总有机碳和易氧化物两项可选做一项。

(3)全项检测:由质量保证部 QA 人员对纯化水的总送水口、总回水口、贮水罐及各使用点取样,送 QC 人员全检,按现行版《中国药典》四部"纯化水"项下进行检验,细菌、霉菌和酵母菌总数应符合有关规定,总出水口每周一次,各使用点每月一次,可轮流取样。由 QA 人员对注射用水的总出水口、总回水口、各使用点取样,送 QC 部门进行全检,总送水口每天一次,出水口每周一次,各使用点每月轮流一次。

QC 部门将检验结果交质量保证部,并由 QA 人员在各用水点贴绿色合格签,方可使用。检验结果不符合要求,立即执行"偏差管理制度",由质量保证部会同相关部门进行调查处理,包括已用于生产的产品、清洗的设备等方面。

2. 取样方法 经 121℃灭菌 30 分钟的广口瓶(500ml,具塞,且用牛皮纸包裹后灭菌备用)可供微生物学检查。用 75% 乙醇棉擦拭取样点水龙头表面两遍进行消毒。打开水龙头,放流 3~5 分钟。拆去牛皮纸,开塞后迅速取样塞上塞子,用于微生物学检查。另取普通广口瓶(500ml,具塞)用于理化检验,装取所需水量,用于理化检查。每次取样后,在取样瓶外应贴上标签,内容包括品名、取样地点、编号、时间、取样量。

ER 4-2-4

纯化水系统
验证

五、制药用水系统工艺验证

1. 验证目的 制药用水系统工艺验证主要针对制水系统进行考察,评价制水工艺稳定性。

2. 验证项目和标准

(1)纯化水测试程序:每批生产前审查并记录表4-5中各使用点的纯化水质量(微生物限度检测)。

表4-5 纯化水制备验证的取样点

纯化水站	总送水口、总回水口、贮罐
小容量注射剂车间 D 级洁净区纯化水用水点	洁具间、工器具清洗间、洗衣间
小容量注射剂车间 C 级洁净区纯化水用水点	男二更、女二更、洁具间、工器具清洗间、质检室、活性炭称量间、配制间、配存消毒剂间

合格标准:符合现行版《中国药典》标准。纯化水质量稳定并无逐渐接近不合格限度的趋势。

(2)注射用水系统测试程序:每批生产前审查并记录表4-6中各使用点的注射用水质量(内毒素检测)。

表4-6 注射用水制备验证的取样点

注射用水站	总送水口、总回水口、贮罐、多效蒸馏水机组
小容量注射剂车间 D 级洁净区注射用水用水点	洗烘瓶间
小容量注射剂车间 C 级洁净区注射用水用水点	清洗间、质检室、洁具间、配制间、灌封间、配存消毒剂间

合格标准:符合现行版《中国药典》标准。注射用水质量稳定,并无逐渐接近不合格限度的趋势。

点滴积累

1. 工艺用水包括饮用水、纯化水、注射用水。工艺用水制备系统主要由纯化水处理系统和多效蒸馏水机系统。
2. 纯化水处理系统验证取样点为:总送水口、总回水口、贮罐。
3. 注射用水处理系统验证取样点为:总送水口、总回水口、贮罐、多效蒸馏水机组。

目标检测

1. 如何确保人员更衣程序规范?
2. C 级洁净区的工器具清洁有哪些要点?
3. 制药用水如何进行日常监测?
4. 纯化水和注射用水有何不同,如何制备?

ER 4-2-5

项目二
复习导图

项目三　生产注射剂

项目三
教学课件

学习目标

1. **掌握**　注射剂的生产工艺操作要点及其质量控制要点。
2. **熟悉**　注射剂各个岗位的工艺验证。
3. **了解**　注射剂生产设备的使用和维护。

导学情景

情景描述

　　注射剂是一种药物剂型,通过提取、精制、配制等步骤制成灭菌溶液,供皮下、肌内、静脉注射用。注射剂具有作用迅速、给药方便、药效不受消化液和食物影响等优点。近年来,随着国家在医疗卫生和医保方面的支出增加,注射剂行业需求快速增长。

　　注射剂技术不断进步,新型注射剂如抗肿瘤类、生物类、基因类等具有较高的附加值和增长潜力。随着国家对技术的投入增加,注射剂市场进一步发展。良好的经济形势和全民医疗保障体系的建设也为注射剂行业带来了较大的发展机会。

学前导语

　　注射剂生产洁净区对人员、物料进出都有严格的要求。本项目我们将学习注射液制备过程中配液的程序、生产前准备、配液过滤操作等以及生产记录表的填写。

任务一　配料(配液过滤)

能力目标

1. 能根据批生产指令进行注射剂配料(配液过滤)岗位操作。
2. 会按照药液配制系统的操作规程进行设备操作。
3. 能对配料中间产品进行质量检验。
4. 会对药液配制系统进行清洁、保养。

领取任务

　　按批生产指令选择合适设备进行配液,并经滤过后,进行中间品检查。过滤系统已经过验证,做起泡点试验。进行配液的工艺验证。工作完成后,对设备进行维护与保养。

注射剂配料岗位的一般工作流程为：原辅料称量→浓配→过滤→稀配→除菌过滤。

称量时必须在洁净区内进行称量，根据起始物料的微生物污染水平或工艺风险评估情况的要求选择相应级别，如 D 级、C 级或 A 级。称量时，物料应放置于洁净容器中。洁净容器的材质可采用不锈钢、塑料、玻璃等，需采用经验证过的清洁程序清洗；物料也可称量于已知清洁程度的容器中，如洁净塑料袋。称量后应贴有标签标明用途，并密封保存，用于同一批的容器则统一贮存。

注射剂生产以及设备和容器的最终清洗用水为注射用水，且须经注射用水的制水站和取水点的取样检测说明注射用水符合质量标准时方可使用。

配制时应进行双人复核，确认投料、按规定配制、溶解的前后顺序，以及特定参数、方法、数据（如某一时间下的温度、搅拌时间、压力）是否符合要求。当用管路传输药液时，由于可能存在密封问题和颗粒物脱落，应采用过滤后的氮气或压缩空气。

药液的配制可采用以下两种方法。

（1）浓配 - 稀配两步法（浓配法）：即在浓配罐内先配制成浓度较高的药液，必要时加入活性炭吸附分子量较大的杂质（如细菌内毒素），循环过滤后，传输到稀配罐内配制成所需浓度的药液。

（2）一步配制法（稀配法）：即可采用配液罐一次配成所需浓度的药液。采用该法的前提是原料的生产企业已采用了可靠的去除细菌内毒素的工艺。

使用滤器时，应注意微孔滤膜滤器应通过起泡点试验，以说明使用的药液过滤器孔径与工艺规定使用的孔径是否相符。

一、配液过滤设备

药液配制系统主要设备由溶解罐、浓配罐、稀配罐（各罐均配有不同搅拌器）、输送泵、各类过滤器、高位槽等单元组成。以下主要介绍配液罐和过滤器。

1. 配液罐　配液罐由优质不锈钢（进口 316L 或 304）制成，避免污染药液。配液罐罐体有夹层，可通入蒸汽加热，提高原辅料在注射用水中的溶解速度，又可通入冷水，吸收药物溶解热或快速冷却药液。配液罐可在顶部装搅拌器，加速原辅料扩散且可促进传热；亦有采用在底部装磁力搅拌，形式有推进式、螺旋式、锚式等，见图 4-5。配液罐顶部一般设有进水口、回流口、消毒口、入孔填料口、呼吸口（安装 0.22μm 空气呼吸器）、搅拌设备、自旋转清洗球、空气呼吸器、液位计、温度计等，底部则配有凝水口、出料口、排污口、取样口、温度探头、液位传感器等。通过电控柜操作，仪表显示药液温度、液位。

2. 过滤器　配料岗位所采用的过滤器一般有两种，初滤常采用钛滤器，精滤常采用微孔滤膜滤器。

（1）钛滤器：钛滤器（图 4-6）是使用钛粉末烧结成的滤芯，具有精度高、耐高温、耐腐蚀、机械强度高等优点，广泛应用于药液脱炭及气体过滤。外壳材料应为 304 或 316L 不锈钢，可用于浓配环节中的脱炭过滤及稀配环节中的终端过滤前的保护过滤。

实物图　　　　　　　　　　　剖面图

图 4-5　配液罐

（2）微孔滤膜滤器：微孔滤膜滤器（图 4-7）有薄膜式和折叠式两种，滤材有聚醚砜（PES）、醋酸纤维素（CA、AF）、聚丙烯（PP）、聚四氟乙烯（PTFE、F4）等。采用折叠式微孔滤芯为多，具有滤速快、吸附作用小、不滞留药液、不影响药物含量等优点，但截留微粒易阻塞，一般先采用其他滤器初滤后，才可使用该滤器，即用于精滤。

图 4-6　钛滤器　　　　　　　　　实物图　　　　　　　　剖面图

图 4-7　微孔滤膜滤器

0.22μm 的微孔滤膜滤器在最终灭菌产品和非最终灭菌产品中均有应用，但过滤的目的不同。在最终灭菌产品中，除菌滤过器是为了降低微生物污染水平到某一可接受水平，不要求过滤后的药液中没有微生物。同时，微生物水平降低，灭菌后热原水平也相对较低。对于非最终灭菌产品，除菌过滤是唯一的除菌手段，因而是真正意义上的除菌过滤。

二、配液过滤岗位操作

进岗前按进入 C 级洁净区要求进行着装,进岗后做好厂房、设备清洁卫生,并做好生产前准备工作。

ER 4-3-2

配液

(一)配液过滤岗位标准操作规程

1. 设备安装配件、检查及试运行　检查注射用水化验合格单,水质合格方可生产。使用的注射用水应在 70℃以上保温循环,贮存时间不得超过 12 小时。

首先安装好钛滤棒和微孔滤膜滤芯,启动在线清洗和在线灭菌。注射用水喷淋清洗罐体,并开启输送泵清洗管路系统。清洗液经检测残留量合格后,再通入纯蒸汽进入管道内进行在线灭菌,121℃、15 分钟,清洗水送检细菌内毒素,合格后方可使用。按滤芯完整性测试做起泡点试验,并将结果记录在生产记录上,同时用注射用水冲洗,接滤芯清洗水作细菌内毒素检查,合格后方可上线。

2. 生产过程

(1)称量:只有经质量部门批准放行的原辅料才可配料使用。称量前核对原辅料品名、规格、批号、生产厂家等应与检验报告单相符。使用经过校正的电子秤称取原辅料,称量时应零头先称取。称量时必须双人复核,无复核不得称量投料。操作人、复核人均应在原始记录上签名。

(2)投料:在配料罐中加入定量的注射用水,根据具体产品的工艺规程规定,依次缓缓投入原辅料,搅拌至全部溶解。易氧化品种,应在氮气保护下投料。再加注射用水至规定的全量,搅拌 30 分钟。

(3)粗滤:开启钛滤棒过滤器回路,使药液循环 30 分钟,压力在工艺规程要求的标准范围内。取样检测澄明度。打开输送通道,将药液输送至稀配罐。

(4)稀配:加注射用水至规定量,搅拌均匀。开启钛滤棒过滤器回路,药液自循环。

(5)检测:从配料系统取样口取样,进行半成品检测。项目包括 pH、色泽、含量等,应符合相应产品中间体质量标准的规定。如检验结果不符合相应中间体质量标准的规定,应立即处理。pH 不符合规定应根据产品工艺规程的规定,重新用酸碱调节至合格范围;色泽不符合规定应立即报告工艺员或相关技术人员,酌情加药用活性炭脱色;含量不符合规定应计算含量差异,根据计算结果补加原辅料或注射用水。

(6)放药液:半成品测定合格后,关闭搅拌,通知灌封岗位准备就绪后,开启放液阀,药液通过微孔过滤器送入灌封岗位的缓冲容器。

3. 结束过程　放液完毕,关闭输送泵。生产结束后,按"清场标准操作规程"要求进行清场,做好房间、设备、容器等清洁记录。连续生产产品的配料罐、容器、滤具、管道及下道工序灌封机药液管应采用热注射用水冲洗干净(特殊品种例外),并灌满浸泡过夜。更换产品品种必须全部拆除清洗。按要求完成记录填写。清场完毕,填写清场记录。上报 QA 人员检查,合格后,发清场合格证,挂"已清场"标识。

4. 异常情况处理　生产过程中若发现异常情况,应及时向 QA 人员报告,并记录。

5. 注意事项　停产超过 8 小时需进行在线清洗,停产超过 48 小时或正常生产一个周期(3 天为一生产周期)进行一次在线灭菌。灭菌时要经常检查各管道是否畅通,不得留有死角。对灌封设备停止清洗操作时,禁止直接关闭输液泵,以免灌封系统管路内不合格清洗水倒流回稀配罐,应先将稀配罐自循环阀门调节至全开状态,再关闭送液阀门,待罐内清洗水完全处于自循环状态时再关闭输液泵。批次间清洗进行注射用水喷淋清洗即可。更换品种时注射用水喷淋进行清洗,并检测清洗水残留。滤芯起泡点合格后,取经注射用水冲洗滤器的清洗水做细菌内毒素试验,试验合格后方可上线。滤芯更换周期为每20批进行更换,在这20批的使用过程中根据完整性试验结果及具体使用情况进行更换。呼吸器滤芯每3个月更换一次。

(二) 配液过滤岗位中间品的质量检验

在配液过程中,需严格按照每一产品的工艺规程进行,完成配液后需要进行半成品的检测,符合规定后再进行下一步的工序。配液过滤岗位中间品的质量检验项目见表4-7。

表 4-7　配液过滤岗位中间品的质量检验项目

检验项目	检验标准	检验方法		
		检查人	次数	方法
原辅料 来源 批号 包装 质量	(1)包装完整无损,包装内外应按规定贴有标签,并附有说明书,必须注明药品名称、生产企业批准文号、产品批号等 (2)规定有效期的药品,必须注明有效期 (3)注意药物霉变及异物。每件物品还应附质量管理部门签发的合格证	自查	投料前	观察
		质检员	每批产品核对	检验
处方量及投料数	按该品种的工艺规程的处方量及每支配液量计算	自查	投料时配方和复核人各自查对计算	查工艺处方并计算
		质检员	每批计算核对	
药液含量及pH	按该品种的工艺规程的规定范围及检测方法	自查	投料时	核对工艺规程
		半成品检测员	每批核对	
		质检员	每批核对	
注射用水	(1)Cl⁻、pH、氨应符合规定并有记录 (2)贮水桶每天清洗一次。每周用75%乙醇消毒一次 (3)本品应于制备后12小时内使用	自查	每2小时检查一次	核对工艺规程
		化验室	Cl⁻、pH、氨每周检查一次,热原抽查	

(三) 微孔滤膜过滤器的完整性测试规程

1. 配件安装　将已清洁和灭菌的滤器装上待测滤芯(滤膜)。将膜滤器的进口连接装有压力表的压缩空气管,出口处软管浸入装有注射用水的烧杯中。

2. 操作过程　先将滤膜充分湿润,亲水性滤膜用注射用水,疏水性滤膜用60%异丙醇和40%注射用水的混合溶液湿润,夹闭排气孔。打开无菌压缩空气(或氮气)阀门,通过微调旋钮慢慢加压,松开放气口,5秒后夹紧。加压直到滤膜最大孔径处的水珠完全破裂,气体可以通过,观察水中鼓出的第一只气泡,即为起泡点压力。

3. 起泡点合格限度　待测滤器起泡点压力应大于或等于表4-8、表4-9所示孔径所对应压力数值。

表 4-8　过滤器滤膜孔径与起泡点压力对照表（用注射用水浸润）

孔径 /μm	起泡点压力 /MPa
0.22	0.30~0.40
0.30	0.30
0.45	0.23
0.65	0.14
0.80	0.11
1.2	0.08
3.0	0.07
5.0	0.04
8.0	0.03
10.0	0.01

表 4-9　过滤器滤膜孔径与起泡点压力对照表（用 60% 异丙醇浸润）

孔径 /μm	起泡点压力 /MPa
0.10	0.15
0.22	0.09
0.30	0.08
0.45	0.07
0.65	0.05

4. 起泡点试验后滤膜的处理　起泡点试验合格后的滤膜需进行灭菌,方法是将整套过滤器（包括滤膜和滤器）放入高压灭菌柜,用 121℃灭菌 30 分钟,蒸汽灭菌时注意防止纯蒸汽直接冲到滤膜的表面。为保证在调换滤膜时,管道不受到细菌污染,应串联 2 只过滤器。即当一只过滤器调换滤膜时,另一只过滤器仍可阻挡尘粒和细菌。在正常使用膜滤器时若发现滤速突然变快或太慢,则表示膜已破损或微孔被堵塞,应及时更换新膜,重复气泡点试验,并经纯蒸汽 121℃灭菌 30 分钟后再使用。

5. 注意事项　有气泡冒出的压力值必须等于或大于厂家的最小起泡点值。如不合格,须检查管路是否泄漏,否则应更换滤膜,并进行起泡点试验,直至滤膜符合生产要求。采用滤芯过滤时一般重复使用,如起泡点试验不符合要求,应考虑滤芯处理不净,残留物质影响起泡点,故应特别注意所用原料的性质。润湿方式可采用滤芯完全浸泡在干净水中 10~15 分钟,也可将滤芯安装在滤壳中,让干净的水滤过滤芯以达到湿润的目的。测试过程中,温度波动不可超过 1℃,环境温度应在（22 ± 5）℃。

（四）配液过滤工序工艺验证

1. 验证目的　配液过滤工序工艺验证主要针对配液效果进行考察,评价配液工艺稳定性。

2. 验证项目和标准

（1）测试程序:按本产品生产工艺规程要求及物料配比、数量符合生产指令要求,操作符合称量配料、配制 SOP 操作,试生产 3 批。测定含量、pH、可见异物。

(2) 合格标准：配制后主药的含量应为标示量的95.0%~105.0%，pH符合要求，可见异物不得检出。

（五）配液过滤设备的日常维护与保养

配液罐的日常维护应检查各阀门、管道的使用情况，适时更换。对管道各阀门检查有无卡阻现象及损坏。搅拌电机、输液电机轴承每年更换一次3号钙基润滑脂，减速箱内定期加注减速机油。为安全生产，经常检查接地标牌指定位置介入地线是否正常。检查内加热器、外加热器运转是否正确。检查各部件是否有松动现象，电机声音是否异常。对运转部位轴承进行加油维护保养。检查并紧固电器接线，检查是否有松动、裸露现象，并用压缩空气清洁各电器组件上的灰尘。定期检修管路，确认管路无跑、冒、滴、漏。经常检查安全阀、压力表、疏水阀、温度表是否在使用期限内，是否完好，并检查其使用情况，应确保设备安全运行。

任务二　洗烘瓶（理瓶、洗瓶、干燥）

能力目标

1. 能根据批生产指令进行洗烘瓶岗位操作。
2. 会按照洗烘瓶岗位各设备操作规程进行设备操作。
3. 能对洗烘瓶中间产品进行质量检验。
4. 会进行洗烘瓶岗位工艺验证。

领取任务

按批生产指令选择合适的洗烘瓶设备将安瓿进行清洗、干燥、灭菌操作，备用。已完成设备验证，进行洗烘瓶工艺验证。工作完成后，对设备进行维护与保养。

安瓿的清洗操作是为了去除容器内外表面的微粒和化学物。干燥的同时，利用干热法可以灭活微生物和降解内毒素。安瓿洗烘岗位在清洗时应关注包装材料的质量、工艺用水（包括纯化水、注射用水）的质量（如可见异物）及洗涤后的容器清洁度。干热灭菌后的安瓿应转移至配有层流的灌装设备或净化操作台上进行灌装。

一、洗烘瓶设备

传统的安瓿清洗生产线按顺序依次是超声波洗瓶机→甩干机→淋瓶机→甩干机→干热灭菌烘箱。目前安瓿洗烘岗位普遍采用的是洗烘联动线，即由安瓿洗瓶机与隧道灭菌烘箱组成的联动线。

1. **超声波洗瓶机**　本设备可用于水针剂用安瓿瓶、粉针剂用西林瓶、口服液用管形瓶等的清洗，主要由注水系统（冲淋）、可调节传送系统、水箱、加热管、超声波发生器及换能器等组成。它是将瓶盘通过淋瓶部分注满水后由输送链逐步传送到超声波清洗水箱内,由超声波发生器产生一个具有能量的超声频电讯号,再由换能器将电能转换为机械振动的超声能,从而使清洗介质发生空化效应,达到良好的清洗目的。

2. AS安瓿离心式甩干机 见图4-8,本设备是超声波洗瓶机、安瓿淋瓶机的配套使用设备,对已注满水的安瓿进行离心式脱水,其脱水效果好,操作简便,该设备主体采用不锈钢材料制成,外表经砂磨抛光处理。

3. ALB安瓿淋瓶机 见图4-9,本设备适用于安瓿、西林瓶、管形瓶的内外表面的冲洗。其主要结构为净滤喷淋嘴。

图4-8　AS安瓿离心式甩干机

图4-9　ALB安瓿淋瓶机

4. GMH-Ⅰ安瓿干热灭菌烘箱 见图4-10,本设备以电能为热源(干热),可长期在250℃温度下灭菌,干燥安瓿并有效去除热原。出风口装有高效空气过滤器,防止外界对内部的污染。内部装有高温高效过滤器,内部循环热风经高温高效空气过滤器过滤,保证进入有效空间的热风达到A级洁净度要求。位于两个不同洁净区的双扇门受电气或可编程逻辑控制器(programmable logic controller,PLC)电脑控制,可保证各洁净区之间隔离,防止由于操作失误而引起的不符合GMP要求的事故发生。

5. KAQ回转式安瓿洗瓶机 见图4-11,回转式安瓿洗瓶机采用超声预清洗与水气压力喷射清洗相结合方式对安瓿进行清洗,清洗用水为注射用水,清洗用气为洁净压缩空气。清洗

图4-10　GMH-Ⅰ安瓿干热灭菌烘箱

过程经过水→水→气→水→气→气→气共7个冲洗工位,即进入进瓶斗的安瓿,经喷淋灌水外表冲洗,并缓慢浸入水槽中进行超声波预清洗,使黏于安瓿表面的污垢疏松,约1分钟后密集安瓿分散进入栅门通道,然后被分离并逐个定位,借助推瓶器和卧式针鼓上的引导器,使针管顺利地插入安瓿,然后在间歇回转的卧式针鼓上进行7个工位的水、气冲洗,由压缩空气吹入出瓶弧形底板,由翻

瓶器间歇送出,以密集排列式进入安瓿灭菌干燥机。

6. SMH-3 隧道灭菌烘箱 见图 4-12,主要用在注射剂联动生产线上,可连续地对经过清洗的安瓿进行干燥灭菌去热原,由前后层流箱、高温灭菌舱、机架、输送带、排风以及电控箱等部件组成,前后层流箱及高温灭菌舱均为独立的空气净化系统,从而有效地保证了进入隧道的安瓿始终处在 A 级单向流空气的保护下。其工作原理是洗瓶机将清洗干净的安瓿直立密排推上本机进瓶段的不锈钢输送带,依靠输送带的前行,密排安瓿进入高温灭菌段,在高温灭菌段流动的净化热空气将安瓿加热,达到干燥灭菌去热原的温度、时间,规范之后进入冷却段,冷却段的单向流净化空气将安瓿冷却至接近室温再送入拉丝灌封机进行药液的灌注与封口。

图 4-11 KAQ 回转式安瓿洗瓶机

图 4-12 SMH-3 隧道灭菌烘箱

二、洗烘瓶岗位操作

进岗前按进入 D 级洁净区要求进行着装,进岗后做好厂房、设备清洁卫生,并做好生产前准备工作。

（一）洗烘瓶岗位标准操作规程

1. 设备安装配件、检查及试运行 打开超声波洗瓶机电源，放入纯化水至规定水位。安瓿淋瓶机内放入纯化水至规定刻度。安瓿甩水机试运行正常。

2. 生产过程

（1）领料：从传递窗领取理好的安瓿，核对品名、规格、数量。

（2）生产过程分为传统分解洗烘过程和安瓿洗烘联动过程。

1）传统分解洗烘过程

a.粗洗：设定清洗水的温度，并开始加热。设定超声时间。将安瓿放入运行轨道，缓缓推入槽内轨道，进入水槽淋满水并进行超声。随时检查盘内安瓿是否灌满水。

b.甩水：将超声波清洗后的安瓿盘罩上不锈钢网罩按次序放入粗洗用甩水机内，并调节固定杆的螺丝，使安瓿固定住。打开电源，进行甩水，取出时不得有明显剩水。

c.精洗：将甩水后的安瓿，去掉不锈钢网罩，放入淋瓶机的链条上，开启水泵和输送链条，进行注射用水淋洗。应随时检查清洁度，不得有白渍。

d.甩水：将注射用水淋洗过的安瓿盘罩上不锈钢网罩按次序放入精洗用甩水机内，并调节固定杆的螺丝，使安瓿固定住。打开电源，进行甩水，取出时不得有明显剩水。

e.干燥灭菌：将清洗干净的安瓿放入干热灭菌烘箱。按工艺规程设定温度、时间参数，进行干燥和灭菌。安瓿进入干热灭菌烘箱，须在180℃保温2小时以上。烘瓶结束抽检安瓿是否烘干，不得沾带水汽。

2）洗烘联动线过程

a.打开洗瓶机和隧道灭菌烘箱总电源开关。打开各阀门（纯化水阀、注射用水阀和压缩空气阀）开关。

b.送空瓶：从物料架上取一装满安瓿的周转盘，挡板端朝向进瓶斗，推到进瓶网带上。用一切板代替挡板挡住安瓿，取下挡板，放于回转洗瓶系统盖上。取另一切板切入周转盘封口一端，向网带内推瓶，一直推到进瓶螺杆中，取出挡瓶切板，贴在推瓶切板上，撤下周转盘，将回转洗瓶系统盖上的挡板放到空周转盘中，再将空周转盘放于指定位置。

c.调整洗瓶机的变频器，将产量定在160支/min上，检验水压表和空气压力表是否在规定范围内（水压2.5~3.5kg/cm²，气压3.5m³/h），按"KAQ回转式安瓿洗瓶机标准操作规程"进行洗瓶操作。

d.烘瓶：拧松隧道灭菌烘箱进口挡板两端的螺丝，将挡板提起；再拧紧挡板两端的螺丝。将灭菌烘箱各开关打开，预热达到规定温度（200℃）。从操作架上取一个装安瓿周转盘放至隧道灭菌烘箱进口处，按动传送链开关，将周转盘送入烘箱内（9盘）。按"SMH-3隧道灭菌烘箱标准操作规程"进行烘瓶操作，每箱灭菌13~15分钟，灭菌温度为（180±5）℃，达到时间后，按动传送链开关，将烘箱内安瓿传递给灌封工序灌封岗位操作工。

e.理瓶盘送回理瓶间。

3. 结束过程 洗烘瓶结束，关闭各生产设备。将灭菌好的安瓿通过层流罩送至灌封区，按"清场标准操作规程"要求进行清场，清理工作场地和工作台的碎玻璃等废弃物，对生产设备清理除去玻璃屑,进行清洗消毒。做好房间、设备、容器等清洁记录。清场完毕,填写清场记录。上报 QA 检查,合格后,发清场合格证,挂"已清场"标识。

4. 异常情况处理 生产过程中若发现异常情况,应及时向 QA 人员和工艺员报告,并记录。如确定为偏差,应立即填写偏差通知单,如实反映与偏差相关的情况。

5. 注意事项 按正常秩序进行粗洗和精洗,整个过程做到轻拿轻放,避免和减少破损。灭菌好的空安瓿存放时间不宜超过 24 小时。超过 24 小时不得再送灌封间使用,必须重洗。

(二)洗烘瓶岗位中间品的质量检验

洗烘瓶岗位中间品的质量检验项目见表 4-10。

表 4-10 洗烘瓶岗位中间品的质量检验项目

检验项目	检验标准	检验方法		
		检查人	次数	方法
水质	取样 100ml,小白点应小于 3 粒,大白块、纤维不允许存在	小组质量员	每次淋瓶前检查	灯检
	检查 pH 和 Cl⁻	车间质量员	每日 1~2 次	工艺用水标准
灌水量	每盘每只均应灌满	自查	随时	每次不少于 2 盘
	安瓿口下,无水部分超过 1cm 者:2ml 以下每盘小于 10 支,5ml 每盘小于 5 支;10ml 以上每盘小于 2 支,否则须重淋	小组质量员	每日 4 次	同上
		车间质量员	每日 2 次	同上
清洁度	不得有白渍	同上	随时	随时剔除补充
甩水	不得有明显剩水	同上	随时	同上
烘瓶	烘干、不得有湿瓶	灌封组	随时	同上

(三)洗烘瓶工序工艺验证

1. 验证目的 洗烘瓶工序工艺验证主要针对洗烘瓶效果进行考察,评价洗烘瓶工艺稳定性。

2. 验证项目和标准

(1)测试程序:按 SOP 进行批量生产,每批洗瓶数按计划产量减去管道残留量折合数的 102% 备瓶,试生产 3 批。记录压力,瓶子取样检查外观、可见异物、无菌,洗瓶破损率,洗瓶水水质。

(2)合格标准:破损率、可见异物、水质等均符合规定。

(四)洗烘瓶设备的日常维护与保养

1. 超声波洗瓶机的日常维护与保养 机器必须在自动状态下开车,不得用工具强行开车。调整机器时应用专用工具,严禁强行拆卸及猛力敲打零部件。定期检查、紧固松动的连接件。检查分瓶架与进瓶通道的相对位置。加热器、超声波发生器禁止在无水时启动。按说明书对机器进行定期加油润滑。机器必须每天清洗,放尽水槽中的水,清除玻璃渣,检查、清除堵塞的喷嘴。

2. 干热灭菌箱的日常维护与保养 箱体根据可靠保护必须接地或接零。禁止将带腐蚀性液体的物品放入烘箱内烘干,防止腐蚀设备,严禁烘烤易燃易爆物品。每年对设备进行一次全面检修。设备在使用前,严格按标准操作规程操作。设备使用后,要清除烘箱内的残余物,擦净烘箱内外表面。

任务三 灌封

能力目标

1. 能根据批生产指令进行灌封岗位操作。
2. 会按照安瓿拉丝灌封机操作规程进行设备操作。
3. 能对灌封中间产品进行质量检验。
4. 会进行灌封岗位工艺验证。

领取任务

按批生产指令采用拉丝灌封机将药液灌注至安瓿内,并进行拉丝封口操作。已完成设备验证,进行灌封工艺验证。工作完成后,对设备进行维护与保养。

根据产品是否耐热,注射剂可采用最终灭菌工艺或非最终灭菌工艺,而灌装工艺即可分为最终灭菌产品的灌装和非最终灭菌产品的灌装。最终灭菌产品一般为大容量注射剂和小容量注射剂,非最终灭菌产品一般是小容量注射剂、冻干粉针和无菌粉针。最终均应达到无菌。以下主要介绍最终灭菌产品的灌装,非最终灭菌产品的灌装详见实训情境六。

最终灭菌产品的灌装可在 C 级(或 C 级背景下局部 A 级)洁净区内进行。灌装管道、针头等在使用前经注射用水洗净并湿热灭菌,必要时应干热灭菌。应选用不脱落微粒的软管,如硅胶管。盛药液的容器应密闭,置换进入的气体宜经过滤。充氮气、二氧化碳等惰性气体时,注意气体压力的变化,保证充填足量的惰性气体。灌装过程中应随时检查容器密封性、玻璃安瓿的性状和焦头等。灌封后应及时抽取少量半成品,用于可见异物、装量、封口等质量状况的检查。该岗位质量控制要点在于:安瓿的清洁度、药液的颜色、药液装量、可见异物。验证工作要点是:药液灌装量、灌装速度、惰性气体的纯度、容器内充入惰性气体后的残氧量、灌装过程中最长时限的验证、灌封后产品密封的完整性、清洁灭菌效果的验证。

一、灌封设备

灌装设备容器接触面为不锈钢材质,并经抛光处理,避免对产品造成污染。设备必须适于将准确计量的产品灌装入容器中,确保装量准确。产品和容器接触部位能承受反复清洗和灭菌。活动部件包在外罩内,避免暴露在无菌环境中。和药品接触部件尽量减少润滑油的使用,如须用润滑剂也应进行灭菌处理。

灌装系统视容器灌装量和药液的性质而定,还要考虑药液黏度、密度和固体物质的含量(混悬型注射剂)。这些参数会影响管路、泵组以及灌装针头内的流速,影响每一个容器的灌装时间。

灌装系统各组件介绍如下。

(1)储液罐:用于储存药液,根据工艺需要保持一定的温度,可增加在常压(或洁净氮气)下通过除菌过滤器,将药液传输至灌装机的缓冲容器内。

(2)缓冲容器:不锈钢或玻璃材质,保证药液在容器中的最高水平位置和最低水平位置。调节缓冲容器的液位高度,可改变泵的吸入压力,保证装量精度。

(3)药液分配器:仅当储液罐的药液水平低于泵内药液量时,需设置药液分配器。用于从缓冲容器中吸取药液,灌入泵内。

(4)阀门:活塞运动时药液有两条通道——吸入通道和排放通道。阀门的作用就是决定药液流经哪一通道。在每个周期内,活塞缩回,使药液从缓冲容器或药液分配器内经吸入流道进入泵体,活塞缩回升至最高点时,吸入通道关闭,排放通道打开,泵体推进活塞时,在泵体内的药液经排放通道流向灌装针头。活塞到最低点时,排放通道关闭,吸入通道再次开启。

(5)活塞剂量泵:材质可以是不锈钢、陶瓷、玻璃或带密封的合成品,视装量体积和长期稳定性而定。用于汲取一定量的药液,再在阀门打开后通过排放通道排出药液。

(6)灌装针头:根据所需灌装药液的黏度、泡沫特性、流速和表面张力,以及待灌药瓶的开口,选择不同直径的灌装用针头。通常灌装管直径为2~10mm。当针头插入容器后,药液在泵活塞的压力作用下被灌装入容器内。注意避免药液在容器内产生涡流,避免发泡。

(7)连接线或管:用于传输药液,如在清洗时需拆卸或部分拆卸时,必须使用软管作为连接管线。此时要求软管在压力下的体积变化维持最小(即应有最小的"呼吸"效应)。

另有采用时间-压力灌装系统进行灌装的设备,要求准确、快速测量,并根据流动的药液计算出截流的开启时间段。

安瓿拉丝灌封机(图4-13)适用于制药、化工行业对安瓿瓶灌装液进行灌装、密闭、封口。该设备采用活塞计量泵定量灌装,遇缺瓶能自动停止灌液。燃气可使用煤气、液化天然气、液化石油气。

图4-13　安瓿拉丝灌封机

药厂常采用安瓿洗灌封联动机,是将安瓿洗涤、烘干灭菌及药液灌封三个步骤联合起来的生产线。联动机由安瓿超声波清洗机、安瓿隧道灭菌箱和多针安瓿拉丝灌封机三部分组成,其主要特点是生产全过程在密闭或层流条件工作,采用先进的电子技术和微机控制,实现机电一体化,使整个生产过程达到自动平衡、监控保护、自动控温、自动记录、自动报警和故障显示,减轻了劳动强度,减少了操作人员,但对操作人员的管理知识和操作水平要求相应提高,维修不易。

采用热塑性材料包装时也可采用吹灌封系统,用于眼用制剂、呼吸系统用药等,可缩短暴露于环境的时间,降低污染风险。

二、灌封岗位操作

进岗前按进入C级洁净区要求进行着装,进岗后做好厂房、设备清洁卫生,并做好生产前工作。

灌封

(一)灌封岗位标准操作规程

1. 设备安装配件、检查及试运行

(1)消毒安瓿经过的部件:进瓶斗、出瓶斗、齿板及外壁;手部消毒后,安装玻璃灌注系统。

(2)安装完毕,用注射用水冲洗灌注系统;手轮摇动灌封机,检查其运转是否正常。

2. 生产过程

(1)接收安瓿:戴上隔温手套,避免污染手套,搬运安瓿周转盘。

(2)挑选安瓿:用镊子夹选2支瓶,翻转180°,瓶口朝下,观察瓶内壁有无水珠。未烘干的瓶子应送至洗烘瓶岗位重新灭菌。逐支检查有无破损,如有破损,放入废料桶内。

(3)接收药液:核对数量、品名、规格,确认无误后,由稀配岗位操作人员过滤。

(4)送空安瓿:将周转盘内的安瓿送入进瓶斗中,撤下挡板,挂在进瓶斗上,破损的安瓿用镊子夹出,放于废料桶中。轻轻上提周转盘,撤下周转盘。

(5)点燃喷枪:调整喷嘴位置,开启燃气和助燃气阀门,点燃火焰喷枪,微调旋钮,调节火焰强度。

(6)排管道:将灌封机灌液管进料口端管口与高位槽底部放料口端管口连接好,打开高位槽放料阀,使药液流到灌液管中,排灌液管中药液并回收,尾料不超过500ml,装入尾料桶中。

(7)调装量:打开输送带开关,试灌装10支,关闭输送带,调节喷嘴位置。取灌装好的安瓿,用注射器抽取检查装量。

(8)正式熔封:打开输送带开关,调节助燃气微调旋钮,使封口完好。直至问题减少(如剂量不准确,封口不严,出现鼓泡、瘪头、焦头),开始灌封。随时向进瓶斗中加安瓿,检查灌封装量和熔封效果,取出装量和熔封不合格的安瓿。如发生炸瓶,溅出的药液应及时用擦布擦干净,停机对炸瓶附近的安瓿进行检查。

(9)接料:取安瓿周转盘,放在灌封机出瓶斗上,用两块切板挡住灌封机出瓶轨道的安瓿,将安瓿送入安瓿周转盘。当盘内排满时,取出一切板,隔开盘内产品和出瓶轨道内产品。将另一切板取出,接第一切板切入地方重新切入,靠近盘内产品侧,取出周转盘,挡上挡板,检查是否有焦头现象,剔除熔封不合格产品。将合格产品放入传递窗,由灭菌操作工接收。灌封好的安瓿放在专用的不锈钢盘中,每盘应标明品名、规格、批号、灌装机号及灌装工号的标识牌,通过指定的传递窗送至安瓿灭菌岗位。

3. 结束过程 灌封结束,通知配料岗位关闭药液阀门,通知燃气供应岗位停气,剩余空安瓿退回洗烘岗位。本批生产结束应对灌封机进行清洁与消毒。拆下针头、管道、活塞等输液设施,清洁、消毒后装入专用的已消毒容器。生产结束后,按"清场标准操作规程"要求进行清场,做好房间、设备、容器等清洁记录。按要求完成记录填写。清场完毕,填写清场记录。上报 QA 人员检查,合格后,发清场合格证,挂"已清场"标识。

4. 异常情况处理 生产过程中若发现异常情况,应及时向 QA 人员和工艺员报告,并记录。如确定为偏差,应立即填写偏差通知单,如实反映与偏差相关的情况。封口过程中,要随时注意封口质量,及时剔除焦头、漏头、泡头等次品,发生轧瓶应立即停车处理。灌封过程中发现药液流速减慢,应立即停车,并通知配液岗位调节处理。随时检查容量,发现过多或过少,应立即停车,及时调整灌装量。灌封过程中容易出现的问题及解决办法见表 4-11。

表 4-11 灌装容易出现的问题及解决办法

现象	可能原因	解决办法
安瓿瓶颈沾有药液	灌装针头定位不正确	检查灌装针头定位
	灌装针头弯曲	矫正灌装针头
安瓿内药液表面产生泡沫	泵的灌装压力过高	降低设备速度
	灌装针头横截面太小	选择大横截面
	药液灌装针头高度太高	降低灌装针头插入深度
	灌装针头太接近安瓿底部	抬升灌装针头高度
灌装针头漏液	泵的回吸作用太小	改变回吸作用的控制
	灌装针头的压力管太长	缩短软管长度,必要时采用硬管

(二)灌封岗位中间品的质量检验

灌封岗位中间品质量检验是保证注射剂质量好坏至关重要的一步。灌封合格率的高低将影响整个注射剂的生产。因此在灌封过程中,要求灌封人员时刻注意灌封质量,同时要求质量员随时检查每台灌封机的产品质量。若在此工序出了质量问题,将会大大影响成本,因为药液已经注入安瓿并封口,需打破安瓿取药液进行回收,这将大大浪费药液、安瓿,以及大量的人力。因此应严格控制其质量,一旦发现有不符合要求的情况,立即停机检查原因,解决后方可继续生产。灌封岗位中间品检验项目见表 4-12。

表 4-12 灌封岗位中间品检验项目

检验项目	检验标准		检验方法		
			检查人	次数	方法
灌装容量	易流液 1ml(1.05~1.08ml) 2ml(2.06~2.12ml) 5ml(5.15~5.20ml)	黏稠液 1ml(1.08~1.1ml) 2ml(2.10~2.15ml) 5ml(5.30~5.40ml)	自查 车间质量员	随时 每日 2 次	用标准安瓿、用干注射器及量筒抽取,计量
封口质量	泡头、漏头、冷爆、焦头、空瓶 每 100 支不得超过 1 支		自查 车间质量员	随时 每日 1 次	每机不少于 2 盘,每盘不少于 200 支

检验项目	检验标准	检验方法		
		检查人	次数	方法
机头澄明度	不得有可见的白块、异物。抽取100支允许有2个白点	配料工	灌封前逐台检查	灯检
标记	标明品名、批号、工号、盘号，不得有遗漏	灭菌工	灭菌前逐盘检查	目测

（三）灌封工序工艺验证

1. 验证目的　灌封工序工艺验证主要针对灌封效果进行考察，评价灌封工艺稳定性。

2. 验证项目和标准

（1）测试程序：从配液系统接收符合中间产品质量标准的药液，经可见异物检查合格后，从洗瓶机组接收符合洁净度要求的安瓿瓶，从终端开始过滤除菌到灌装灌封结束在6小时内无菌合格。每30分钟取样测定装量。

（2）合格标准

1）目检：可见异物<1个/支。

2）装量：在 ±2% 范围内。

3）无菌：符合规定。

4）收率：87.0% ≤ 限度 ≤ 100.0%。

（四）灌封设备的日常维护与保养

每次开车前用手轮转动机器，观察是否有异常现象，确定正常后方可开车。调整机器时，工具使用适当，严禁用过大的工具或用力过猛来拆卸零件，避免损坏机件或影响机器性能。每当机器调整后，要将松过的螺丝紧固，再用手轮转动观察各工位动作是否协调，方可开车。燃气头应经常通过火力大小来判断是否良好，因燃气头的小孔使用一段时间后，容易被积炭堵塞或小孔变形而影响火力。机器必须保持清洁，严禁机器上有油污、药液或玻璃碎屑，以免造成机器损蚀，故必须注意：机器在生产过程中，及时清除药液或玻璃碎屑。交班前将机器各部件清洁一次，对机器表面运动部位进行润滑。每周应大擦洗一次，特别是将平常使用中不容易清洁的地方擦净，或用压缩空气吹净。经常检查机器气源接口是否有松动，皮管是否有破损。如有松动应紧固，如有破损皮管应更换。

任务四　灭菌检漏

能力目标

1. 能根据批生产指令进行灭菌检漏岗位操作。

2. 能描述灭菌检漏岗位的生产工艺操作要点及其质量控制要点。

3. 会按照灭菌检漏操作规程进行设备操作。

4. 能对灭菌检漏中间产品进行质量检验。

5. 会进行灭菌检漏岗位工艺验证。

6. 会对灭菌检漏设备进行清洁、保养。

领取任务

按批生产指令采用灭菌器进行灭菌检漏操作。已完成设备验证,进行灭菌检漏工艺验证。工作完成后,对设备进行维护与保养。

制剂产品的灭菌方法根据产品性质进行选择。无菌制剂应在灌装到最终容器内采取可靠的灭菌手段进行最终灭菌。如产品处方对热不稳定,不能进行最终灭菌时,应考虑除菌过滤和无菌生产。如采用法规外的方法进行灭菌,要求灭菌保证水平(sterility assurance level,SAL)达到官方认可($\leq 10^{-6}$),可作为替代的灭菌方法。

最终灭菌产品和非最终灭菌产品的区别主要在于生产过程中是否采用了可靠的灭菌措施。

一、灭菌检漏设备

湿热灭菌设备根据方法的不同可分为脉动真空灭菌器(预真空灭菌器)、蒸汽 - 空气混合物灭菌器和过热水灭菌器等。

1. 脉动真空灭菌器 采用饱和蒸汽灭菌,灭菌阶段开始前通过真空泵或其他系统将空气抽走,再通入蒸汽进行灭菌。此类灭菌器设有真空系统和空气过滤系统,灭菌程序自动控制完成,具有灭菌周期短、效率高等特点。可用于空气难以去除的多孔、坚硬物品的灭菌,如软管、过滤器、灌装机部件等。对物品包装、放置位置等无特殊要求。

2. 混合蒸汽 - 空气灭菌器 当蒸汽进入灭菌柜时,风机将蒸汽和灭菌器内的空气混合并循环,将产品和空气同时灭菌。灭菌后,可采用灭菌器夹套或盘管上通入冷却水,保持空气循环冷却,或直接在产品上方喷淋冷却水使其降温。此类灭菌器热传递效率较低。

3. 过热水灭菌器 产品固定在托盘上,灭菌水(至少是纯化水)进入灭菌腔内,通过换热器循环加热、蒸汽直接加热等方式对灭菌水加热、喷淋灭菌。还可通入无菌空气、加热循环、除水等工艺进行干燥。此类灭菌器采用空气加压,保持产品的安全和所需的压力,同时便于控制加热和冷却的速率,通常适用于瓶装或袋装液体制剂的灭菌。

二、灭菌检漏岗位操作

ER 4-3-4

灭菌检漏

进岗前按进入 D 级洁净区要求进行着装,进岗后做好厂房、设备清洁卫生,并做好生产前工作。

(一)灭菌岗位标准操作规程

1. 生产过程 从传递窗接收从灌封岗位传递过来的中间品,核对品名、批号、规格、数量,确认无误后将中间品装入灭菌车，移至待灭菌区。打开灭菌柜电源，开启灭菌柜后门。将灭菌车推入灭菌柜，推车应扶手把，使轨道对准，再将灭菌车与灭菌柜挂钩，扣紧再放松挂钩，将灭菌车缓缓推入灭菌柜内，进柜必须有两人以上操作。关上灭菌柜后门，压缩空气密封圈密封后门。根据品种灭菌条件，设定灭菌温度和灭菌时间。

开启灭菌柜，灭菌根据设定的温度、时间、真空度等各参数自动灭菌、检漏、清洁、干燥。详细记录进柜加热、开温、保温、出柜等时间与相应的温度。待自动冷却至压力降至零时方可打开灭菌柜前门，将灭菌车空架推向灭菌柜。对准轨道将灭菌车与灭菌柜挂钩扣紧，从灭菌柜内缓缓拉出已灭菌产品至车架上，再将灭菌车挂钩扣紧，出柜必须有两人以上操作。在灭菌车上悬挂标识牌，移至已灭菌区内。灭菌空车从灭菌器后门送入灭菌器，再由前门回到灭菌区。

2. 结束过程 灭菌检漏结束，清扫灭菌柜内残留的安瓿，将安瓿并入灭菌车上的不锈钢盘内，用饮用水冲洗灭菌柜，关上灭菌柜前门，关闭灭菌柜电源，关闭蒸汽阀、泵水阀、压缩空气阀和纯化水阀。

生产结束后，按"清场标准操作规程"要求进行清场，做好房间、设备、容器等清洁记录。

按要求完成记录填写。清场完毕，填写清场记录。上报 QA 人员检查，合格后，发清场合格证，挂"已清场"标识牌。

3. 异常情况处理 当设备出现故障或停电时，若需开门，必须在确认内室压力为零时，用随设备配置的棘轮扳手旋转手动杆，将门升起，然后打开门。生产过程中若发现异常情况，应及时向质量监控员和工艺员报告，并记录。如确定为偏差，应立即填写偏差通知单，如实反映与偏差相关的情况。在使用过程中，应警惕出现的每一件不正常的事情，如管路漏气漏水、压缩气泄漏、程序异常等等。开关门过程中，应密切注意门的升降情况，如有异常，立即取消操作，查看故障原因并排除。

（二）灭菌检漏岗位中间品的质量检验

灭菌检漏岗位中间品的质量检验项目见表 4-13。

表 4-13 灭菌检漏岗位中间品的质量检验项目

检验项目	检验标准	检验方法		
		检查人	次数	方法
温度	应控制并记录每锅升温及保温时间、温度；每锅至少放 2 支温度测定电偶并记录	自查车间质量员	随时抽查	检查记录纸
		化验室	每锅 1 次	无菌检查
烘房	温度不得超过 50℃。瓶子必须干燥，特殊品种按规定执行	自查车间质量员	随时	检查记录纸
空盘	不得有锈迹、纸屑及附着污物，逐支清洗干净	自查	随时	
检漏	漏检真空不得低于 0.08MPa，漏头必须挑出，并记录机号，及时通知灌封工	自查	随时	剔除
外壁清洁率	瓶子必须充分淋洗，烘干后不得有明显色液	车间质量员	抽查	

(三）灭菌检漏工序工艺验证

1. 验证目的 灭菌检漏工序工艺验证主要针对灭菌检漏效果进行考察,评价工艺稳定性。

2. 验证项目和标准

(1)测试程序:按 SOP 操作,记录灭菌检漏情况,统计 3 批中间产品检测项目数据。

(2)合格标准:应符合规定。

(四）灭菌检漏设备的日常维护与保养

灭菌器的维护与保养:关门时,用力不要过猛,以免撞坏门开关。每隔半年左右时间,应打开门罩,给链轮、链条、丝杠等处加润滑油。每日用一块软布或一块纱布擦净门的密封圈。每周应清洗灭菌室内壁,除去水垢,擦净外罩,检查安全阀。每年一次检查、紧固接头盒,检测通断状态;每年一次检查传动丝杆磨损情况,并涂适量润滑油。

任务五 灯检

能力目标

1. 能根据批生产指令进行灯检岗位操作。

2. 会按照灯检仪操作规程进行设备操作。

3. 能对中间产品进行质量检验。

领取任务

按批生产指令采用灯检法进行灯检操作。已完成设备验证,进行灯检工艺验证。工作完成后,对设备进行维护与保养。

注射剂中在目视下可观测到的不溶性物质,称为可见异物,粒径或长度通常大于 50μm。存在的微粒注入人体会产生危害,因此注射剂在出厂前应采用适宜的方法逐一检查并剔除不合格品。

现行版《中国药典》规定可见异物检查法有灯检法和光散射法两种。一般采用灯检法,也可采用光散射法。现有一种全自动灯检仪,利用机器视觉原理对可见异物进行识别检测,被检测产品在高速旋转时被制动静止,工业相机连续拍照获取多幅图像,经过计算机系统分析比较,判断被检测产品是否合格,并自动区分合格品与不合格品。

一、灯检设备

设备:YB-Ⅱ型澄明度检测仪。

本设备的光源由专用三基色荧光灯、电子镇流器和遮光装置组成,可消除频闪,照度指标、黑色背景及检测用白板均符合现行版《中国药典》的规定。照度可调,数字式读数直观。检测时间任意设定,并有声光提示。

技术指标:照度范围为 1 000~4 000lx;时限范围为 1~79 秒,任意设定;荧光灯灯管功率为 20W (专用荧光灯)。

二、灯检岗位操作

操作人员按进出一般生产区更衣规程进入操作间。进岗后做好厂房、设备清洁卫生,并做好操作前的一切准备工作。

(一)灯检岗位标准操作规程

1. 生产过程　与灭菌人员交接灯检产品,核对品名、规格、数量。打开灯检台照明电源,检查照度是否符合规定。照度应符合现行版《中国药典》规定,小容量无色澄清溶液,照度为 1 000~1 500lx。按照现行版《中国药典》四部通则"可见异物检查法"逐瓶目检,剔除残次品,力争"正品中无废品,废品中无正品"。手持待检品瓶颈部于遮光板边缘处,轻轻旋转和翻转容器,使药液中可能存在的可见异物悬浮(注意不使药液产生气泡),在明视距离(指供试品至人眼的清晰观察距离通常为 25cm),分别在黑色和白色背景下,用目视法挑出有可见异物的检品。灯检员检出不合格品后,应分类放入专用瓶盘中。

灯检

不合格品分类方式如下。

(1)可回收不合格品:检出玻屑、白块、纤维、焦头、容量差异等。

(2)不可回收不合格品:检出裂丝、空瓶、漏头、混浊、色素瓶等。

两类不合格品应严格分开。

可回收不合格品放于"药液回收"瓶盘中,不可回收不合格品放于"报废品"瓶盘中,并分别做好相应状态标记。

2. 结束过程

(1)灯检结束后,每盘成品应标明品名、规格、批号、灯检工号,移交印字包装岗位。

(2)生产结束后,按"清场标准操作规程"要求进行清场,做好房间、设备、容器等清洁记录。

(3)按要求完成记录填写。清场完毕,填写清场记录。上报 QA 人员检查,合格后,发清场合格证,挂"已清场"标识牌。

3. 注意事项　在同一灯检间内不得同时灯检不同品种同规格、同色泽的产品或同品种不同规格的产品。

(二)灯检岗位中间品的质量检验

灯检岗位中间品的质量检验项目见表 4-14。

表 4-14　灯检岗位中间品的质量检验项目

检验项目	检验标准	检验方法		
		检查人	次数	方法
漏检	灯检合格品中,玻屑、白块、超过限量的白点等异物的漏检率不得超过 1.5%(否则重新灯检),不得有异常的色泽加深及容量明显不足等	班组检查员	每盘抽查	1~2ml 每盘抽检 100 支;5~20ml 每盘抽检 25 支
		车间质量员	抽查	
灯检速度	1~2ml:3s/支;5ml:4s/支;10ml:5s/支;20ml:7s/支	车间质量员	抽查	

(三) 灯检工序工艺验证

1. 验证目的　灯检工序工艺验证主要针对灯检效果进行考察,评价灯检工艺稳定性。

2. 验证项目和标准

(1)测试程序:按照 SOP 操作。目检产品的可见异物,记录不合格产品数量。

(2)合格标准:97.0% ≤ 收率限度 ≤ 100.0%。

(四) 灯检设备的日常维护与保养

仪器勿置于潮湿、风吹日晒、雨淋之处。使用仪器前,请先检查电源软线与插头,清理灯箱内壁必须使用毛刷。仪器及环境应时常保持清洁。每月进行一次仪器的维护检查,并填写维护记录。灯管不亮时,应检查电源开关、保险管是否损坏。灯管启动不亮,应检查灯管、电子镇流器是否损坏。

点滴积累

1. 注射剂灯检出的不合格品分为可回收不合格品和不可回收不合格品,两种不合格品应严格区分放置。
2. 灯检岗位中间品的质量检验项目包括漏检和灯检速度。

ER 4-3-6

项目三
复习导图

目标检测

1. 清洗时出现破瓶较多的原因有哪些? 怎样排除?

2. 灌装出现不合格现象有哪些,原因是什么?

3. 灌封岗位属于哪一个洁净区?

项目四　注射剂的质量检验

ER 4-4-1

项目四
教学课件

学习目标

1. **掌握**　注射剂质量检验项目及要点。
2. **熟悉**　不同注射剂种类的质量要求。
3. **了解**　注射剂质量检验设备原理。

导学情景

情景描述

　　某药业公司涉嫌生产劣药,被上海市药品监督管理局下达行政处罚决定书。行政处罚决定书显示,该药业公司生产的利巴韦林注射液(批号:2110704)经检验〔检查〕项下可见异物项不符合《中国药典》(2020年版)二部的规定,被处以140万元罚款,并没收违法所得。请思考:如何对注射液进行质量检验?

学前导语

　　注射剂应进行以下检查:装量、可见异物、无菌,静脉用注射剂还应检查细菌内毒素,溶液型静脉用注射剂应检查不溶性微粒。

任务　氯化钠注射剂的质量检验

能力目标

1. 能根据SOP进行注射剂的质量检验。
2. 能描述注射剂的质量检验项目和操作要点。

领取任务

进行氯化钠注射剂的质量检验。

一、注射剂质量检验设备

　　1. 不溶性微粒测定仪　不溶性微粒检测可采用光阻法和显微计数法。除另有规定外,测定一般采用光阻法,当光阻法不符合规定或样品不适于采用光阻法测定时,采用显微计数法测定。光阻法微粒测定仪包括取样器、传感器和数据处理器,可设定样品进样体积,根据样品的黏稠度设定进样速度,设定旋桨式无摩擦搅拌器的转速,保证不同形状、体积的样品容器中微粒分布的均匀性,见图 4-14。

2. pH 测定仪 现行版《中国药典》规定水溶液 pH 应以玻璃电极为指示电极、饱和甘汞电极为参比电极的酸度计进行测定。

3. 渗透压摩尔浓度测定仪 渗透压摩尔浓度测定仪是通过测量溶液的冰点下降来间接测定溶液的渗透压摩尔浓度,一般由一个供试溶液测定试管、带有温度调节器的冷却装置和一对热敏电阻组成,见图 4-15。测定时将探头浸入试管的溶液中心,并降至冷却部分,同时启动冷却装置,使溶液结冰,再将测得的温度转换为电信号并显示测量值。

图 4-14　微粒测定仪

图 4-15　渗透压摩尔浓度测定仪

二、氯化钠注射剂质量检验过程

(一)氯化钠注射剂质量标准

1. 成品质量标准 成品质量标准检验项目见表 4-15。

表 4-15　成品质量标准检验项目

检验项目	标准	
	法规标准	稳定性标准
性状	无色澄明液体	无色澄明液体
鉴别	钠盐和氯化物的鉴别反应	
NaCl 含量 /(g/ml)	0.850%~0.950%	0.850%~0.950%
pH	4.5~7.0	4.5~7.0
重金属	<0.3ppm	<0.3ppm
渗透压摩尔浓度 /（mOsmol/kg）	260~320	260~320

检验项目	标准	
	法规标准	稳定性标准
细菌内毒素	0.50EU/ml	0.50EU/ml
无菌	符合规定	符合规定
不溶性微粒	含 10μm 及以上的微粒不超过 6 000 粒,含 25μm 及以上的微粒不超过 600 粒	含 10μm 及以上的微粒不超过 6 000 粒,含 25μm 及以上的微粒不超过 600 粒

2. 中间品质量标准　中间品质量标准检验项目见表 4-16。

表 4-16　中间品质量标准检验项目

中间品名称	检验项目	标准
配液中间品	含量	0.850%~0.950%
	pH	4.5~7.0
	可见异物	符合规定
灌封中间品	装量	不得少于标示量
	封口质量	符合规定

3. 贮存条件和有效期规定　贮存条件:密闭保存;有效期:24 个月。

（二）氯化钠注射剂检验规程

1. 性状　目测。

2. 鉴别　取铂丝,用盐酸浸润后,蘸取供试品,在无色火焰中燃烧,火焰显鲜黄色。

3. pH 测定

（1）开机:按下"ON/OFF"键,仪器自动进入 pH 测量工作状态。

（2）等电位点的选择:仪器处于任何状态下,按下"等电位点"键,仪器即进入"等电位点"选择工作状态。仪器设有 3 个等电位点,一般水溶液的 pH 测定选用等电位点 7.0。

（3）电极的标定:电极标定可采用一点标定法或两点标定法,为提高 pH 的测量精度,一般采用两点标定法,即选用两种 pH 标准缓冲溶液对电极系统进行标定,测得 pH 复合电极的实际百分理论斜率和定位值操作步骤如下。

1）将 pH 复合电极和温度传感器分别插入仪器的测量电极插座和温度传感器插座内,并将该电极用蒸馏水清洗干净,放入 pH 标准缓冲溶液中。在规定的 5 种 pH 标准缓冲溶液中选择 1 种和被测溶液 pH 相近的 pH 标准缓冲溶液进行标定。

2）在仪器处于任何工作状态下,按"校准"键,仪器即进入"标定 1"工作状态,此时,仪器显示"标定 1"以及当前测的 pH 和温度。

3）当显示屏上的 pH 读数趋于稳定后,按"确认"键,仪器显示"标定 1 结束!"以及 pH 和斜率值,说明仪器已完成一点标定。此时,pH、mV、校准和等电位点键均有效。如按下其中某一键,则仪器进入相应的工作状态。

4）在完成一点标定后,将电极取出重新用蒸馏水清洗干净,放入其余 4 种 pH 标准缓冲溶液中的 1 种。

5）再按"校准键",使仪器进入"标定 2"工作状态,仪器显示"标定 2"以及当前的 pH 和温度。

6)当显示屏上的 pH 读数趋于稳定后,按下"确认"键,仪器显示"标定 2 结束!"以及 pH 和斜率值,说明仪器已完成两点标定。

(4)pH 测定:标定结束后,按下"pH"键进入 pH 测定状态,读取 pH 数值。

4. 重金属检查 ①供试品溶液的配制:取本品 50ml,蒸发至 20ml,放冷,加醋酸盐缓冲液(pH 3.5)2ml 与水适量使成 25ml。②重金属检查法第一法进行检测:取 25ml 纳氏比色管 3 支,甲管中加标准铅溶液一定量与醋酸盐缓冲液(pH 3.5)2ml 后,加水稀释成 25ml;乙管中加入供试品溶液 25ml;丙管中加入 0.45g 氯化钠,加配制水适量使溶解,再加与甲管相同量的标准铅溶液与醋酸盐缓冲液(pH 3.5)2ml 后,再用溶剂稀释成 25ml;再在甲、乙、丙 3 管中分别加硫代乙酰胺试液各 2ml,摇匀,放置 2 分钟,同置白纸上,自上向下透视,当丙管中显出的颜色不浅于甲管时,乙管中显示的颜色与甲管比较,不得更深。

5. 渗透压摩尔浓度 标准溶液的配制:取基准氯化钠试剂于 500~650℃干燥 40~50 分钟,置干燥器中放冷至室温,分别精密称取 6.260g、12.684g,溶于 1kg 水中,摇匀,即得。取适量新沸放冷的水调节仪器零点。取 2 个标准溶液进行仪器校正。测定药液渗透压摩尔浓度,渗透压摩尔浓度应为 260~320mOsmol/kg。

6. 细菌内毒素 取本品,采用凝胶法或光度测定法按现行版《中国药典》四部通则 1143 "细菌内毒素检查法"进行细菌内毒素的测定,每 1ml 中含内毒素的量应小于 0.50EU。

7. 无菌 薄膜过滤法,以金黄色葡萄球菌为阳性对照菌,按现行版《中国药典》四部通则 1101 "无菌检查法"进行检查,应符合规定。

8. 含量测定 精密量取本品 10ml,加水 40ml、2% 糊精溶液 5ml、2.5% 硼砂溶液 2ml 与荧光黄指示液 5~8 滴,用硝酸银滴定液(0.1mol/L)滴定。每 1ml 硝酸银滴定液相当于 5.844mg 氯化钠。

9. 装量 取供试品 5 支,将内容物分别用相应体积干燥注射器及注射针头抽尽,然后注入经标化的量入式量筒内(量筒的大小应使待测体积至少占其额定体积的 40%),室温下检视。每支装量均不得少于其标示量。

10. 可见异物 按现行版《中国药典》四部通则 0904 "可见异物检查法"进行检查。

注射剂质量
检查

> **点滴积累**
>
> 氯化钠注射剂质量检查分为中间品质量检查和成品质量检查。中间品质量检查项目有配液中间品(含量、pH、可见异物)和灌封中间品(装量、封口质量)。成品质量检查项目包括性状、鉴别、NaCl 含量、pH、重金属、渗透压、细菌内毒素、无菌、不溶性微粒。

项目四
复习导图

目标检测

氯化钠注射液的检验项目有哪些?

项目五　小容量注射剂包装贮存

ER 4-5-1

项目五
教学课件

学习目标

1. **掌握**　印字包装岗位的生产工艺操作要点及其质量控制要点。
2. **熟悉**　印字包装中间产品的质量检验。
3. **了解**　印字包装岗位工艺验证。

导学情景

情景描述

　　X 医药股份有限公司销售的,由 A 药业股份有限公司(以下简称"A 药业")生产的"盐酸多巴酚丁胺注射液"(规格为 2ml:20mg×10 支/盒,批号为 20140141)经检验不合格,为劣药。经查,A 药业生产的药品药物本身并没有质量问题,真正出现问题的是注射液玻璃瓶。检查人员在玻璃瓶里发现了玻璃颗粒和碎屑,属于可见异物。可见,注射剂包装的质量也会影响注射剂的质量。

学前导语

　　灯检后的产品装入中转容器,对产品进行印字和包装。包装工序应重点关注标签平衡。产品的产量、不合格品数均应写入批记录中,计算产率后,由生产负责人完成产品的批生产记录。

任务一　小容量注射剂印字包装

能力目标

1. 能根据批生产指令进行印字包装岗位操作。
2. 会按照印字机操作规程进行设备操作。
3. 会对印字机进行清洁、保养。

领取任务

按批生产指令进行印字包装操作。已完成设备验证,进行印字包装工序工艺验证。工作完成后,对设备进行维护与保养。

一、印字包装设备

YZ 安瓿印字机是供安瓿的印字及进盒的常见设备。采用铜质字母插入调节，多行印字，自动上墨，光电计数，见图 4-16。

图 4-16　YZ 安瓿印字机

二、印字包装岗位操作

实训设备：YZ 安瓿印字机。

进岗前按进入一般生产区要求进行着装，进岗后做好厂房、设备清洁卫生，并做好操作前的一切准备工作。

（一）印字包装岗位标准操作规程

1. 生产过程

（1）领取待包装产品：与灯检人员交接印字包装产品，核对品名、规格、数量。

（2）领取包装材料：核对领入的包装材料（标签、纸盒、使用说明书、印板、纸箱等）品名、规格等与待印字包装的产品一致，并应有检验合格证书（单）。标签、使用说明书、纸箱由专管员按需领用、发放、及时记录，并做好物料平衡计算。

（3）安装好产品名称、规格印板和产品批号字模，经 QA 人员检查确认无误后，方可开机。

（4）安装好产品批号、生产日期、有效期字模，打印标签、使用说明书和纸箱，经 QA 人员检查核对确认无误后，方可使用。

（5）在标签、纸箱、合格证等上面应打印有批号、生产日期、有效期等，必须经 QA 人员核对确认无误后方可使用。要求内容正确、字迹清晰、位置准确。

(6) 开启印字机开始印字包装,注意随时检查,安瓿不得漏印,字迹应清晰;发现漏印、色素或其他不合格安瓿,须立即挑出;发现漏支须立即补足。保证药盒内不多支,不缺支,盖盒完整。

(7) 每盒放使用说明书 1 张,不多放,不漏放。盒上盖贴标签,位置须居中,无漏贴、翘角。

(8) 按工艺规程规定的数量扎捆,捆扎牢固,上下整齐,不缺盒,不多盒。防止空盒混入,堆放须整齐。

(9) 依次放入纸箱。全部装入后,封箱。

2. 生产结束　生产结束,关闭印字包装机电源。

本批生产结束应对所用的小盒、中盒、纸箱、标签、说明书等进行物料平衡计算,各物料的领用数、实用数、剩余数、残损数相吻合,否则必须查明原因,及时填写记录。

对印字机、包装台面及场地进行清洁、整理,及时填写印字包装原始记录及清场合格证。

按"清场标准操作规程"要求进行清场,做好房间、设备、容器等清洁记录。

生产过程中若发现异常情况,应及时向质量监控员和工艺员报告,并记录。如确定为偏差,应立即填写偏差通知单,如实反映与偏差相关的情况。

（二）印字包装岗位中间品的质量检验

印字包装岗位中间品的质量检验项目见表 4-17。

表 4-17　印字包装岗位中间品的质量检验项目

检验项目	检验标准	检验方法		
		检查人	次数	方法
盒子	不允许有坏盒子、霉变、不洁纸盒。盒子外观应挺括,隔挡整齐	自查 小组质量员 车间质量员 仓库保管员	随时 随时 抽查 进仓前检查	按实样及质量标准检查
印字质量	印字必须清楚、油墨均匀,不应有品名、规格、批号等错误,不得有白板、缺字	自查 小组质量员 车间质量员	随时 抽查 进仓前检查	
装盒	不应有下列缺陷:缺支、多支、空针、容量明显不足、色泽明显深浅、说明书短缺	自查 小组质量员 车间质量员	随时 抽查 进仓前检查	
贴盒	不应有漏贴、倒贴、错贴,批号及有效期必须清晰、准确	自查 小组质量员 车间质量员	随时 抽查 进仓前检查	
装箱	产品名称、规格、批号、有效期等内外相符,字迹清楚,每箱附有装箱单	自查 小组质量员 车间质量员	随时 抽查 进仓前检查	
打包	不得有缺盒,不应松动,封口严密	自查 小组质量员 车间质量员	随时 抽查 进仓前检查	

（三）印字包装工序工艺验证

1. 验证目的　印字包装工序工艺验证主要针对印字包装效果进行考察,评价印字包装工艺的稳定性。

2. 验证项目和标准

(1)测试程序：在包装生产过程中，按照包装质量的要求每隔 30 分钟进行一次检查，重点应注意检查异物和产品外观物理特性。评价成品外观质量是否符合标准要求。

(2)合格标准：在包装生产过程中无异常现象。

(四) 印字包装设备的日常维护与保养

1. 机器必须保持清洁，严禁机器上有油污、药液和玻璃碎屑，尤其是进瓶和印字部分。

2. 机器在生产过程中，应及时清除药液和玻璃碎屑。

3. 交接班前应将台面上各零件清洁一次，特别是要用丙酮等溶剂将沾有油墨的零件擦洗干净。

4. 每月大擦洗一次，将平常使用中不易清洁到的地方擦净。

5. 机器在工作前，应将下列部位滴加 20 号或 30 号的机械润滑油。

(1)进料斗后面的传动部位。

(2)主轴、推墨轮轴、进瓶推进连杆和海绵。

(3)主传动中链条、压轮、印字皮带压轮轴上的油孔。

6. 根据实际生产情况必须定期检查，及时更换易损件(印轮、印轮衬套、海绵)。

任务二　注射剂保管养护

能力目标

1. 能根据不同性质的注射剂进行合理保管养护。

2. 能根据不同容器的注射剂进行合理保管养护。

领取任务

请将注射剂成品存放于仓库中，进行合理的保管养护。

注射剂在储存期的保管养护，应根据药品的理化性质，并结合其溶液和包装容器的特点，综合加以考虑。

一、根据药品的性质考虑保管方法

(1)一般注射剂：一般应避光贮存，并按现行版《中国药典》规定的条件保管。

(2)遇光易变质的注射剂：如肾上腺素、盐酸氯丙嗪、对氨基水杨酸钠、复方奎宁、维生素等注射剂，在保管中要注意采取各种遮光措施，防紫外线照射。

(3)遇热易变质的注射剂：包括抗生素类注射剂、脏器制剂或酶类注射剂、生物制品等，在保管中除应按规定的温度条件贮存外,还要注意"先产先出,近期先出",在炎热季节加强检查。

(4)抗生素类注射剂:一般性质都较不稳定,遇热后促进分解,效价下降,故应置凉处避光保存,并注意"先产先出,近期先出"。如为胶塞铝盖小瓶包装的粉针剂,还应注意防潮,贮干燥处。

(5)脏器制剂或酶类注射剂:如垂体后叶注射液、催产素注射液、注射用玻璃酸酶、注射用辅酶A类,受温度的影响较大,主要是蛋白质的变性引起,光线亦可使其失去活性,因此一般均须在凉暗处遮光保存。有些对热特别不稳定,如三磷酸腺苷二钠、细胞色素C、胰岛素等注射剂,则应在2~10℃的冷暗处贮存。一般来说,本类注射液低温保存能增加其稳定性,但是不宜贮藏温度过低而使其冻结,否则也会因变性而降低效力。此外,对于胶塞铝盖小瓶装的粉针剂剂型,应注意防潮,贮于干燥处。

(6)生物制品:如精制破伤风抗毒素、精制白喉抗毒素、白蛋白、丙种球蛋白等,从化学成分上看,具蛋白质的性质,一般都怕热、怕光,有些还怕冻,保存条件直接影响到制品质量。一般温度愈高,保存时间愈短。最适宜的保存条件是2~10℃的干暗处。应注意,除冻干品外,一般不能在0℃以下保存,否则会因冻结而造成蛋白变性,融化后可能出现摇不散的絮状沉淀,致使不可供药用。

(7)钙、钠盐类注射剂:氯化钠、乳酸钠、枸橼酸钠、水杨酸钠、碘化钙、碳酸氢钠、氯化钙、溴化钙、葡萄糖酸钙等注射剂,久贮后药液能侵蚀玻璃,尤其是对于质量较差的安瓿玻璃,可能发生脱片及混浊(多量小白点)。这类注射剂在保管时要注意"先产先出",不宜久贮,并加强澄明度检查。

(8)中药注射剂:质量不稳定。主要由于含有一些不易除尽的杂质(如树脂、鞣质),或浓度过高,或所含成分(如醛、酚、苷类)性质不稳定,在贮存过程中可因条件的变化或发生氧化、水解、聚合等反应,逐渐出现混浊和沉淀。温度的改变(高温或低温)可以促使析出沉淀。因此,中药注射剂一般都应避光、避热、防冻保存,并注意"先产先出",久贮产品应加强澄明度检查。

二、结合溶媒和包装容器的特点考虑保管方法

(1)水溶液注射剂(包括水混悬型注射剂、乳浊型注射剂):这一类注射剂因以水为溶媒,故在低温下易冻结,冻结时体积膨胀,往往使容器破裂;少数注射剂受冻后即使容器没有破裂,也会发生质量变异,致使不可供药用。因此水溶液注射剂在冬季要注意防冻,库房温度一般应经常保持在0℃以上。浓度较大的注射剂冰点较低,如25%及50%葡萄糖,一般在零下11~13℃才能发生冻结,所以各地可根据暖库仓库、冬季库温情况适当调整贮存地点。

(2)大输液、代血浆:为大体积的水溶液注射剂,冬季除应注意防冻外,在贮运过程中切不可横卧、倒置。因盛装药液的玻璃瓶口是以玻璃纸或薄膜衬垫后塞以橡胶塞的(目前使用的橡胶塞其配方中含有硫、硫化物、氧化锌、碳化钙及其他辅料等),橡胶塞虽经反复处理,但由于玻璃纸和薄膜均为一半透膜,如横卧或倒置时,会使药液长时间与之接触,橡胶塞的一些杂质往往能透过薄膜而进入药液,形成小白点,贮存时间越长,澄明度变化越大(涤纶薄膜性能稳定,电解质不易透过)。玻璃纸本身也能被药液侵蚀后形成小白点,甚至有大的碎片脱落,影响药品的澄明度。此外,在贮存或搬运过程中,不可扭动、挤压或碰撞瓶塞,以免漏气,造成污染。又因输液瓶能被药液侵蚀,其表面

的硅酸盐在药液中可分解成偏硅酸盐沉淀,所以在保管中应分批号按出厂期先后次序,有条理地贮存和发出,尽快周转使用。

(3)油溶液注射剂(包括油混悬液注射剂):它们的溶媒是植物油,由于内含不饱和脂肪酸,遇日光、空气或贮存温度过高,会发生氧化酸败,颜色变深等现象。因此,油溶液注射剂一般都应避光、避热保存。油溶液注射剂在低温下有凝冻现象,但不会冻裂容器,解冻后仍能成澄明的油溶液或成均匀混悬液,因此可以不必防冻。在解冻过程中,油溶液出现轻微混浊,如天气转暖或稍加温即可熔化,这是解冻过程必有的现象,正如食用植物油冬季发生的现象一样,故对质量无影响。有时,油溶液注射剂凝冻温度也不一样,这是因为制造时所使用的植物油不同,它们凝固点的高低也不同,如花生油的凝固点为零下 5℃左右,而杏仁油的凝固点为零下 20℃左右。因此,在低温下用花生油作溶媒的注射剂先发生凝冻。

(4)使用其他溶媒的注射剂:这一类注射剂较少。常用的溶媒有乙醇、丙二醇、甘油或它们的混合溶液。因为乙醇、丙二醇和甘油的冰点较低,故冬季可以不必防冻。如洋地黄毒苷注射液系用乙醇(内含适量甘油)作溶媒,含乙醇量为 37%~53%,曾在室外零下 10~30℃的低温下冷冻 41 天亦未冻结。这类注射剂主要应根据药品本身性质进行保管。因洋地黄毒苷注射液见光或受热易分解失效,故应于凉处避光保存,并注意"先产先出,近期先出"。

(5)注射用粉针:目前有两种包装,一种为小瓶装,另一种为安瓿装。若为橡皮塞外轧铝盖再烫蜡,看起来很严密,但并不能完全保证不漏气,仍可能受潮,尤其在南方潮热地区更易发生吸潮变质,亦有时因运输贮存中的骤冷骤热,可使瓶内空气骤然膨胀或收缩,以致外界潮湿空气进入瓶内,从而使之发生变质。因此,胶塞铝盖小瓶装的注射用粉针在保管过程中应注意防潮(绝不能放在冰箱内),并且不得倒置(防止药物与橡皮塞长时间接触而影响药品质量),并要注意"先产先出,近期先出"。安瓿装的注射用粉针是熔封的,不易受潮,故一般比小瓶装的较为稳定,如注射用青霉素,安瓿装的有效期为 3 年,而小瓶装的有效期则为 2 年。安瓿装的注射用粉针主要根据药物本身性质进行保管,但应检查安瓿有无裂纹、冷爆现象。

点滴积累

注射剂在储存期的保管养护,应根据药品的理化性质,并结合其溶液和包装容器的特点,综合加以考虑。应注意"先产先出,近期先出"的产品。

项目五
复习导图

目标检测

1. 不同性质的注射剂的保管条件有哪些?
2. 物料平衡计算的意义是什么?

实训情境五

口服液的生产

项目一　接收生产指令

ER 5-1-1

项目一
教学课件

ER 5-1-2

口服液生产
简介

学习目标

1. **掌握** 口服液生产的基本工艺流程、生产技术要求、质量检查项目及质检操作方法,口服液灌装岗位的生产工艺操作要点及其质量控制要点。
2. **熟悉** 口服液灌装、质检等关键岗位职责要求与标准操作规程,"1+X"药物制剂生产职业技能等级考核中口服液相关岗位操作流程。
3. **了解** 口服液生产设备运行原理、结构组成、操作规程及维护与保养相关内容。

导学情景

情景描述

藿香正气为很多人家中常备的药,是夏季治暑热要药,也是治疗寒湿泄泻的关键药,其原名为藿香正气散,出自宋代的《太平惠民和剂局方》。随着现代工艺精进,藿香正气散被加工成各色剂型,有藿香正气水、胶囊、丸、口服液、颗粒等。其中,口服液由于不含乙醇,口感较好,药性较温和,适用于肠胃不太好的人,比如老年人与儿童。

学前导语

中药口服液是将药物煎煮,去渣、取汁后制成,相当于浓缩的汤液,后经灌装、轧盖、灭菌检漏、质检、包装等工艺流程进行制备。本项目我们将学习口服液生产操作工艺流程、操作过程及工艺条件等相关知识,同时融合"1+X"药物制剂生产职业技能等级考核中口服液生产——生产前环境检查及物料领取项目,加强专业技能培养。

任务　口服液生产工艺

能力目标

1. 能描述口服液生产的基本工艺流程。

2. 能明确口服液生产的关键工序。

3. 会根据口服液生产工艺规程进行生产操作。

4. 能掌握"1+X"口服液生产——生产前环境检查及物料领取项目考核要点。

学习口服液生产工艺,熟悉口服液生产操作过程及工艺条件,掌握"1+X"口服液生产——生产前环境检查及物料领取项目流程。

口服液多为中成药制剂,在制剂生产前需经过提取、过滤、浓缩等工艺制得浸出制剂。口服液在制剂车间的生产工艺与小容量注射剂类似,仅灌装岗位采取的设备等有所不同。

一、口服液生产工艺流程

根据生产指令和工艺规程编制生产作业计划。口服液生产工艺流程见图 5-1。

配制是按处方比例称量、投料,配制液体制剂,并进行过滤。

灌封(装)即灌装药液,加盖,旋紧盖子或轧盖。

灭菌检漏,口服液一般采用热压灭菌。

灯检可剔除斑点、斑块、玻屑、异物、明显沉淀、漏液等情况。

包装,即贴签,装入纸盒,装箱打包。

口服液生产质量控制点见表 5-1。口服液各工序

图 5-1 口服液生产工艺流程图

质量控制除半成品质量需由 QC 人员进行检验外,其余均由操作者和 QA 人员一起参与完成。

表 5-1 口服液生产质量控制点

工序	质量控制点	质量控制项目	频次
称量	称量	品种、规格、数量	1 次 / 批
配制	投料配制	品种、数量	1 次 / 批
		时间、温度、均匀度	随时 / 批
暂存	药液	半成品质量标准	1 次 / 批
灌装	灌装药液	装量	1 次 /30min
		平均装量	随时 / 班
灭菌	灭菌参数	压力、温度、时间	随时 / 班
灯检	药液小瓶	可见异物、密封性	随时 / 班
包装	待包装品	数量、批号	每箱
	标签	内容、数量、使用记录	1 次 / 批、1 次 / 班
	装箱	数量、合格证、标签	每批

二、口服液生产操作过程及工艺条件

1. **配制** 根据批生产指令,按配料罐的生产能力,计算配料混合次数,均摊到每个配料罐混合

时应加入的原辅料量。计算、称量、投料必须复核,操作人员及复核人均应在批生产记录上签字。须核对生产中原辅料的品名、规格、批号(编号)、数量。按清洁规程清洁设备、器具,其中设备粗洗用水为饮用水,设备精洗用水为纯化水。必要时,配料前的设备、容器的内壁用75%乙醇擦拭消毒,将生产处方量原辅料倒入配料罐中混合搅拌,加入适量溶剂调节含量,且使总量至1 000L,用0.8μm孔径钛滤棒(或微孔滤膜)加压过滤,即得。

配制工艺条件:配制纯化水应符合现行版《中国药典》二部"纯化水"标准,每次配料前须确认所用纯化水已经按规定检查,室内洁净度级别为D级,且操作人员不得裸手操作。

企业视角

中药口服液的配制

根据生产指令对原辅料、中药提取液名称、批号、重量进行核对,双方交接签字。

根据生产指令准确称取原辅料,一人称重,一人复核。按处方称取炮制合格的饮片,依据各品种项下规定的方法进行提取,一般采用煎煮法煎煮两次,每次煎煮1~2小时,滤液静置沉降后过滤;若处方中含芳香挥发性成分饮片,可用"双提法"收集挥发性成分另器保存,备用;亦可根据药用成分的特性,选用不同浓度的乙醇或其他溶媒,用渗漉法、回流法等进行提取;所得滤液浓缩至规定的相对密度,必要时加入矫味剂、防腐剂或着色剂。在制备过程中,也可选用先煎、后下、另煎、包煎、烊化等特殊处理方法,以确保口服液的质量。若处方中含有酊剂、醑剂、流浸膏等应缓缓加入溶剂中,随加随搅拌,使析出细腻,分散均匀。

检查药液质量指标(色泽、比重等)是否符合要求,如质量符合要求,则过滤后,打入高位贮液罐中备用。

2. **洗烘瓶** 将瓶子先正向转移至清洁的周转盘中,待洗瓶机空载10分钟后,上机洗瓶,依次开动饮用水、纯化水、洁净高压空气、高热空气各喷头,进行洗瓶、干燥、灭菌操作过程。剔除不规则瓶和碎瓶,且反向转移至清洁的周转盘中,待用。

洗烘瓶工艺条件:设备、器具按清洁规程清洁后方可使用。设备在超声波环境下以饮用水粗洗后(粗洗温度为50~60℃),采用"三水三气"法进行清洗。瓶子先用水(为饮用水和纯化水混合后的循环水)清洗瓶内、外壁,使用压缩空气将内壁水吹干,精洗用水为纯化水(新水)冲洗内壁(每4小时更换新水),最后应用压缩空气吹干内壁后,再用压缩空气吹干内、外壁,至此瓶子清洗步骤完成。烘干时,设定热风循环加热温度为180℃,且瓶子与热空气接触时间不少于8分钟。瓶子灭菌后须取样检查细菌和霉菌数,细菌菌落应在5个以下,霉菌数为0。

3. **理盖、瓶盖灭菌** 将瓶盖转移至清洁的周转盘中,用饮用水冲洗后,再用纯化水冲洗,淋干,按生产量转移至臭氧灭菌柜中,开机灭菌1.5小时后,装入洁净容器中备用。

理盖、瓶盖灭菌工艺条件:根据臭氧设备有效消毒浓度进行消毒,最低为10ppm,即20mg/m³(1ppm=2mg/m³),通过验证的灭菌时间一般为1~1.5小时。

应确保臭氧灭菌在1.5小时以上,灭菌后取样检查细菌和霉菌数应均为0。

4. **灌装(封)** 灌装前,如果停机超过48小时的,先用75%的乙醇作为灌装物对容器管道、活塞、针头进行消毒,12 小时后,再用纯化水作为灌装物对容器管道、活塞、针头进行清洗,针头至少喷出纯化水 10 次。灌装时须先进行试灌,试灌的工作内容包括检查最低装量、压盖的适宜程度、密封性、外观。试灌的料液需及时回收。正式灌装,每 30 分钟取样,根据口服液的类型进行相应的装量检查(运行中影响装量的因素主要是高槽的液位,注意保持高槽的液位相对稳定)。

灌装工艺条件:灌装机每次停机后须 12 小时再开机的,无论是否更换品种和批次,都应按清洁规程进行彻底清洁,并逐个检查活塞是否灵活,管道、针头是否堵塞。

灌装

轧盖

企业视角

口服液体制剂的装量检测

口服液体制剂系指药物以分子、离子、微粒或小液滴状态分散在分散介质中制成的或中药饮片用适宜溶剂提取配制的口服液体形态制剂。目前,临床治疗上常用的口服液体制剂主要有:口服溶液剂、口服乳剂、口服混悬液、合剂等。口服液为单剂量灌装的合剂。

口服液体制剂的装量检测项目具体步骤根据口服液归属类型不同有以下检验区别。

1. 口服溶液剂、口服混悬剂、口服乳剂 取供试品 10 袋(支),将内容物分别倒入经标化的量入式量筒内,检视,每支装量与标示装量相比较,均不得少于其标示量。

2. 合剂(单剂量灌装者也可称"口服液") 取供试品 5 支,将内容物分别倒入经标化的量入式量筒内,在室温下检视,每支装量与标示装量相比较,少于标示装量的不得多于 1 支,并不得少于标示装量的 95%。

3. 多剂量灌装的口服液 照现行版《中国药典》最低装量检查法(四部通则 0942)检查,应符合规定。

---

5. 灭菌 采用高压灭菌柜,饱和蒸汽外加热的方法对瓶内液体进行灭菌。需检查各部件是否完好,门上部件是否损坏或松动,设备状态标识是否为"已清洁"。按照高压灭菌柜标准操作规程进行开机、装载和灭菌等操作。

灭菌工艺条件:控制合理的压力、温度、灭菌时间,应按药物灭菌要求确定,一般设定为压力 0.2MPa、温度 121℃、时间 15~20 分钟。

6. 灯检及检漏 灭菌后的中间产品须逐盘逐个上灯检机,上机时水平目视装量,如发现有变化的,应剔除,并随机取出数支,用手使劲旋动瓶盖,检查有无松动的瓶子,判定是否会漏液。调节传送速度,使目视镜中的每支瓶子能够完全看清楚。对有斑点、斑块、玻屑、异物、明显沉淀的产品进行剔除。计算物料平衡。

灯检及检漏工艺条件:设备光照度范围为 1 000~4 000lx,荧光灯灯管功率 20W(专用荧光灯),明视距离为 20~25cm。选择责任心强并且视力好的人员在本岗位上岗。

7. 外包装 按批生产指令领取经检验合格的半成品及相应规格的包装材料。由专人调整生产批号、生产日期、有效期并打印字头,并与本批的内包装半成品的生产批号、生产日期、有效期编码完全相同。按领料、印字、分发、折盒、贴瓶签、装盒、装说明书、封口、装箱、打包的工序依次进行包装。

外包装工艺条件:包装物须是经检验合格的半成品及相应规格的包装材料。包装前必须清场,包装结束后准确统计物料的领用数、使用数、破损数及剩余数,计算成品率并处理物料平衡。入库前,及时请验。按成品质量标准检验合格后,方可入库,存放在合格品区。

三、"1+X"考证练兵场——生产前环境检查及物料领取项目

口服液的灌装技术是药物制剂生产"1+X"职业技能等级(中级)证书考证中的第4个考核模块,该模块包括生产前环境检查及物料领取、口服液灌装+轧盖+清场(口服液生产操作)以及在线质量检查(外观和质量检测)。考核时,口服液灌装技术部分共计4个工作岗位,抽选1个岗位作为该模块的评分点。

生产前环境检查及物料领取部分占有2个工作岗位,本岗位操作人员根据进入车间人员净化要求、物料管理要求、岗位操作规程,依据批生产指令和领料单完成物料的接收、领取工作及生产前环境、物品、文件检查工作。

考 证 要 点

1. **生产前环境检查** 按GMP规范检查操作间环境、设备及操作间状态标识并正确记录。
2. **口服液物料领取** 按GMP要求到中间站领取口服液瓶与盖,并核对物料材质是否符合要求。
3. **相关记录填写** 正确填写生产前环境检查记录、中间产品交接单与中间产品进出中间站台账。

---

1. **生产前环境检查** 依据GMP要求,生产人员按照D级洁净区管理规程,规范进入生产区,领取生产指令,按生产指令检查生产环境。

在进入操作间前,首先需要确认操作间门口岗位的清场情况和房间状态标识,确认清场合格证在有效期内,并将清场合格证副本(图5-2)取下,并粘贴于口服液灌封生产前检查与准备记录中"清场合格证副本粘贴处"。

清场合格证（正本）	清场合格证（副本）
岗　　位:**口服液灌装**	岗　　位:**口服液灌装**
原产品名称:**××口服液** 批　　号:**×××××××**	原产品名称:**××口服液** 批　　号:**×××××××**
调换产品名称:**////** 批　　号:**////**	调换产品名称:**////** 批　　号:**////**
清 场 人:＿＿＿＿ 质 检 员:＿＿＿＿	清 场 人:＿＿＿＿ 质 检 员:＿＿＿＿
清场日期:＿＿＿年＿＿月＿＿日＿＿时	清场日期:＿＿＿年＿＿月＿＿日＿＿时
有效期至:＿××××年×× 月×× 日×× 时	有效期至:＿××××年×× 月×× 日×× 时

图5-2 清场合格证正本、副本

进入操作间内,仔细检查并确认水、电、气(汽)设备供应正常,符合工艺要求;检查确认生产车间温湿度计、压差表有"校验合格证"并在有效期内,确认房间内温度、湿度、静压差在 GMP 规定范围内,并及时记录于记录表中;设备状态标识是否完好,清洁状态标识为"已清洁",并在有效期内;检查确认生产车间墙面、地面、顶部是否洁净;检查并翻阅现场存在的物品及管理文件、记录等资料,保证现场无任何与本次生产无关的物品及文件,核对本批次生产相关文件记录是否齐全。

口服液灌封生产前检查与准备记录

2. 物料领取　按 GMP 中对物料管理的要求及生产指令,对岗位生产用物料进行复核、领用与现场管理。凭口服液批生产指令到中间站领取口服液瓶和铝塑复合盖,确认口服液罐装瓶数量,仔细检查瓶盖是否符合生产要求,是否完好、清洁无损。

正确填写中间产品领取单(图 5-3),一式两份,一份粘贴于口服液灌装生产前检查记录指定位置,一份留存于物料领取中间站。

中间产品进出中间站台账

中间产品交接单（领取）

需求车间		加工状态	
品　名		数　量	
规　格		重　量	
批　号		日　期	

工序操作人：　　　　　班组长（考评员）：　　　　　中间站管理人：

图 5-3　中间产品领取单

正确填写中间产品进出中间站台账,将领好的口服液瓶和铝盖运回口服液灌封生产操作间。

点滴积累

1. 房间清洁状态标识包括:待清场、清场中、已清场。
2. 房间生产状态标识中须注明工序名、产品名称、规格、批号、批量、生产日期、操作人、复核人等内容。
3. 设备状态标识包括:完好、运行、停用、检修。
4. 设备清洁状态标识包括:待清洁、已清洁。
5. 口服液生产车间温度 18~26℃、湿度 45%~65%、静压差 ≥10Pa。

目标检测

项目一
复习导图

1. 绘制口服液生产工艺流程图。

2. 口服液灌封岗位属于哪一个洁净区?

项目二　生产口服液

项目二
教学课件

学习目标

1. **掌握**　口服液灌装的生产工艺操作要点及其质量控制要点。
2. **熟悉**　口服液灌装的中间产品进行质量检验。
3. **了解**　灌装岗位工艺验证。

导学情景

情景描述

　　汤剂是中药最为传统的一种剂型,熬制汤药大有学问,但汤剂煎煮带来的质量差异、储存携带的不便、剂量较大、口感较差等问题,在现代生活的快节奏中变成了其弊端,不断促进着中药的变革。中药口服液是在汤剂的基础上发展的中药液体剂型,"口服液 + 玻璃瓶"这一组合已被视为中药口服液的黄金搭档。

学前导语

　　目前,中药制药企业口服液生产已实现设备自动化、规模化,生产技术已达到现代化制药水平。本节我们学习口服液生产——灌封岗位工艺验证、生产操作流程、设备操作使用及保养、产品质量控制及中间产品质量检测等相关知识,同时融合"1+X"药物制剂生产职业技能等级考核中口服液生产——灌装、轧盖、清场岗位操作项目,提高人才培养质量,提升岗位适配度。

任务　口服液灌封

能力目标

1. 能根据批生产指令进行口服液灌装岗位操作。
2. 会按照 DGK10-20 口服液灌装机的操作规程进行设备操作。
3. 会对 DGK10-20 口服液灌装机进行清洁、保养。
4. 能掌握"1+X"口服液生产——灌装、轧盖、清场岗位操作要点。

领取任务

　　按批生产指令选择合适设备进行口服液灌装生产,对中间产品进行质量检测。完成灌装机设备确认,进行灌装工艺验证。工作完成后,对灌装设备进行维护与保养。

生产产品的装量差异受灌装精度和稳定性影响大,需要在整个生产过程中定期检测以随时调整瓶内药液装量。口服液灌装生产时还应定期对加塞、轧盖的运行状况进行检查,检测其密封盖的密封效果。

一、口服液灌装设备——DGK10-20型口服液灌装轧盖机

DGK10-20型口服液灌装轧盖机是用于制药、化工和保健食品等工业部门对液体进行动灌装、自动加铝盖和自动轧盖的专用生产设备。该口服液灌装机可对口服液体进行自动进瓶、灌装、加盖、轧盖、出瓶(图 5-4)。采用螺旋杆将瓶垂直送入转盘,结构合理,运转平稳。灌液分 2 次灌装(装量可调)可避免液体泡沫溢出瓶口,并配有缺瓶止灌装置,以免料液损耗,污染机器及影响机器的正常运行。轧盖采用离心力原理,由 3 把滚刀将盖收轧锁紧(因瓶盖的尺寸技术参数不同与材质的软硬不等,可调整调节块的高低,以变动 3 把滚刀的收锁力度),适合于不同尺寸的铝盖及料瓶。

图 5-4　口服液灌装机

二、口服液灌装岗位操作

(一)口服液灌装岗位标准操作规程

进岗前按进入 D 级洁净区要求进行着装,进岗后做好厂房、设备清洁卫生,并做好操作前的一切准备工作。

1. 生产过程

(1)领料:逐一核对待灌封药液的品名、规格、数量;确认洗烘瓶岗位管形瓶已符合送瓶要求;确认理盖、洗盖岗位瓶盖已符合要求。

(2)试机:开空机检查其运转是否正常。对灌封机输液管路进行消毒和清洗。检查待灌装料液的外观质量是否符合要求,检查灌装可见异物(澄明度),校正容量,应符合要求,并经 QA 人员确认。

口服液罐装
岗位操作

(3)正式灌装：将玻璃瓶放入瓶斗，盖子放入理盖斗，开始灌装。最初灌装的产品应予剔除，不得混入半成品。封口过程中，要随时注意锁口质量，及时剔除次品，发生轧瓶应立即停车处理。如发现药液流速减慢，亦应立即停车，并通知配液岗位调节处理。应随时检查装量，发现过多或过少，应立即停车，及时调整灌装量。

灌封好的管形瓶放在专用的不锈钢盘中，每盘应标明品名、规格、批号、灌装机号及灌装工号的标识牌，通过指定的传递窗送至灭菌岗位。

2. 生产结束　灌装结束，通知配料岗位关闭药液阀门，剩余空瓶退回洗烘岗位。本批生产结束应对灌装机进行清洁与消毒。拆下针头、管道、活塞等输液设施，清洁、消毒后装入专用的已消毒容器。按"清场标准操作规程"要求进行清场，做好房间、设备、容器等清洁记录。按要求完成操作记录填写。清场完毕，填写清场记录。上报 QA 人员检查，合格后，发清场合格证，挂"已清场"标识牌。

设备操作具体流程步骤及注意事项以 DGK10-20 型口服液灌装轧盖机标准操作规程为准。

（二）口服液灌装岗位中间品的质量检验

口服液灌装岗位中间品的质量检验项目见表 5-2。

表 5-2　口服液灌装岗位中间品的质量检验项目

项目	检验标准		检验方法		
			检验人	次数	方法
灌装容量	易流液 10ml(10.30~10.50ml) 20ml(20.30~20.60ml) 50ml(50.50~51.00ml)	黏稠液 10ml(10.30~10.70ml) 20ml(20.40~20.90ml) 50ml(50.80~51.50ml)	自查 车间质量员	随时 每日 2 次	用标准管形瓶、干注射器及量筒抽取，计量
封口质量	封口不严、空瓶 每 100 支不得超过 1 支		自查 车间质量员	随时 每日 1 次	每机不少于 2 盘，每盘不少于 200 支
机头澄明度	不得有可见的白块、异物。抽取 100 支允许有 2 个白点		配料工	灌封前逐台检查	灯检
标记	标明品名、批号、工号、盘号纸，不得有遗漏		灭菌工	灭菌前逐盘检查	目测

（三）口服液灌装工序工艺验证

1. 验证目的　口服液灌装工序工艺验证主要评价该生产工艺的可行性，保证口服液在生产过程中质量稳定，各项中间控制符合内控要求，保证按此生产工艺能够生产出质量均一且稳定合格的产品。应该对生产工艺进行验证，对装量差异、异物、含量均一性进行检验。

2. 验证范围

(1)本方案适用于口服液产品灌装工序的全过程。

(2)验证内容包括口服液灌封设备的适应性、生产工艺参数的有效性及能否连续生产出符合药品标准的合格口服液。

(3)对生产环境检测及生产用水管理按计划实施。

3. 验证项目和标准

（1）工艺条件：灌装机空气压力为 0.6MPa，灌封速度为 100 瓶/min（表 5-3）。

表 5-3　灌装工艺参数

工艺	工艺参数	No.1 批号	No.2 批号	No.3 批号	检查人
灌封	空气压力：0.6MPa				
	灌封速度：100 瓶/min				

（2）验证程序：①微生物限度检测（表 5-4），按工艺规程操作，上盖、轧盖前均匀取样 5 点，每次 10 个瓶盖，检测；药液灌装前取样 1 个点，取样 100ml，检测；②装量差异检测（表 5-5），灌装过程中，每 30 分钟取 3 瓶，检测。

表 5-4　检测项目：微生物限度（批号：_____）

工艺	取样点	检测项目			结论	检查人
		细菌数 不得过 100 个/ml	霉菌数（酵母菌） 不得过 100 个/ml	大肠埃希菌 每 1g 不得检出		
灌封	上盖前					
	轧盖前					
	药液					

表 5-5　检测项目：装量差异（每 30 分钟取 3 瓶，抽检）

时间 项目	开始	30min	60min	90min	120min	150min
1						
2						
3						
$\bar{x}$						
S						
$RSD/\%$						

（3）合格标准：符合规定。

（四）口服液灌装设备的日常维护与保养

开车前必须先进行试车，确认正常后方可正式生产。调整机器时，工具使用适当，严禁用力过大、过猛或使用不合适的工具拆零件以免损坏机件及影响机器性能。每当机器进行调整时，要将松过的螺丝拧紧。机器上必须保持清洁，不能有油污、药液、玻璃碎屑等。

在生产过程中，及时清除药液或玻璃碎屑。交班前应将机器表面各部清洁一次，并在活动部位上加清洁的润滑油。每周大擦洗一次，特别是使用中不容易清洁到的地方须擦净或用压缩空气吹净。

三、"1+X"考证练兵场——灌装、轧盖、清场项目

口服液灌装、轧盖、清场部分占有 1 个工作岗位,本岗位操作人员根据按照口服液灌装岗位标准操作规程,设备安全操作要求,中间产品质量检查要求,GMP 对灌装岗位的设备及操作间的清洁原则、清洗方法要求,依据批生产指令进行口服液灌装生产,对中间产品抽样并进行项目检测,正确填写相关生产记录及设备使用记录,及对设备、环境、操作间进行清洁、清场等工作。

> **考 证 要 点**
> 1. **生产前检查** 更换设备及房间标识,完成设备检查、空机运行。
> 2. **生产过程** 依据灌装岗位操作规程,将稀配液灌装至洗净烘干的口服液瓶中,轧盖封口,抽样检测外观、装量。
> 3. **成品交接** 清点产品的数量,填写标签,移交至中间站。
> 4. **操作间清场** 按 GMP 对灌装岗位的设备及操作间的清洁原则、清洗方法要求进行清场操作。
> 5. **相关记录填写** 正确填写口服液灌装生产记录、口服液灌装设备使用记录、中间产品交接单与中间产品进出中间站台账、清场记录、清场合格证正(副)本。

1. **生产前检查** 口服液生产前需要检查设备及房间状态标识,设备状态标识由"已清洁"更换为"运行中",房间状态标识由"已清场"更换为"生产中"。

设备检查及空机运行:检查设备零部件及安全防护装置是否齐全、有效,无跑、冒、滴、漏现象。若设备仪器正常,则插上电源进行空机运行测试,待操作台屏幕亮起,点击进入操作页面,先点击手动操作,点击"主机—理盖—轧盖",然后由慢至快转动速度旋钮,观察设备运行状态是否平稳,若无异常,则切换为自动运行模式,让设备运转 3~5 圈。若无异常,则停机待用。

2. **口服液灌装生产**

(1)排空气:将硅胶软管放入准备好的药液桶内,将软管内和计量泵内空气排尽后停机待用。

(2)正确装瓶与预灌装:在进料斗内正确装入规定数量的口服液瓶和瓶盖,使铝盖充满下盖轨道。使用点动运行方式,先灌装 5 支口服液,取出口服液,选择量入式量筒测定并记录装量,如装量准确,则进入后续生产;如装量超过标示量的装量差异范围,需要调整装量调节装置。

(3)调整装量:点动操作,将灌装剂量调节装置的定位杆螺丝转至水平时停机,用扳手拧松装量调节固定螺母,用手转动装量定位杆螺丝,调节螺丝位置。如需要将装量调小,则将定位杆螺丝顺

时针调节;如需要将装量调大,则将定位杆螺丝逆时针调节。装量调节好后再固定螺母,装量调节至5支口服液的装量一致符合要求为止。

(4)开机生产:进入自动生产程序,点击一键运行,"主机一理盖一轧盖"同时运行,根据生产要求调节速度旋钮进行连续生产。先灌装5支并轧盖,检查轧盖密封性,及时填写生产记录,合格后进行口服液灌装的连续生产阶段。

灌装、轧盖完成后的中间产品被转盘送到出瓶盘上,刚开始轧盖时,应将一条洁净的毛巾放在出瓶出口处,防止瓶子由于快速移出而碰倒。

(5)生产结束:点自动按钮停机,将速度旋钮归零,将仪器状态由"运行中"转化为"待清洁",填写口服液灌装设备使用记录表。

3. 产品清点、交接 清点产品的数量,填写标签,移交中间产品至中间站。填写中间产品交接单(图5-5),一式两份。一份粘贴于口服液灌封生产记录中,一份留存于中间站。正确填写产品请验单(图5-6)与进出中间站台账。

ER 5-2-3

口服液灌封
生产记录表

ER 5-2-4

设备使用记
录表

中间产品交接单（递交）

工 序 名 称		加 工 状 态	
品　　　名		递 交 人	
规　　　格		接 交 人	
批　　　号		日　　　期	
数　　　量		备　　　注	

工序操作人: 　　　班组长（考评员）: 　　　中间站管理人:

图 5-5　中间产品交接单

中间产品/成品请验单

品名		预定取样日期		
规格		批号		
批量		取样量		
取样地点		请验部门		
检验要求	按标准□	按有关参数□	只出数据,不判断□	
报告送达方式	自取□	QA发放□	代寄□	
预约出具报告日期及报告单数				
样品处理	残次领回□	消耗不退□	用于留样□	
请验人		请验日期		

图 5-6　产品请验单

4. 岗位清场 ①灌封机设备及灌封生产操作间均换上"清洁中"状态标识;②将灌液软管放入盛有纯化水的桶内,对灌液管路和灌液针头进行灌液清洗;③将灌液软管放入空桶内,将纯化水排空后关机;④用饮用水清洁并拧干的毛巾擦拭设备表面至洁净,再用纯化水清洁并拧干的毛巾擦拭设备表面至洁净;⑤将生产中的不合格品、废盖、废瓶、废液放入相应的容器内,并将垃圾桶清出生产车间;⑥将灌封机设备状态由"清洁中"换成"完好、已清洁"状态,生产操作间状态由"清洁中"换成"已清场";⑦正确填写清场合格证正(副)本,正本粘贴于本次生产结束的清场记录中,副本悬挂于岗位操作间门口处,递交生产记录。

口服液生产
岗位清场记
录表

点滴积累

1. 灌封岗位主要保证生产产量与质量,按工艺要求将配好的药液经灌装、轧盖封口移交下一工序。
2. 所有仪器的设备状态牌挂于设备不易脱落的明显部位,且不影响生产操作。
3. 操作过程中密切监视送瓶是否到位、连续,灌装是否准确、及时,落盖是否准确、连续,部件有无异常移位、晃动及异常噪声,若有,立即停机,剔除不合格品。
4. 定时检测灌装品装量,随时检查待灌装药液的剩余数量,当分液器不能及时从贮药罐中吸取药液时应停止灌装,记录药液剩余量后做废弃处理。

项目二
复习导图

目标检测

1. 出现装量不合格有哪些原因?
2. 口服液瓶清洗顺序是什么?

项目三　成品质量检验

学习目标

1. **掌握**　口服液质量检验项目和操作要点。
2. **熟悉**　口服液的质量检验的操作流程。
3. **了解**　口服液质量检验设备的原理。

导学情景

情景描述

　　口服液生产过程中不免会掺入玻璃碎屑、植物纤维、残渣、毛发等杂质且常常加入蔗糖、蜂蜜等附加剂进行矫味,这类附加剂的加入也易引发微生物滋生。中药口服液多以动、植物为主要原材料,可能携带大量微生物,其中芽孢、孢子等对不良环境有较大抗性,故在生产、贮存和使用过程中容易受到微生物的污染,严重时甚至危及患者生命健康。

学前导语

　　基于以上原因,对口服液的质量控制有着严格的生产工艺要求与质量检验标准,以确保中药制剂质量与疗效的稳定,这也是推动中药现代化、走向国际市场的重要基础。本节主要学习不同类型口服液的质量检验项目及质检操作要点。同时,融合"1+X"药物制剂生产职业技能等级考核中口服液生产——在线质量检验(外观和装量)岗位操作项目,提高实践操作技术,有针对性进行"岗""课""证"融合。

任务　口服液的质量检验

能力目标

1. 能根据 SOP 进行口服液的质量检验。
2. 会开展"1+X"口服液生产——在线质量检验(外观和装量)岗位操作。

领取任务

　　掌握不同品种口服液产品需要进行的质量检验项目及检测方法,能够进行葡萄糖酸锌口服溶液的质量检验。

口服液体制剂分为口服溶液剂、口服混悬剂、口服乳剂、合剂（单剂量灌装者也可称"口服液"）几种类型，其质量检验项目根据其归属类型有所不同。根据口服液体制剂所属分类，正确进行口服液体制剂质量检验。

一、口服液体制剂质量检验项目

口服液体制剂的质量检测项目依据现行版《中国药典》四部制剂通则内容，主要分为以下两类。

1. 口服溶液剂、口服混悬剂、口服乳剂　口服溶液剂系指原料药物溶解于适宜溶剂中制成的供口服的澄清液体制剂；口服混悬剂系指难溶性固体原料药物分散在液体介质中制成的供口服的混悬液体制剂（也包括浓混悬剂或干混悬剂，非难溶性药物也可以根据临床需求制备成干混悬剂）；口服乳剂系指用两种互不相溶的液体将药物制成的供口服等胃肠道给药的水包油型液体制剂。

除生产与贮藏期间应符合其质量要求外，口服溶液剂、口服混悬剂和口服乳剂应进行以下相应检查。

（1）装量：除另有规定外，单剂量包装的口服溶液剂、口服混悬剂和口服乳剂的装量，照下述方法检查，应符合规定。

检查法：取供试品 10 袋（支），将内容物分别倒入经标化的量入式量筒内，检视，每支装量与标示装量相比较，均不得少于其标示量。凡规定检查含量均匀度者，一般不再进行装量检查。

多剂量包装的口服溶液剂、口服混悬剂、口服乳剂和干混悬剂照最低装量检查法（通则 0942）检查，应符合规定。

（2）装量差异：除另有规定外，单剂量包装的干混悬剂照下述方法检查，应符合规定。

检查法：取供试品 20 袋（支），分别精密称定内容物，计算平均装量，每袋（支）装量与平均装量相比较，装量差异限度应在平均装量的 ±10% 以内，超出装量差异限度的不得多于 2 袋（支），并不得有 1 袋（支）超出限度 1 倍。凡规定检查含量均匀度者，一般不再进行装量差异检查。

（3）干燥失重：除另有规定外，干混悬剂照干燥失重测定法（通则 0831）检查，减失重量不得过 2.0%。

（4）沉降体积比（F 值）：口服混悬剂照下述方法检查，沉降体积比应不低于 0.90。

检查法：除另有规定外，用具塞量筒量取供试品 50ml，密塞，用力振摇 1 分钟，记下混悬物的开始高度 H_0，静置 3 小时，记下混悬物的最终高度 H，按下式计算：

$$沉降体积比 F = H/H_0$$ 式（5-1）

干混悬剂按各品种项下规定的比例加水振摇，应均匀分散，并照上法检查沉降体积比，应符合规定。

（5）微生物限度：除另有规定外，照非无菌产品微生物限度检查：微生物计数法（通则 1105）、控制菌检查法（通则 1106）及非无菌药品微生物限度标准（通则 1107）检查，应符合规定。

2. 合剂　合剂系指饮片用水或其他溶剂，采用适宜的方法提取制成的口服液体制剂（单剂量灌装者也可称"口服液")。

除生产与贮藏期间应符合其质量要求外,合剂应进行以下相应检查。

(1)装量:单剂量灌装的合剂,照下述方法检查,应符合规定。

检查法:取供试品 5 支,将内容物分别倒入经标化的量入式量筒内,在室温下检视,每支装量与标示装量相比较,少于标示装量的不得多于 1 支,并不得少于标示装量的 95%。

多剂量灌装的合剂,照最低装量检查法(通则 0942)检查,应符合规定。

(2)微生物限度:除另有规定外,照非无菌产品微生物限度检查:微生物计数法(通则 1105)、控制菌检查法(通则 1106)及非无菌药品微生物限度标准(通则 1107)检查,应符合规定。

案例分析

案例:某药厂生产一批心通口服液,规格为 10ml×6 支,外观为棕红色的澄清液体,瓶底有少许沉淀,但摇之易散。本品相对密度为 1.10,pH 应为 6.5,每 1ml 含葛根素为 2.5mg,用薄层色谱法鉴别出了本品含有葛根素、丹参素、黄芪甲苷、2,3,5,4′-四羟基二苯乙烯-2-O-β-D-葡萄糖苷、淫羊藿苷。现需出厂销售,质检部门能否出具质检合格报告?

分析:根据合剂的常规检查项目和心通口服液的检测指标,该批心通口服液的性状、鉴别和含量测定项是合格的,检查项下相对密度和 pH 也是合格的,但尚无装量和微生物限度检查报告,因此尚不能出具质检合格报告。

二、葡萄糖酸锌口服溶液质量检验

葡萄糖酸锌口服溶液属于口服溶液剂范围,检验项目需要按照口服溶液剂的要求规定进行质量检测。

(一)葡萄糖酸锌口服溶液质量标准

1. 成品质量标准 成品质量检验项目及标准见表 5-6。

表 5-6 成品质量检验项目及标准

检验项目	标准	
	法规标准	稳定性标准
性状	无色至淡黄色的澄清液体	无色至淡黄色的澄清液体
鉴别	(1)三氯化铁试液显深黄色 (2)锌盐鉴别反应	
含量	93.0%~107.0%	93.0%~107.0%
pH	3.0~4.5	3.0~4.5
相对密度	>1.02	>1.02

2. 中间品质量标准 中间品检验项目及标准见表 5-7。

表 5-7　中间品检验项目及标准

中间品名称	检验项目	标准
配液中间品	含量	93.0%~107.0%
	pH	3.0~4.5
灌装中间品	装量	不得少于标示量
	封口质量	符合规定

3. 贮存条件和有效期规定

(1)贮存条件:遮光,密闭保存。

(2)有效期:24 个月。

(二)葡萄糖酸锌口服溶液质量检验规程

1. **性状**　本品为无色至淡黄色的澄清液体。

2. **鉴别**　取本品 5ml,加三氯化铁试液 1 滴,即显深黄色。本品显锌盐的鉴别反应(通则 0301)。

3. **相对密度**　本品的相对密度(通则 0601)应不低于 1.02。

4. **pH**　应为 3.0~4.5(通则 0631)。

5. **其他**　装量、微生物限度应符合口服溶液剂项下的各项规定(通则 0123)。

6. **含量测定**　精密量取本品适量(约相当于葡萄糖酸锌 0.35g),加水 10ml,加氨 - 氯化铵缓冲液(pH 10.0)5ml,再加氟化铵 1g 与铬黑 T 指示剂少许,用乙二铵四乙酸二钠滴定液(0.05mol/L)滴定至溶液由紫红色转变为蓝绿色,并持续 30 秒钟不褪色。每 1ml 的乙二胺四乙酸二钠滴定液(0.05mol/L)相当于 22.78mg 的 $C_{12}H_{22}O_{14}Zn$。

> **课 堂 活 动**
>
> 对小儿消积止咳口服液、肺热咳喘口服液、葡萄糖酸钙口服溶液、利巴韦林口服溶液进行质量项目检验,并列表归纳总结。

7. **规格**　① 10ml: 35mg; ② 10ml: 50mg; ③ 10ml: 70mg; ④ 100ml: 500mg。

三、"1+X"考证练兵场——外观和装量检验项目

口服液在线质量检验——外观和质量检验部分占有 1 个工作岗位,本岗位操作人员按照现行版《中国药典》口服液成品质量检验要求、GMP 对质检岗位的清洁要求,依据批生产指令进行口服液外观和装量检验,正确进行检测结果判断,填写相关质量检验记录,及对环境、操作间进行清场工作。

> **考 证 要 点**
>
> 1. **在线质量检验**　正确进行口服液封口检验、外观检验及装量检验。
> 2. **操作间清场**　按 GMP 对质检岗位的清洗要求进行清场操作。
> 3. **相关记录填写**　正确填写口服液质量检验记录、清场记录、清场合格证正(副)本。

1. **在线质量检验**　随机抽取 10 瓶完成灌封的口服液,进行口服液质量检验,观察确认有无爆瓶、瓶盖外凸等现象,瓶口密封采用三指法进行检验,左手托着瓶子,右手拇指、示指及中指以八分力旋转铝盖,旋不动时为合格。确认各瓶口服液有无明显沉淀、混浊、絮状物,色泽是否一致等。选用经标化量入式量筒(其规格应满足使待测体积至少占其额定体积的 40%)进行装量检验,将药液全部倾倒至量筒中,操作正确规范,检测过程中无操作漏液的情况,正确读取装量并判断检验结果是否合格,及时填写装量记录。

口服液外观、装量记录表

2. **岗位清场**　质检操作完毕,将检测过程中产生的废瓶、废瓶盖、废液倒入相应垃圾桶中,并移出质检车间。清洁操作台面和地面,将房间状态标识更换成"已清场",及时填写清场合格证正副本,正本粘贴于本次清场记录中,副本悬挂于岗位操作间门口处。递交在线质量检验记录。

> **点滴积累**
>
> 1. 口服液的质量检查应按照现行《中国药典》进行检查,项目主要包括:装量、装量差异、干燥失重、沉降体积比和微生物限度等。
> 2. 在"1+X"考证项目中,口服液的质量检查包括外观、装量差异、封口检验等。

目标检测

项目三
复习导图

1. 设计小儿感冒口服液生产工艺流程,写出质量检验项目及具体方法。
2. 绘制"1+X"口服液生产考核流程思维导图。

实训情境六

注射用冻干制剂（冻干粉针）的生产

项目一　接收生产指令

项目一
教学课件

学习目标

1. **掌握**　冻干粉针生产的基本工艺流程。
2. **熟悉**　注射用冻干制剂生产的关键工序。
3. **了解**　冻干粉针生产工艺规程进行生产操作。

导学情景

情景描述

　　中药注射液是中药现代化的主要代表,可用于心脑血管疾病、肿瘤、细菌和病毒感染等领域。然而,由于不良反应的出现,有关中药注射液的争论始终没有平息。一边是"中药现代化之光",另一边是安全性的"硬伤"。于是,寻求"怎么办"的希望更多地集中到了中药粉针剂的身上。请思考:将药物制备成粉针剂,相比于普通液体注射剂有哪些优势?

学前导语

　　注射用冻干制剂(简称冻干粉针)是将药物制成无菌液体灌装后采用冷冻干燥技术制成的无菌固体粉末状剂型。冻干粉针在真空条件下干燥,含水量低,可有效防止药品水解、氧化,克服了无菌液体注射剂的不稳定问题;采用液体方式灌装,较粉末分装计量更精确;采用注射用水调配,经除菌过滤等措施,可有效防止引入不溶性微粒及可见异物。冻干后的制品为多孔结构,质地疏松,复溶迅速,可恢复药液原有特性,有利于临床应用。冻干粉针由于生产过程中未使用灭菌法除菌,需采用无菌生产工艺。

任务　冻干粉针生产工艺

能力目标

会根据冻干粉针生产指令领取生产任务。

领取任务

学习冻干粉针生产工艺,熟悉冻干粉针生产操作过程及工艺条件。

一、冻干粉针生产工艺流程

根据生产指令和工艺规程编制生产作业计划。首先领取、验收生产用原辅料,检查相关质量检测报告、数量、重量、包装质量等。

1. **容器处理** 西林瓶经洗烘联动线洗瓶、干燥与灭菌后待用;胶塞清洗并干燥灭菌后待用;铝盖清洗干燥后待用。

2. **称量** 称量时需复核原辅料名称、规格、数量等,再按生产指令所定投料量称量。

3. **配制** 配制时可采用浓配-稀配两步法或稀配一步法。过滤采用粗滤、精滤及无菌过滤三级过滤。

4. **灌装、半压塞** 将合格的新鲜配制的药液灌装入西林瓶内,并进行半压塞。

5. **冷冻干燥(简称冻干)** 将灌装好药液的西林瓶送入冻干机内,在冻干机内完成冷冻干燥及压塞。冻干过程包括预冻、升华干燥和再干燥(解吸附)。冻干流程完成后压塞。

6. **压塞、轧盖** 压塞后从冻干机出瓶,采用自动轧盖机加铝盖、轧盖,注意剔除封口不严的产品。流水线上对产品进行逐瓶目视检测,剔除有异物、冻干不良等不合格产品。贴签包装检验合格的冻干粉针,并进行装箱打包。冻干粉针生产工艺流程见图 6-1。

图 6-1 冻干粉针生产工艺流程图

配液、粗滤时可在 D 级洁净区内,精滤则在 C 级洁净区内进行。灌装工序必须在 B 级背景下的 A 级洁净区内进行,物料转移过程中也需采用 A 级层流保护。

冻干粉针生产质量控制点见表 6-1。

表 6-1　冻干粉针生产质量控制点

工序	质量控制点	质量控制项目	监控频次
备料	衡器、量具	校验、平衡	每次
	称量	数量、复核	每次
制水	纯化水	电导率	1 次 /2h
		全项	1 次 /w
	注射用水	pH、电导率	1 次 /2h
		全项	1 次 /w
		细菌内毒素	1 次 /d
洗瓶	洗瓶	西林瓶质量、化验单	每批
		洗瓶水可见异物	3 次 / 班
		超声时间	2 次 / 班
		西林瓶清洗度	3~4 次 / 班
	隧道烘箱	灭菌时间、温度	随时
		西林瓶清洗度	3~4 次 / 班
		细菌内毒素	1 次 /d
洗塞	胶塞清洗	胶塞质量、化验单	每批
		清洗后可见异物	每锅
	胶塞灭菌	灭菌时间、温度	每锅
		细菌内毒素	每锅
配制	药液	含量、pH、色泽	每批
	超滤	可见异物	每批
		完整性试验	每周
灌装、压塞	药液	装量、可见异物、色泽	随时
	装量	装量差异	15 支 / 次
	半压塞	半压塞质量	随时
		可见异物、装量差异	每班
冻干	待冻干品	数量、压塞质量	每箱
	冻干	冻干温度、真空度	随时
		冻品进程	1 次 /2h
	冻干品	轧盖质量	每批
		水分	每批
		冻干质量	每批
铝盖	铝盖清洗	清洗后水电导率	每批
	铝盖干燥	水分	每批

续表

工序	质量控制点		质量控制项目	监控频次
轧盖	物料		铝盖清洗质量	每班
			胶塞压合质量	随时
	轧盖		轧盖质量	随时
外包装	待包装品		每盘标志	每盘
	目检		目检后抽查	1 次 /30min
	包装材料		质量、报告单	每批
	贴签		批号、效期、贴签质量	随时
	装小盒		数量、说明书、标签、批号、效期	随时
	装大盒		数量、批号、效期	随时
	装箱		数量、批号、效期、装箱单	随时
	打包		打包质量	随时
入库	成品		整洁、分区、货位卡、数量	每批

二、冻干粉针生产操作过程及工艺条件

1. **领料**　车间领料人员核对原辅料的品名、规格、含量、检验报告单、合格证,领取本批次生产所需原辅料,填写相应领料记录。

2. **称量**　操作人员根据生产指令从车间物料暂存间领取所需原辅料、针用活性炭,在领取称量物料时核对品种是否与处方相符,核对原辅料的品名、批号、数量。称取后的物料置洁净容器内备用。称量时一人操作,一人复核,确保称量无误。称量操作流程如表 6-2 所示。

表 6-2　称量操作流程

流程	监控点	监控原因	违反的结果
原辅料的检查	原辅料品名、批号、编号、数量与批生产指令单一致	防止错领、少领原辅料	造成整批报废及产品质量差异
原辅料的脱包	脱去外皮后的物料及时消毒	防止交叉污染	造成产品微生物异常
	及时在内袋上用记号笔注明物料的批号、品名等,并及时贴上物料标签	防止物料混淆	导致产品投错物料,造成质量事故
原辅料称量	戴一次性手套	防止交叉污染	造成产品不合格,微生物异常
	电子天平在校验期内,处于水平位置	防止计量错误	造成物料多投、少投
	容器或洁净塑料袋除去皮重		
	双人复核		
	在容器或洁净塑料袋上张贴周转标签,注明物料的批号、数量、品名。贴上物料标签	防止物料混淆	造成产品质量事故

3. 配液 按处方将原辅料加入配制量 70% 的注射用水,置于浓配罐中搅拌溶解,加入采用新鲜注射用水调成糊状的规定量针用活性炭,充分搅拌均匀,60℃保温吸附 15 分钟,用 0.8μm 钛滤棒趁热过滤。QA 人员取样测定 pH 及含量。检测合格的滤液经管道输入稀配罐中,加注射用水至足量,充分搅拌 20 分钟,转速为 80 次 /min,分别经 0.45μm、0.22μm 的微孔滤膜过滤。滤液经管道送入贮罐中,标明品名、批号、数量、时间、操作者备用。浓配罐、稀配罐如图 6-2 所示。常用浓配系统如图 6-3 所示,工艺条件为:①粗滤为 0.8μm 钛滤棒,$P \geqslant 0.6$MPa;②精滤为 0.45μm 微孔滤膜,$P \geqslant 0.23$MPa;③无菌过滤为 0.22μm 的微孔滤膜,$P \geqslant 0.39$MPa。

图 6-2 浓配罐、稀配罐

图 6-3 浓配系统

4. 洗瓶、干燥、灭菌 西林瓶经洗瓶输送盘传送至洗瓶机内。使用纯化水、注射用水清洗,压缩空气吹干,洁净后输送至隧道式灭菌干燥机。预热区干燥后,于高温区灭菌 15 分钟,低温区冷却后,填写物料交接单,在 A 级层流保护下经输送带输送至灌装机。工艺条件:①清洗纯化水、注射用水,温度控制在 50~60℃;②灭菌区温度 350℃;③每批灭菌西林瓶应在 12 小时内使用。

5. 洗塞、干燥、灭菌 现生产中多采用全自动胶塞清洗机(图 6-4),采用自动进料、喷淋粗洗、气冲漂洗、脱泡清洗、自循环精洗、取样检测、硅化、冲洗、蒸汽灭菌、真空干燥、热风干燥、真空降温、自动出料,最终完成胶塞的清洗去污。清洗后的胶塞进入灭菌程序,采用干热灭菌方法180℃灭菌90分钟。每批清洗、干燥、灭菌的胶塞应在12小时内使用。

图6-4　全自动胶塞清洗机

6. 铝盖处理 将铝盖洗至洁净,烘干,待用。工艺条件:烘干温度在80℃以下;24小时内使用。

7. 灌装、压塞 核对品名、批号、数量、检验报告单,确认无误后灌装药液。调整装量及压塞质量,合格后进行连续生产,每隔15分钟进行装量检验,随时观察灌装、压塞质量,挑出不合格品,异常情况时立刻停机。灌装后的半成品在A级层流保护下及时移入冻干箱进行冷冻干燥。工艺条件:①按标示量进行灌装;②每批药液应在配制后2小时内灌装完毕。

8. 冻干干燥

(1)预冻:测定产品低共熔点,预冻温度控制在低共熔点以下10~20℃。预冻方法包括速冻法、慢冻法。速冻法,箱内温度–45℃以下保持4小时。慢冻法,制品放入冻干箱后缓慢降温。

(2)升华干燥:①一次干燥,冻干箱温度控制在–45℃以下,系统抽真空,升华开始,控制温度、真空度,升华干燥时间为35小时;②二次干燥,大部分水分升华后,提高板层温度、干燥箱的压力以加快热量传送,产品进入二次干燥阶段,温度为20℃,时间为2小时;③二次干燥结束后,打开箱体的气源开关,输入无菌空气使箱内压力与大气一致;④压塞,出箱。

工艺条件:①预冻温度–45℃,维持4小时;②升华干燥真空度应在6Pa以下。

9. 轧盖 进行轧盖操作,轧盖后的中间产品放入不锈钢盘中,附带物料交接单。随时观察轧盖质量,挑出不合格产品。

10. 目检 目视检查,挑检出轧盖刮伤、变形、喷瓶断层、萎缩等质量不合格产品。不合格品集中放置,并填好不合格证,进行统一处理。检查后每盘填写物料交接单。

11. 包装 按生产指令领取标签、说明书、盒托、中盒、大箱等包装物,2人以上核对品名、规格、数量。审核无误后,在规定处印上产品批号、有效期等。贴标签时,随时抽检观察内容及清晰度。合格后进行包装,每6瓶附带制品说明书装入1小盒内,贴上封签,每10小盒装入1中盒,每10中盒装入1大箱,每大箱内附带一份装箱单,用封箱胶带封箱,再将大箱用捆扎机按"#"字形捆扎,同时进行取样,对成品进行检验。

案例：2007年7月,国家药品不良反应监测中心陆续接到报告,反映部分医院在使用某制药厂部分批号的鞘内注射用甲氨蝶呤和阿糖胞苷后,一些白血病患者出现行走困难等神经损害症状。后查明,该制药厂在生产过程中现场操作人员将硫酸长春新碱尾液混于注射用甲氨蝶呤及盐酸阿糖胞苷药品中,导致了多个批次的药品被硫酸长春新碱污染,造成重大的药品生产质量责任事故。

分析：请分析案例发生的原因,思考冻干粉针生产过程中要注意哪些问题。

点滴积累

冻干粉针的生产过程工序一般有：生产前的检查、领料、理瓶与洗瓶、配液、灌封、冷冻干燥、轧盖、目检、印包等。

项目一
复习导图

目标检测

简述冻干粉针各岗位的工艺要求。

项目二　冻干粉针生产前准备

学习目标

1. **掌握**　粉针剂生产环境要求。
2. **熟悉**　冻干型粉针剂生产流程。
3. **了解**　冻干设备工作原理。

导学情景

情景描述

　　冻干粉针车间生产一批冻干粉针。不同生产岗位群工作人员按 B、C 级更衣规程进入洁净区。在冻干粉针生产前进行生产前准备工作,包括生产环境的检查、生产设备检查等。请思考:

　　(1)生产人员进入 B 级、C 级洁净区的更衣过程。

　　(2)冻干粉针生产前准备工作包括哪些工作?

学前导语

　　冻干粉针生产洁净区根据不同岗位性质有 A、B、C、D 级,根据岗位对应的洁净度级别要求,生产岗位工作人员按相应更衣规程进入洁净区。

任务　冻干粉针车间人员进出及车间清场

能力目标

会根据要求完成进入 A/B 级洁净区的流程。

领取任务

进行"人员进出 A/B 级洁净区"的操作练习,保证洁净区卫生,防止污染和交叉污染。

一、粉针剂洁净区对人员的要求

　　进入 A/B 级洁净区的着装要求包括:遮盖头发、胡须等相关部位,佩戴口罩以防散发飞沫,必要时戴防护目镜。工作服应为灭菌连体工作服,不脱落纤维、微粒,同时能滞留身体散发的微粒。佩戴无菌、无颗粒物散发的橡胶或塑料手套,袖口应塞进手套内,穿经灭菌或消毒的脚套,裤腿应塞进脚套内。

员工每次进入 A/B 级洁净区时,每班至少更换一次无菌工作服。操作期间,应经常消毒手套,必要时更换口罩、手套。A/B 级洁净区人员穿戴见图 6-5。

适用A级B级　　　适用A级B级

图 6-5　A/B 级洁净区人员穿戴

二、粉针剂生产前准备

(一) 人员进出 A/B 级洁净区标准更衣程序

1. 进入大厅　于指定位置存放个人物品,在更鞋区更换工作鞋。进入第一更衣室,更换工作服,摘掉饰物。

2. 进入洗盥室　用流动纯化水清洁面部、手部,用药皂反复搓洗至手腕上 5cm 处。加强搓洗指缝、指甲缝、手背、掌纹等处。必要时用洁净小毛刷进行刷洗。

3. 进入二更　进入气闸间更换洁净鞋,75% 乙醇喷洒手部消毒 2~3 分钟。按个人编号从"已灭菌"标识的 A 袋取出装有无菌内衣的洁净袋,检查里外标志是否一致,附件是否齐全,确认无误后换上无菌内衣裤。

4. 进入三更　进入气闸间,手部喷洒消毒,进入第三更衣室。更换无菌鞋,手部消毒。按个人编号从"已灭菌"标识的 B 袋取出装有无菌外衣的洁净袋,检查无误再更换无菌外衣,佩戴无菌帽、口罩。注意以下事项:①按照"由上至下"的顺序进行衣裤、帽的更换;②不得将无菌服接触地面,扎紧领口、袖口,头发不得外露。穿戴好无菌服后在衣镜前检查确认是否合适,再戴上灭菌手套。

5. 手部再次消毒　在三更气闸间,75% 乙醇喷洒消毒手套后,进入操作间。

6. 退出洁净区　退出洁净区时,按进入时逆向顺序进行。在第二更衣室更衣,无须手部消毒。将无菌服换下装入原袋中,统一收集,悬挂"待清洗"标识。离开工作室。

(二) 物料、物品进出 B 级洁净区标准操作规程

1. 生产原材料及包装材料的领取

(1) 仓库人员根据生产计划准备生产原材料,车间辅助人员根据生产指令填写领料单,到仓库领料,仓库凭领料单发货。

(2) 辅助人员在交接区根据领料单对领取的原材料和包装材料的名称、规格、批号、数量、质量进行核对并领取,核对无误后,签收物料。

2. B 级洁净区物料及工器具的进入

(1) 原辅料出入:①领取的原辅料放置外清间,用浸饮用水的半湿丝光毛巾擦拭原辅料外包装后,通过气闸室传递至 D 级洁净区;②原料桶用浸有 75% 乙醇的半湿丝光毛巾擦拭,重点擦拭桶底部,放入传递窗开启,紫外光灯照射 30 分钟;③通知 B 级洁净区操作人员接收原辅料,B 级洁净区辅助

人员用浸75%乙醇溶液的半湿丝光毛巾擦拭原料桶,经周转车传入原料暂存间进行紫外光灯照射。

(2)铝盖出入:①将铝盖领取到外清间,除去外包装,将内包装用浸饮用水的半湿丝光毛巾擦拭后,通过气闸室传递至铝盖清洗间;②拆除内包装,放入铝盖清洗灭菌机;③灭菌完毕通知 C 级洁净区轧盖操作人员接收铝盖,进行烘干;④烘干后的铝盖在 A 级层流罩下出料,做好状态标识。

(3)胶塞出入:①胶塞送至物料交接区,车间领料人员在物料外清间除去胶塞外包装,使用浸饮用水的半湿丝光毛巾擦拭胶塞的塑封包装,将胶塞传至气闸室;②胶塞内包装用浸75%乙醇的半湿丝光毛巾清洁;③胶塞经 D 级洁净区走廊运入胶塞暂存间存放备用;④胶塞转移至清洗间,检查无异物后,加入胶塞清洗机清洗灭菌;⑤灭菌完毕,通知 B 级洁净区辅助人员接收胶塞,在 A 级层流罩下出料,做好状态标识。

(4)西林瓶出入:①西林瓶送至物料外清间,除掉外包装,使用浸饮用水的半湿丝光毛巾清洁塑封包装,西林瓶传送至气闸室;②西林瓶经 D 级洁净区走廊运入瓶塞暂存间存放;③西林瓶送至洗瓶机清洗,随轨道进入隧道式灭菌烘箱,灭菌后进入分装间,灭菌后西林瓶暴露环境为 B 级背景下的 A 级洁净区。

(5)需传入 B 级洁净区的原辅料、眼镜等其他物品出入:①在传递间用浸饮用水的半湿丝光毛巾擦拭后放入传递窗,打开紫外光灯,照射30分钟;②D 级洁净区人员打开传递窗,需传入 B 级洁净区的工器具等其他物品,C 级洗烘人员用75%乙醇擦拭其表面后,选择干热或湿热灭菌,灭菌后传入 B 级洁净区;③B 级洁净区使用的消毒液在 C 级洁净区配制好后,经过除菌过滤进入 B 级洁净区。

3. B 级洁净区物料、工器具的退出

使用后的空铝盖、西林瓶、胶塞从 B 级走廊传递窗退出 B 级洁净区,再通过 D 级洁净区走廊、气闸、外清间退出岗位。其他物品按相同流程退出洁净区后,由辅助员工统一处理。

4. 注意事项

(1)岗位人员核对原辅材料的名称、规格、批号、数量,无误后签收物料传递单。

(2)D 级洁净室对传入 B 级洁净区的原料等物品要进行登记,退出空铝盖、西林瓶时核对数量是否与传入相一致,不一致时及时查清原因。

(3)存放原材料和包装材料的全部货架上均应有明显的状态标识。材料名称、规格、批号、数量、状态等标志,如有变动,应及时修改。填写岗位物料领发台账,确保账、物、卡相符。

(4)物料转移过程中,注意与其他规格、型号、批号的同类物料分开放置,做好标志,避免混淆。

(三)B 级洁净区环境清洁规程

1. 清场间隔时间

(1)各工序在生产结束后,更换品种、规格、批号前应彻底清理作业场所,未取得清场合格证之前,不得进行下一个品种、规格、批号的生产。

(2)大修后、长期停产重新恢复生产前应彻底清理及检查作业场所。

(3)车间大消毒前后要彻底清理及检查作业场所。

(4)超出清场有效期的应重新清场。

2. 清场要求

(1)地面无积灰,无结垢,门窗、室内照明灯、风口、工艺管线、墙面、天棚、设备表面、开关箱外壳等清洁干净,无积灰。

(2)室内不得存放与生产无关的杂品及上批产品的遗留物。

(3)使用的工具、容器清洁无异物,无上批产品的遗留物。

(4)设备内外无上批生产遗留的物料、成品,无油垢。

3. 注意事项

(1)无菌衣更衣室应由 B 级洁净区辅助人员清洁。天花板、墙壁、灯罩、衣服架、鞋柜、净手器、盆架用浸消毒液的半湿丝光毛巾沿一个方向擦拭至洁净后再擦拭一遍。更衣室地面用浸消毒液的专用半湿丝光毛巾擦拭至无杂物、无污迹后再擦拭一遍。

(2)B 级洁净区使用的乙醇溶液等清洁剂和消毒剂需经除菌过滤后方可使用,为避免交叉污染,消毒剂需交替使用,每周更换一次。

(3)清洁完毕,更改操作间、设备、容器等状态标识,标明有效期(24 小时)。QA 人员检查合格后,发放清场合格证,退出生产岗位。

(四)环境消毒、灭菌标准操作规程

1. 臭氧消毒

(1)臭氧消毒前准备:为防止臭氧泄漏,确保臭氧在空间分布均匀和作用效率,洁净区所有门应紧闭,保持洁净室(区)相对密封。人员退出岗位后,方可消毒。

(2)臭氧灭菌程序

1)进入准备工作状态:关闭空调新风,在净化空调机正常运转的状态下,接通臭氧发生器控制柜电源,电源指示灯亮,电压表显示电源电压。

2)进入正常工作状态:按下启动按钮,工作指示灯亮,电源指示灯灭,设计定时为 2 小时,定时器开始计时,电流表显示工作电流。

3)停止工作:机器工作至预设时间(消毒结束)自动停机,工作指示灯灭,电源指示灯亮,机器恢复准备工作状态。开启新风,通风 2 小时后,人员方可进入。

洁净区在每个生产周期第 7 天,生产结束清场完毕,人员退出岗位后,进行臭氧消毒 120 分钟。

2. 甲醛灭菌

(1)灭菌条件:温度 30~40℃,相对湿度 65% 以上时,甲醛气体的消毒效果最佳。按 $10ml/m^3$ 的比例量,B 级洁净区甲醛 4 580ml,C 级洁净区甲醛 3 430ml,D 级洁净区甲醛 7 020ml。

(2)具体过程

1)将取用量的甲醛倒入甲醛发生器,放置在指定位置,打开加热器使其蒸发成气体。启动空调器风机,甲醛气体循环 60 分钟关闭空调器,房间熏蒸消毒 8 小时。

2)热排风:熏蒸消毒完成后,开启 B、C、D 级空调机组、新风阀、排风机、排风阀、房间排风机,开始热排风,时间为 8 小时,环境温度控制在 34~36℃。

3)冷排风:热排风完成后,开启制冷,关闭工业蒸汽,冷排风 4 小时后,B、C、D 级洁净区房间温度恢复至正常温度。

正常生产时,B级洁净区每个月需进行一次甲醛消毒工作,C级洁净区每3个月需进行一次甲醛消毒工作,D级洁净区每6个月需进行一次甲醛消毒工作。

3. 重点操作及注意事项

(1)臭氧灭菌时,浓度适中,时间控制在120分钟。甲醛消毒灭菌前,通知空调岗位经加湿器将相对湿度调至60%~90%。

(2)彻底清洁环境后方可进行臭氧或甲醛消毒灭菌。甲醛消毒时打开洁净区各房间的门,但通往其他洁净区的门保持关闭。

(3)甲醛消毒前,各区洁净人员分别将清洁好的洁净服放置于各区内并随大环境消毒。B级洁净服需灭菌。D级洁净区更衣室放置两套,B、C级洁净区各放置一套。

4. 甲醛蒸发锅的清洁
消毒完毕,人员穿戴洁净服从洁净室取出甲醛蒸发器,传递至车间外部,辅助人员佩戴防毒面具,倒出残液,向锅内加入水,用毛刷刷洗残渣,直至干净后备用。

5. 消毒完毕,岗位员工要及时清洁岗位。

点滴积累

人员进出A/B级洁净区标准更衣程序为:进入大厅→进入洗盥室→进入二更→进入三更→手部再次消毒→退出洁净区。离开工作室。

目标检测

简述B级洁净区的清场要求。

ER 6-2-2

项目二
复习导图

项目三　生产冻干粉针

项目三
教学课件

学习目标

1. **掌握**　按批生产指令进行洗瓶(联动生产线)岗位操作。
2. **熟悉**　洗瓶的生产工艺操作要点及其质量控制要点。
3. **了解**　按 QCL 型立式转鼓式洗瓶机、隧道式灭菌烘箱的操作规程进行设备操作。

导学情景

情景描述

冻干粉针车间现生产一批产品,工作内容涉及人员卫生管理、物料管理、生产设备的管理与使用、过程质量控制等。请思考:

(1) 如何设计无菌保证体系?

(2) 冻干粉针的批号如何划分?

学前导语

冻干粉针的生产主要包括:西林瓶洗烘、胶塞清洗、铝盖清洗、药液配制、药液灌装、冻干等操作。其中药液配制程序参照注射剂生产过程。

任务一　洗烘西林瓶

能力目标

会根据洗烘岗位标准操作规程完成西林瓶清洗任务。

领取任务

按批生产指令将西林瓶装入洗瓶机中清洗,并进行质量检验。洗瓶机已完成设备验证,进行洗瓶工艺验证。工作完成后,对设备进行维护与保养。

冻干粉针药液的盛装多采用玻璃制西林瓶。西林瓶的清洗、灭菌多采用洗、烘、灌联动生产线,自动化程度比较高,提高洗瓶效率的同时可避免生产过程中产生的细菌污染。

清洗设备可为旋转式或箱体式。清洗介质包括无菌过滤的压缩空气、纯化水、循环水、注射用水。

一、西林瓶洗烘岗位设备

1. QCL系列超声波洗瓶机 QCL系列超声波洗瓶机(图6-6)为立式转鼓结构,采用机械手夹翻转和喷管作往复跟踪,利用超声波和水气交替冲洗,可完成自动进瓶、超声波清洗、外洗、内洗、出瓶的全过程。整体传递过程模拟齿轮外齿啮合原理。该机通用性广,运行平稳,水、气管路不会交叉污染。

1. 网带输送；2. 缓冲注水；3. 螺杆分瓶；4. 拨瓶轮；5. 机械手结构；6. 跟踪式喷针；7. 超声水箱；
8. 水箱循环系统；9. 跟踪式喷针；10. 水位控制；11. 联机信号；12. 输出转盘；13. 同步带输出。

图6-6 立式转鼓式超声波洗瓶机

清洗程序如下:容器浸入水浴→超声波→纯化水(或注射用水)冲淋→注射用水冲淋→无菌过滤的压缩空气吹干→进入烘箱灭菌干燥。

用水冲淋时,压缩空气吹干确保水能迅速被排干,避免微粒不随水流走,残留在容器内。

2. SZK系列隧道式灭菌箱 SZK系列隧道式灭菌箱为整体隧道式结构,分为预热区、高温灭菌区、冷却区三个部分。本机采用热空气洁净层流消毒原理对容器进行短时的高温灭菌去热原,风量、风速自动无级调速,各区域温度、风压实时监控,高效过滤器更换便捷。本机可用于西林瓶、安瓿瓶的烘干灭菌。

二、西林瓶洗烘岗位操作

实训设备:QCL型洗瓶机、SZK420/27隧道灭菌烘箱。

进岗前按进入D级洁净区要求进行着装,进岗后做好厂房、设备清洁卫生,并做好操作前的一切准备工作。

(一)西林瓶清洗岗位标准操作规程

1. 配件安装、检查、试运行 检查西林瓶清洗机及隧道烘箱均已清洁;确认洗瓶用注射用水的各项指标均合格,合格方可用于西林瓶洗涤;空机运转洗瓶机,检查是否工作正常。

2. 生产过程

(1)按领料单核对西林瓶,检查检验合格证。检查西林瓶有无缺陷,如裂缝、疵点、变形、高度和直径不一致或其他外形损坏等,拣出缺陷品并堆放到指定地点。

(2)纯化水洗刷理瓶盘,烘干备用。

(3)打开纯化水、注射用水、压缩气阀门,应满足纯化水压力 ≥0.2MPa,注射用水压力 ≥0.2MPa,压缩空气压力 ≥0.2MPa。

(4)开启隧道灭菌烘箱各风机、排风机,开启加热电源。温度上升至 250℃ 以上可开始走网带,升至 350℃ 以上方可开始进瓶,灭菌时间大于 5 分钟,固定网带运行频率 37.5Hz,进瓶口压差不能大于 250Pa,冷却段不能形成负压,加热段两段压差维持在 ±5Pa 之间。

(5)洗瓶段主要工作流程为进瓶、粗洗、精洗、检查,并注意中间品控制。

1)进瓶:将人工理好的西林瓶慢慢放入分瓶区。

2)粗洗:西林瓶运行至水槽中,水槽中的水温温度控制在 50~60℃,采用超声波进行清洗。

3)精洗:压缩空气将西林瓶内、外壁的水吹干,循环水对西林瓶内、外壁进行清洗;随后压缩空气再次吹干西林瓶内、外壁的水;再采用注射用水进行两次瓶内壁冲洗,最后用洁净压缩空气把西林瓶内外壁上的水吹净。

4)检查:操作过程中,随时注意检查以下项目:①各喷水、气的喷针管有无阻塞情况,如有,及时用 1mm 钢针通透;②西林瓶内外所有冲洗部件是否正常;③纯化水、注射用水的过滤器是否符合要求;④注射用水冲瓶时的温度、压力;⑤压缩空气的压力、过滤器是否符合要求。

(6)洗瓶中间控制:取洗净后的 10 个西林瓶目检洁净度是否符合要求,每班需检查两次,同时记录检查结果于批生产记录中。

(7)干燥灭菌:在 A 级层流保护下,在超声波洗瓶机中洗净的西林瓶输送至隧道灭菌烘箱干燥灭菌。

灭菌温度 ≥350℃,灭菌时间 5 分钟以上,灭菌结束后出瓶,控制出瓶温度 ≤45℃。灭菌过程中不断查看:预热段、灭菌段、冷却段温度是否正常;各段过滤器的性能、风速、风压有无变化。每 30 分钟记录灭菌段温度、排风速度、冷却温度,每 120 分钟记录以下数据。

1)5 个压差数值:隧道烘箱进口处与洗瓶间的压差,以及预热段、灭菌段、冷却过滤器的前后压差。各压差数值按规定控制在 117.7Pa,如发现达不到该数值,操作人员应报告车间主任检查电机本身或检查过滤器是否堵塞。

2)3 个自动记录仪上的数值:灭菌段温度、网带速度、灭菌段风压。

3)5 个电机选速:排风、进风、热风、冷却 1 段、冷却 2 段的电机速度。

3. 结束过程

(1)洗瓶结束,关闭洗瓶机,统计瓶子数量并做好记录。

(2)生产结束后,按"清场标准操作规程"程序要求进行清场。

(3)按要求完成记录填写。做好房间、设备、容器等清洁记录。清场完毕,填写清场记录。上报

QA 人员检查,合格后发清场合格证,挂"已清场"标识牌。

4. 异常情况处理

(1)洗瓶机若出现 1 小时内无法修复,应及时通知工序负责人和车间,由车间和工序负责人通知相应的岗位人员,按各岗位的要求进行处置。

(2)当其他工序出现异常情况时,应根据工序安排进行处置。

(3)洗瓶过程中容易出现的问题及处理办法见表 6-3。

表 6-3 洗瓶过程中容易出现的问题及处理办法

常见问题	处理办法
洗瓶机网带上冒瓶或超声波进绞龙区易倒瓶	调整网带整体高度、输送网带速度,减少摩擦力或增加弹片,调整各部位间隙及交接高度,检查超声波频率是否开得适当
注射用水、循环水、压缩空气压力不足或喷淋水注不满瓶而浮瓶子	检查供水系统,增加高压水泵,检测滤芯是否堵塞,按要求更换新的滤芯,检测水泵方向是否正确,检查管道是否堵塞,清洗水槽过滤网和喷淋板
水温过高导致绞龙变形,绞龙与进瓶底轨间隙过大而掉瓶或破瓶	洗瓶机使用的注射用水一定要控制在 50℃左右,超过此温度需增加热转换器控制好水温,调整绞龙与底轨之间的间隙,绞龙变形严重需更换新的绞龙
进瓶绞龙与提升拨块交接出现阻卡现象	松开绞龙右端联轴器夹紧套上 M8 内六角螺钉,转动绞龙使瓶子与提升拨块重合,再拧紧夹紧套固定螺钉。手动盘车绞龙将瓶子送进拨块时无阻卡现象,则表明已调整到位,否则还需进一步调整
提升拨块、滑条由于水温过高而变形或 M4 固定螺钉易松动脱落导致卡死整台机	将提升拨块、滑条拆下来全部检查。将滑条、轴承、M4 固定螺钉重新加胶拧紧螺钉,滑条变形的需重新更换,轴承损坏需更换新的不锈钢轴承,更重要的还是要控制好水温
圆弧栏栅、提升拨块与机械手夹子交接区易破瓶或掉瓶	①调整不锈钢圆弧栏栅与瓶子的间隙,松开不锈钢圆弧栏栅两颗 M8 外六角固定螺钉,使提升拨块内瓶子与圆弧栏栅保留有 1~2mm 的间隙;②调整提升拨块瓶子与机械手夹子对中,提升凸轮与机械手夹子交接时间。松开提升凸轮轴下面传动链轮上 4 颗 M8 外六角螺钉,便可以旋转提升凸轮使拨块瓶子正好送到机械手夹子的中间
大转盘间隙过大,摆动架间隙过大,喷针对中不好,易弯	调整大转盘传动小齿轮与大齿轮的间隙,检查传动万向节、所有传动的关节轴承、摆动架大铜套、跟踪和升降凸轮、减速机、凸轮与凸轮主轴和键的所有间隙是否过大,所有传动轴承是否磨损。全面调整它们相互间的间隙,使之在范围之内,超过一定范围必须更换零部件减少它们之间的间隙,使得所有间隙在允许范围内才能正常运行。间隙消除后再调整校正喷针与机械手导向套对中
喷针与机械手导向套的对中发生偏移	在大转盘和喷针摆动架位置确定情况下才能调整它们的相互对中,首先手动盘车使喷针往上走,当走到接近机械手导向套时再来调整喷针与导向套的对中。如果所有喷针都往一个方向偏时,可以单独整体微调摆动架,松开摆臂上两颗 M12 夹紧螺钉进行微调。如果单个相差,可以将摆动架安装板和喷针架进行前后和左右调整
摆动架和大转盘错位	调整摆动架升降连杆,使摆动架与水槽的最高边缘保留 5~10mm 的间隙,摆动架走到最右端时与大转盘升降座要保持 5~10mm 的间隙且不能相碰撞
洗瓶机机械手夹子与出瓶拨块或拨轮交接区易掉瓶或破瓶	调整出瓶栏栅与出瓶拨块瓶子之间的间隙,夹子与同步带出瓶拨块的交接时间
出瓶栏栅与同步带拨块、出口与烘干机过桥板区易倒瓶和破瓶	调整出瓶栏栅与拨块之间的间隙,检查它们的交接时间,出瓶前叉与同步带拨块及出瓶弯板的间隙大小,正确调整来瓶信号和挤瓶信号接近开关以及进瓶弹片的弹力大小

(二) 西林瓶洗瓶中间品检查

生产过程中，每 2 小时检查西林瓶澄明度，每 1 小时检查超声波水、循环水、注射用水、冲瓶压缩空气压力。

在洗瓶时应注意微粒的控制，符合以下要求。

(1) 注射用水澄明度：每 300ml 检出 200~300μm 的微粒不得超过 5 个，无大于 300μm 的微粒。

(2) 洗瓶后的瓶子：每瓶检出 200~300μm 的微粒不得超过 2 个，无大于 300μm 的微粒。

(三) 西林瓶清洗(烘干)工序工艺验证

1. 验证目的 西林瓶清洗工序工艺验证考察洗瓶用水质量，隧道烘箱运行时间、温度，西林瓶洗涤、灭菌效果。考察洗瓶工艺的稳定性。

2. 验证项目和标准

(1) 工艺条件：超声波开启时间，压缩空气压力、清洗时间、流量，循环水循环次数、循环水的水温，洗瓶用水的可见异物检查等。

(2) 验证程序：按工艺规程进行洗瓶、干燥、灭菌。取洗净的空瓶装水检查可见异物。记录干燥、灭菌的工艺过程，如温度、时间等。查阅西林瓶干燥、灭菌过程，打印记录的数据。按"无菌检查操作规程"检查西林瓶的无菌性。

(3) 洗瓶清洁度测定：取连续生产的 3 个批次，每批取样 3 次。每 30 分钟取 50 支，灌装合格的注射用水，采用灯检法进行观察，剔除不合格品，同时计算西林瓶清洁合格率。

(4) 合格标准：①过滤后的纯化水、注射用水的可见异物，洗涤后西林瓶的清洁度，最终冲洗水应符合标准要求；②记录数据，干燥、灭菌过程的运行时间、温度应达到程序设定值；③被检验的所有西林瓶均应无微生物生长。

(四) 洗瓶设备日常维护与保养

1. QCL 超声波洗瓶机的日常维护和保养

(1) 清洗：清洗洗瓶机大转盘、上下水槽、洗瓶机管道，清洗及更换洗瓶机滤芯。

(2) 润滑：定期对各运动部件进行润滑。法兰件及易生锈的地方均应涂油防锈；摆动架上的滑套采用 40# 机械油润滑；链条、凸轮、齿轮采用润滑脂润滑；及时更换蜗轮蜗杆减速机的润滑油。

(3) 更换易损件：输瓶网带的下瓶区两边进瓶弹片失去弹力需及时更换；机械手夹头、弹簧、导向套、喷针、摆臂轴承、复合套如有磨损需及时更换；滑条、提升拨块、出瓶拨块、同步带、绞龙磨损后间隙过大需及时更换。

2. 隧道灭菌烘箱的日常维护与保养

(1) 应每周对使用设备工作腔内部进行清洁，应每月拆卸对流壁，彻底清洁烘箱的风道。设备应每半年至少作一次验证，发现热分布不好或尘埃粒子超标应更换高效过滤器。

(2) 每周应检查循环风机润滑脂，如缺少应及时补充。每半个月检查一次设备的电器部分线柱是否有松动现象。设备运行结束后，清洁设备表面、控制面板。设备连续运行一年后，须对设备内部进行一次全面的拆卸、清洗，须加机油和润滑脂的在清洗后重新加注机油、润滑脂。

ER 6-3-2
QCL 型洗瓶
机标准操作
程序(参考)

冻干粉针用西林瓶须经过清洗、干燥与灭菌后方可用于灌装药液,现生产多采用立式转鼓式超声波洗瓶机、隧道式干热空气灭菌干燥机构成的生产线。为保证质量,对于立式转鼓式超声波洗瓶机须监控水、气压力,水温与洁净度,对于隧道式干热空气灭菌干燥机须监控不同功能段与操作室的压差、温度,并按规定对隧道式干热空气灭菌干燥机开展性能确认,保证达到灭菌要求。

任务二　清洗胶塞

能力目标

1. 能根据批生产指令进行胶塞清洗岗位操作。
2. 能描述胶塞清洗的生产工艺操作要点及其质量控制要点。
3. 会按照胶塞清洗机等的操作规程进行设备操作。
4. 能对胶塞清洗工艺过程中间产品进行质量检查。
5. 会对胶塞清洗设备进行清洁、保养。

领取任务

按批生产指令将胶塞放入胶塞清洗机内进行清洗,并进行质量检查。胶塞清洗设备已完成设备验证,进行胶塞清洗工艺验证。工作完成后,对设备进行维护与保养。

直接接触药品的包装材料如容器、胶塞通常存在四种污染:微生物、内毒素、外部微粒和外部化学污染。清洗操作可以将微粒、化学污染、内毒素控制在规定的要求。必要时,清洗后的物料需灭菌后方可使用。物料的清洗、灭菌工艺均应经过验证。

药品包装材料所使用的胶塞由合成橡胶制成。橡胶具备弹性好、耐磨性好、可灭菌、易于着色等特点,具备提供高密封性、利用率高、清洗简便、硬度可调等性能。合成橡胶制成的胶塞,其主要污染物为丁基化合物、金属粒子(胶塞模板)、润滑油,以及配方中可萃取物质,如硫、酚类、醛类及酮类化合物。如有安全性、耐高温等更高要求时,可选用聚四氟乙烯或硅橡胶,此橡胶多用于制造软管和垫圈。

常用的卤化丁基橡胶包括需洗涤的胶塞、需漂洗的胶塞、免洗胶塞和即用胶塞。四类胶塞在清洗时有所调整。

1. 需洗涤的胶塞　清洗时需用大量清洗剂、清洗用水进行漂洗和精洗,用硅油适当硅化,硅化后进行灭菌、烘干。用于密封药品的胶塞,可先密封药品再进行最终灭菌。此类胶塞具有中高等的微生物污染、热原污染及微粒污染(纤维、胶屑等)。

2. 需漂洗的胶塞　使用前用适量的热注射用水漂洗,并用硅油适当硅化,硅化不宜过度,否则会产生跳塞现象,硅化后再经灭菌、烘干。用于密封药品的胶塞可密封药品后进行最终灭菌。此类胶塞在生产厂已经过深层次清洗,并经过初步灭菌。

3. 免洗胶塞 免洗胶塞简称 RFS(ready-for-sterilization closure),使用前拆开包,灭菌即可使用。此类胶塞在生产厂时已使用注射用水进行最终清洗,有效去除了细菌内毒素、微生物及微粒。采用专用的 RFS 袋(俗称呼吸袋)进行包装,选用此类胶塞可减少或取消胶塞进厂后的产品质量再控制,可减少胶塞洗烘过程。但由于包装袋的限制,灭菌方法通常采用蒸汽灭菌、环氧乙烷灭菌和 γ 射线灭菌,不适于干热灭菌。

4. 即用胶塞 即用胶塞简称 RFU(ready-for-use closure),具有免洗胶塞的所有特性,并经过提前灭菌,无须再次灭菌。

一、胶塞清洗设备

KJCS-E 全自动胶塞清洗机(图 6-7)采用全自动进料方式,胶塞可以在同一容器内进行清洗、硅化、在线清洗、纯蒸汽在线灭菌、热风循环干燥、辅助真空气相干燥和螺旋自动出料等,均连续运行。利用超声波空化清洗,清洗桶慢速旋转搅拌,清洗箱双侧溢流,清洗液循环过滤等,洗涤效果较好,且纯化水和注射用水单独接入,能按生产工艺的需要自动切换,避免两水混淆。系统控制阀门在所有工艺介质的压力满足设定要求时,方可开启,以保证设备正常运行。

图 6-7 KJCS-E 全自动胶塞清洗机

二、胶塞清洗操作

实训设备:KJCS-E 全自动胶塞清洗机。

进岗前按进入 D 级洁净区要求进行着装,进岗后做好厂房、设备清洁卫生,并做好操作前的一切准备工作。

胶塞清洗工作流程如下:

（一）胶塞清洗岗位标准操作规程

1. 配件安装、检查、试运行 胶塞经物流通道拆去外包装，进入胶塞贮存间，经紫外传递窗（风机延时 99 秒）进入胶塞清洗岗位。

检查胶塞是否具备检验合格证，同时检查是否有破损、厚薄不均等现象，拣出不合格品堆放在指定位置。

确认洗胶塞用注射用水的各项指标均合格，检查其可见异物，合格后方可用于胶塞洗涤。

胶塞完全吸入设备腔体后，检查胶塞机进料斗门和出料门是否关好。

打开注射用水、真空泵、蒸汽阀门、压缩空气阀门，检查各压力及真空度是否满足工艺要求。要求注射用水压力 ≥ 0.2MPa，压缩空气压力 ≥ 0.35MPa。

2. 生产过程

（1）上料：打开进料真空吸料阀，由真空控制器控制，将胶塞吸入清洗腔内，关闭进料口盖。

（2）开机：选择清洗程序，通过自动程序控制操作。

（3）粗洗：用经过滤的注射用水喷淋粗洗 3~5 分钟，喷淋水直接由箱体底部排水阀排出。进行混合漂洗 15~20 分钟，混洗后的水经排污阀排出。

（4）漂洗 1：粗洗后的胶塞经注射用水漂洗 10~15 分钟。

（5）中间控制：漂洗 1 结束后从取样口取洗涤水检查可见异物是否合格，若不合格，则用注射用水洗涤至合格。

（6）硅化：硅油量为 0~20ml/ 箱次。硅化温度为 ≥ 80℃。

（7）漂洗 2：硅化后，排空腔体内的水，再用注射用水漂洗 10~15 分钟。

（8）中间控制：漂洗 2 结束后，从取样口取洗涤水检查可见异物是否合格，若不合格，则用注射用水洗涤至合格。

（9）灭菌：蒸汽湿热灭菌，温度大于 121℃，灭菌时间大于 15 分钟，即 $F_0 \geq 15$。

（10）真空干燥：启动真空泵抽真空，使真空压力不大于 0.09MPa。

3. 结束过程 清洗结束后关闭清洗机。将洁净胶塞置于层流罩下的洁净不锈钢桶内，贴上标签，标明品名、清洗编号、数量、卸料时间、有效期等，并签名。灭菌后胶塞应在 24 小时内使用。

生产结束后，按"清场标准操作规程"要求进行清场，做好房间、设备、容器等清洁记录。

按要求完成记录填写。清场完毕，填写清场记录。上报 QA 人员检查，合格后，发清场合格证，挂"已清场"标识牌。

ER 6-3-3
KJCS-E 全自动胶塞清洗机标准操作程序（参考）

（二）胶塞清洗中间品的质量检查

胶塞在使用前应检查其可见异物,合格后方可使用。QA人员取样检测干燥失重及无菌。

清洗过程中需进行微粒控制,以保证胶塞洁净。

胶塞澄明度:每只胶塞检出200~300μm的微粒不超过2个,无大于或等于300μm的微粒。

（三）胶塞清洗设备日常维护与保养

在正常使用条件下,气动球阀应每2年更换一次密封圈。支承主轴的可调心滚动轴承采用钠脂或锂脂润滑,润滑脂每年需更换一次。摆线减速机每年更换一次润滑油。水环真空泵每年由专业人员进行一次检修。

主传动轴口的两套机械密封应使用硅油。

当流经蒸汽过滤器、呼吸过滤器的阻力大于规定值1倍时,应拆下滤芯进行清洗或更换。应定期检查气源处理三联组合件,雾化器应在无油时加入雾化油。

电器控制柜内的元器件每年需进行一次检查、保养。检查接线的可靠性,必要时更换不正常的电子元件和控制线。胶塞清洗机中的其他与电源有关的部件、元器件需每半年检查一次接线的可靠性。

经常检查安全接地线的接触是否良好,一旦发生不良现象应及时更换。每3个月应对电接点压力表对应控制的压力范围进行一次核对。每个月进行一次电气回路、蒸汽管路、冷却水管路和压缩空气管路的检查,如有故障应及时排除。

点滴积累

冻干粉针用胶塞有多种规格,对于需清洗、干燥与灭菌的胶塞,目前生产上多采用全自动胶塞清洗干燥灭菌机。为保证无菌,进料区域为C级,出料区域至少为C级背景下的A级,可采用无菌小车、呼吸袋等方式进行胶塞的转运。

任务三　清洗铝盖

能力目标

1. 能根据批生产指令进行铝盖清洗岗位操作。

2. 能描述铝盖清洗的生产工艺操作要点及其质量控制要点。

3. 会按照BGX-1铝盖清洗机的操作规程进行设备操作。

4. 能对铝盖清洗工艺过程中间品进行质量检查。

5. 会对铝盖清洗机进行清洁、保养。

按批生产指令将铝盖放入清洗机内进行清洗,并进行质量检查。铝盖清洗设备已完成设备验证,进行铝盖清洗工艺验证。工作完成后,对设备进行维护与保养。

为保证冻干制剂的无菌,防止压塞不严,冻干制剂常采用胶塞加铝盖的密封系统,铝盖虽不直接接触药品,但也应经过适当的清洗方可使用。

一、铝盖清洗设备

BGX-1 铝盖清洗机经拌筒的滚动、搅拌、水循环系统的高速喷淋,以及压缩气体激起的泉涌、冲浪等作用下,达到清洗的效果,见图 6-8。

二、铝盖清洗操作

实训设备:BGX-1 铝盖清洗机。

进岗前按进入一般生产区要求进行着装,进岗后做好厂房、设备清洁卫生,并做好操作前的一切准备工作。

(一) 铝盖清洗岗位标准操作规程

1. 生产过程

(1)领料:领料员根据生产指令领取铝盖,核对

图 6-8 BGX-1 铝盖清洗机

规格、批号、数量等,由物流通道进入车间,经脱外包装后进入岗位。

(2)装料:装好进料斗,将铝盖加入清洗机内。

(3)开机:设置粗洗时间、洗涤温度、漂洗时间、精洗时间、放水时间、冲洗时间、烘干温度和时间参数。仪器进入自动运行状态。

(4)粗洗:高压喷淋水冲洗铝盖,滚筒翻转,水流从放水口带走比重较大的杂质。

(5)漂洗:循环水注水,铝盖在滚筒中翻转漂洗,水流从溢流口带走比重较小的杂质。

(6)精洗:纯化水经过滤后由喷淋管喷出,对铝盖进行精洗。

(7)取样检查:合格后,进入下一步操作。不合格须重复粗洗、漂洗、精洗直至合格。

(8)冲洗:放掉清洗槽中的水,待水放尽后,开启水泵冲洗。

(9)烘干:开风机、加热,将水分蒸发排出。

(10)出料:在轧盖室装好出料斗,调好合适转速,自动出料。

2. 结束过程

(1)铝盖清洗结束,关闭铝盖清洗机。将装有铝盖的聚乙烯袋袋口扎紧,并做好产品标识。

(2)生产结束后,按"清场标准操作规程"要求进行清场,做好房间、设备、容器等清洁记录。

全自动铝盖
清洗机标准
操作程序
（参考）

(3)按要求完成记录填写。清场完毕,填写清场记录。上报 QA 检查,合格后,发清场合格证,挂"已清场"标识牌。

3. 注意事项

(1)开始烘干时,应打开排水口,排尽管道里的水,注意下批开始清洗时,要关掉排水口。

(2)在烘干温度接近目标温度前,打开出水阀,排尽清洗桶里的余水,保证干燥程序的顺利进行。

（二）铝盖清洗中间品质量控制

目视法检查铝盖的清洁、干燥程度,同时检查铝盖表面的光泽,表面光泽应同清洗前基本一致。

（三）铝盖清洗设备日常维护与保养

出料大门的两个折弯转轴处,每班应从油嘴注入微量硅油。主传动轴上的两套机械密封的密封面,每班应加入少量硅油。

每班查看水阻和风阻,当阻力大于规定值 1 倍时,应将水过滤器、空气过滤器滤芯拆下清洗或更换。查看空气雾化器,及时添加雾化油。

> **点滴积累**
>
> 冻干粉针用铝盖属于密封系统,起到密闭等作用。为保证产品质量,铝盖使用前需进行清洗与干燥。

任务四　冻干粉针灌装

能力目标

1. 能根据批生产指令进行冻干粉针灌装岗位操作。

2. 能描述冻干粉针灌装的生产工艺操作要点及其质量控制要点。

3. 会按照灌装机的操作规程进行设备操作。

4. 能对冻干粉针灌装工艺过程中间产品进行质量检验。

5. 会进行冻干粉针灌装岗位工艺验证。

6. 会对冻干粉针灌装机进行清洁、保养

领取任务

按批生产指令将配好的药液灌装入西林瓶内,并进行质量检验。灌装设备已完成设备验证,进行无菌灌装工艺验证。工作完成后,对设备进行维护与保养。

冻干粉针为非最终灭菌产品,必须采用自动化灌封系统在无菌环境下进行灌装,该系统可采用隔离技术,可最大限度地减小污染风险。

一、西林瓶灌装设备

YG-KGS8 型灌装机如图 6-9 所示,本机由送瓶转盘、绞龙输送、跟踪灌装、盖胶塞系统、出瓶轨道和电控等部分组成。依靠同步跟踪灌装装置,带动针头一次完成灌装动作。通过转盘、绞龙送瓶,针头跟踪绞龙定位。灌装泵按照电控装置的快慢及装量的多少进行灌装。最后,进入滚轮式盖胶塞工位,完成半压塞或全压塞、出瓶等动作。本机适用于冻干粉针液体灌装。整个灌装过程处于 B 级背景下的 A 级保护,设备采用隔离技术实现无菌保护。

图 6-9　YG-KGS8 型灌装机

二、西林瓶灌装操作

实训设备:YG-KGS8 型灌装机。

进岗前按进入 A/B 级洁净区要求进行着装,进岗后做好厂房、设备清洁卫生,并做好操作前的一切准备工作。

(一)冻干粉针灌装岗位操作规程

1. 设备安装配件、检查及试运行

(1)检查配液器具是否清洗干净并贴上待用标志。

(2)进入岗位后,启动 A 级层流罩,检查层流罩的运行是否正常。

(3)检查瓶、胶塞的澄明度,检查过滤后药液的澄明度是否符合要求,并按灌装指令单要求确认装量差异是否符合要求,当一切正常时,方可开机灌装。

2. 生产过程

(1)西林瓶准备:西林瓶经洗瓶、干燥灭菌除热原后经隧道式灭菌干燥机在 A 级层流罩保护下经后转盘、输送带、灌装机前转盘进入灌装机。

(2)胶塞准备:胶塞经胶塞清洗机清洗、灭菌、干燥后经无菌袋式的转运系统或 STS 胶塞无菌转运系统转运至灌装机旁,在隔离器保护下倒入胶塞振荡器中。

(3)药液无菌过滤:药液根据配液岗位的工作情况,准备好后进行无菌过滤(A 级层流)。无菌过滤前,应检查过滤器组件消毒灭菌记录,完成过滤器完整性测试。完整性试验合格后,按过滤操作规程进行无菌过滤。依据《药品生产质量管理规范(2010 年修订)》附录 1 第七十五条,除菌过滤器使用后,应立即对其完整性进行检查并记录。

(4)药液灌装:配液岗位通知后,打开墙上的与配液间连接的管路通道,封好过滤管口,将过滤

管插至配液间,由配液间人员与配液容器连接。将过滤器组件与过滤容器连接,并连接好真空管和输液管,检查无误后开真空,开始抽滤。

药液接通后,一般先打出 500ml 左右,以防药液被稀释,此部分药液可回收。启动主机灌装,药液顺利灌装到西林瓶,以不溅起为宜。

每半小时检查一次装量并做好记录,灌装的初始、中间、尾段要进行澄明度检查,每次 3 支,应符合要求。

胶塞自由下落半压瓶口,正常灌装加塞后的西林瓶通过自动进出料系统,待进冻干机干燥箱。

(5)放入冻干:已灌装并半压塞瓶子沿 A 级层流保护通道送入冻干机中的搁板上,在瓶子四周安上不锈钢边框后抽出底盘,每层搁板可放 6 个不锈钢盘。灌装结束后,关上冻干机门并锁紧,然后通知冻干岗位人员开机运行。

灌装过程中应记录下列数据:每 2 小时记录隧道烘箱后转盘、灌装机前转盘、灌装机 A 级层流罩的压差。每 2 小时检查瓶子和半成品的澄明度。每 30 分钟检查每个注射剂的装量差异。

3. 生产结束　在过滤准备阶段,由 1 人设置过滤参数,其余 2 人进入冻干机出口间,开始上一批冻干箱的出箱准备。

接到冻干岗位人员通知后,打开箱门,用接盘将瓶子从冻干机搁板上拉出后放到接盘上,送到轧盖转盘进口处,将瓶推入转盘中,同时通知轧盖岗位人员开始轧盖。

冻干出箱结束后,关上箱门,通知冻干机操作员进行冻干机的 C.I.P 和 S.I.P 程序。然后出箱人员对冻干机出口间进行清场,清场合格后准备下一批的灌装和进箱。

(二) 灌装中间品的质量检验

冻干粉针灌装中间品需进行以下项目的控制。

1. 瓶子澄明度　每瓶检出 200~300μm 的微粒不超过 2 个,无大于 300μm 的微粒。

2. 胶塞　每只胶塞检出 200~300μm 的微粒不超过 2 个,无大于 300μm 的微粒。

3. 装量差异　标准装量 ±7.5%。

(三) 粉针灌装工序工艺验证

1. 验证目的　粉针灌装工序工艺验证主要考察药液可见异物、灌装效果,评价灌装工艺稳定性。

2. 验证项目和标准　工艺条件包括灌装药液的可见异物、药液从稀释到灌装的时间限制等。

(1)验证程序:按工艺规程灌装,在灌装过程中每 30 分钟取样 1 次,检测药液可见异物。灌装生产操作人员在生产过程中控制装量,质量监控员在正式灌装生产前及生产过程中负责抽样检查装量。

(2)合格标准:药液可见异物符合质量标准要求。注射剂装量应符合规定。

(四) 粉针剂灌装设备日常维护与保养

冻干粉针灌装设备应注意机器的润滑:灌装架的跟踪部件上的机油室用于跟踪机构的纵向移动滑块的润滑。各齿轮、链轮、凸轮工作部件每周加一次润滑脂。其他传动部件每天加一次润滑脂,带座球轴承每月加一次润滑脂。

ER 6-3-5

YG-KGS8
灌装机标准
操作程序
(参考)

涡轮蜗杆减速机在出厂前已加好油。正常情况下，设备半年后更换一次，以后每一年更换一次。

任务五　冻干

能力目标

1. 能根据批生产指令进行冻干岗位操作。
2. 能描述冻干的生产工艺操作要点及其质量控制要点。
3. 会按照冻干机的操作规程进行设备操作。
4. 能对冻干工艺过程中间产品进行质量检验。
5. 会进行冻干岗位工艺验证。
6. 会对冻干机进行清洁、保养。

领取任务

按批生产指令将冻干机内的药液进行冻干，并进行质量检验。冻干机已完成设备验证，进行冻干工艺验证。工作完成后，对设备进行维护与保养。

　　冻干的全称是真空冷冻干燥，是将含水物料冷冻至共晶点以下，凝结成固体后，在适当真空度下逐渐升温，利用水的升华性能使冰直接升华为水蒸气，再利用真空系统中的冷凝器将水蒸气冷凝，使物料低温脱水而达到干燥目的的一种技术。该过程包括三个步骤：预冻、一次干燥（升华）、二次干燥（解吸附）。

一、冻干设备

　　DX 系列真空冷冻干燥机（图 6-10）采用优质不锈钢制造，具有以下特点：①设备的能耗低，冷凝器结构紧凑，捕水能力大，不需要使用扩散源也能达到高真空度要求；②采用液体循环进行冷却和加热在 –40~70℃ 范围内，维持同一搁板的不同位置及板与板之间温差控制在 ±1℃，保证整批产品质量均一；③配置有自动压塞装置，避免了产品与外界的接触，保证了产品的纯度，板层能上下自由移动，便于进出料及设备的清洗、消毒；④控制系统采用程式输入的先进装置，设备能正确地自动运行，并且将整个冻干周期内的数据记录,打印,供保存和分析;⑤采用综合报警系统和联锁控制机构,可避免产品在操作失误或配套设施出错时蒙受损失;⑥配置有限量泄漏控制仪,可缩短冻干周期2~3小时。

图 6-10　DX 真空冷冻干燥机

二、冻干岗位操作

实训设备:DX 系列真空冷冻干燥机。

进岗前按进入一般生产区要求进行着装,进岗后做好厂房、设备清洁卫生,并做好操作前的一切准备工作。

(一)冻干岗位标准操作规程

1. 生产过程

(1)确认物料:与灌装岗位工作人员联系,确认冻干机内已放入待冻干物品。

(2)设置程序:根据待冻干药物的冻干曲线设置程序,进行产品冻干。

(3)预冻:冻干箱内缓慢制冷,使产品从液态转化为固态,使制品完全冻结。

(4)升华干燥:当制品温度达到 –35℃以下时,保持 1 小时,确保每块板的制品温度都达到此温度。打开压缩机对冷凝器进行降温,当后箱冷凝器温度降至 –45℃以下,保持一段时间。打开真空泵 5 分钟后,打开小蝶阀,对冷凝器进行抽真空,对后箱抽 20 分钟后,打开大蝶阀,真空泵对整个系统抽真空,当干燥箱内真空度达到 13.33Pa 以下关闭冷冻机,通过搁置板下的加热系统缓缓加温,供给制品在升华过程中所需的热量,使冻结产品的温度逐渐升高至 –20℃,药液中的水分就可升华,基本除尽后转入二次干燥阶段。

(5)二次干燥:在冻干过程中,冻结冰已不存在时,升华阶段结束,但制品中还剩下 5%~10% 的水分,并没达到工艺要求,要进行二次干燥,二次干燥的温度根据制品性质确定,一般保持 2 个小时左右冻干过程即结束。

每个冻干过程均需进行压力测试,符合要求程序再继续运行,冷冻和干燥过程数据记录按表 6-4 填写。

程序运行完成,进行压塞后再出箱。

表 6-4　冷冻机设备运行记录

年　　月　　日

日期	机器名称	附机	开机时间	开机温度	停机时间	停机温度	停机原因	运行压力	运行结果
备注:									

操作人:　　　　　　　　　　审核人:

2. 生产结束　产品完全出箱后,开启化霜程序进行除霜。待冷阱内无霜即可关闭冻干机。

生产结束后,按"清场标准操作规程"要求进行清场,做好房间、设备、容器等的清洁记录。

按要求完成记录填写。清场完毕,填写清场记录。上报 QA 人员检查,合格后,发清场合格证,挂"已清场"标识牌。

3. 异常情况及处理

(1)含水量偏高:装入容器液层过厚,干燥过程热量供给不足,真空度不够,冷凝器温度偏高,可采用旋转冷冻机及其他相应方法。

(2)喷瓶:制冷温度过高,局部过热,制品熔化成液体,在高真空条件下,液体从固体界面下喷出来。

4. 注意事项　冻干机开机前认真检查各部位运行情况,真空泵、压缩机开动时,勿用手直接接触,出现故障时停机维修,维修时切断电源,挂上明显指示牌。

压力表及压缩机按规定使用,压力表应有合格证。

开机前冷却水首先打开,相关的制冷阀门都处于开的状态。

(二)冻干工序工艺验证

1. 验证目的　冻干工序工艺验证主要考察冻干工艺参数、冻干效果,评价冻干工艺稳定性。

2. 验证项目和标准

(1)验证程序:按制定的工艺规程冻干。连续生产 3 批,对制品冷冻最低温度、保温时间、一次干燥时间、二次干燥时间等参数进行检测,核对设备自动记录。评价冻干工艺参数符合产品质量的要求。

(2)合格标准:冷冻最低温度,×× ℃;保温时间,×× 小时;一次干燥时间,×× 小时;二次干燥时间,×× 小时;外观,产品应为疏松、完整块状物。

ER 6-3-6

DX 系列冷冻干燥机标准操作程序(参考)

(三）冻干设备日常维护与保养

1. 制冷系统

（1）检查所有截止阀（压缩机吸排气阀、供液阀、手阀等）是否处于开启状态，读数是否正常。

（2）开机查看压缩机运行声音是否正常，如果异常，先检查供电的三相电是否平衡。

（3）查看制冷管是否有异常振动，如果有，则采用相应的固定措施。

（4）检查各项运行参数，如有异常，查明原因进行处理。

2. 真空系统

（1）开启真空泵之前检查真空泵油位是否位于视镜约 1/2 处，如不足及时添加。

（2）确保后箱干燥方可使用真空泵对箱体抽真空，如果有水汽，则要使冷凝器温度低于 −45℃。

（3）检查泵是否能够在正常的时间内抽到极限真空，观察真空泵运行时是否产生杂音，真空泵油剩余量，泵头上的各链接部分是否存在松动现象，如有问题进行处理。

（4）每周打开真空泵气振阀，在空载的情况下运行 2 小时左右检查泵体是否漏油，工作是否有杂音，如有问题进行处理。

3. 循环系统

（1）开机前检查循环泵的运转方向（绿色指示灯亮为正常，红色指示灯亮为反向）。

（2）检查平衡桶液位、循环泵压力、导热油温度等参数是否正常，如有异常查找原因进行解决。

4. 气动系统

（1）确认气压是否正常，如有异常进行调整。

（2）检查润滑器润滑油液位是否正常，如缺少及时添加。

5. 在位消毒系统

（1）开机前对管道、安全阀门、疏水器、进气／排气阀门、检查门和门安全系统进行检查，如有异常及时处理。

（2）开启蒸汽灭菌前务必确保门安全位置。

点滴积累

冻干粉针冷冻岗位主要是在冷冻干燥机中完成冷冻干燥、全压塞操作，本岗位重点需要监测冷冻干燥过程中制品的温度、干燥箱内压力、搁板的温度、水汽凝结器温度随着时间的变化等。

任务六　轧盖

能力目标

1. 能根据批生产指令进行轧盖岗位操作。

2. 能描述轧盖的生产工艺操作要点及其质量控制要点。

3. 会按照 KYG400 型轧盖机的操作规程进行设备操作。

4. 能对轧盖工艺过程中间产品进行质量检验。

5. 会进行轧盖岗位工艺验证。

6. 会对轧盖进行清洁、保养。

领取任务

按批生产指令将冻干压塞好的瓶子进行轧盖,并进行质量检验。轧盖机已完成设备验证,进行轧盖工艺验证。工作完成后,对设备进行维护与保养。

轧盖的目的是轧紧瓶颈处已压的胶塞,从而保证产品在长时间内的完整性和无菌性。轧盖会产生大量的金属颗粒,影响洁净区环境,故轧盖区的设计应保证轧盖过程不会对环境要求更高的灌装间及灌装过程造成污染。

一、轧盖设备

KYG400 型轧盖机(图 6-11)用于完成上盖、带盖、轧盖、计数等工序,具有以下特点:①单刀轧盖方式(瓶子自转和公转,轧刀公转);②低噪声电磁振荡器,具有铝盖的监控装置,实现无盖停机功能;③机器上所有台面无焊缝,无死角,清洗方便;④良好的电气控制系统,在运行中保持电器散热良好;⑤操作面高出台面 250mm,可以有效地保护操作面的层流不混流。本机主要用于 2~50ml 西林瓶的轧盖。

图 6-11　KYG400 型轧盖机

二、轧盖岗位操作

实训设备:KYG400 型轧盖机。

进岗前按进入 D 级洁净区要求进行着装,进岗后做好厂房、设备清洁卫生,并做好操作前的一切准备工作。

(一)轧盖岗位标准操作规程

1. 生产过程

(1)铝盖经清洗机干燥后,置于有盖的不锈钢桶里封好,悬挂标识卡,注明品名、数量、灭菌时间,24 小时内使用。

(2)打开铝盖储存桶,将铝盖倒入铝盖振荡器。

（3）启动轧盖机，调整好压盖紧密度，使铝盖包口合适、平整，不得有裙边和松动等现象，以三指拧盖顺时针旋转不动为限，如有松动返工重轧。

（4）各项试车检查合格后，将冻干合格的半成品放入轧盖机进料旋转转盘中，开始正式生产。

（5）生产过程中随时检查轧盖质量，挑出不合格铝盖、次盖、裙边等半成品，松动瓶需返工重轧。铝盖振荡器中应保持一定量的铝盖，操作者随时注意轨道上铝盖量，以免漏轧。返工轧盖应在轧盖区进行，尽量不使胶塞撬离瓶口，如有胶塞撬离瓶口造成污染，此药瓶按废品处理。

2. 生产结束

（1）轧盖结束，关闭轧盖机。将装有轧好盖瓶子的聚乙烯袋袋口扎紧，送至中间站，并做好产品标识。剩余铝盖返回准备岗位。

（2）生产结束后，按"清场标准操作规程"要求进行清场，做好房间、设备、容器等清洁记录。

（3）按要求完成记录填写。清场完毕，填写清场记录。上报 QA 人员检查，合格后，发清场合格证，挂"已清场"标识牌。

3. 注意事项

（1）轧盖机运行中，手或工具不得伸入转动部位，轨道上有倒瓶现象可用镊子夹起。

（2）检查轧盖有松动时，要停机调整。

（3）轨道口有卡瓶现象应停机清除玻璃屑，检查碎瓶原因，并排除故障，方可开机。

KYG400 型
轧盖机操作
程序(参考)

（二）轧盖中间品的质量检查

轧盖中间品检查主要进行外观检查和气密性检查。

1. 外观检查 封口圆整光滑，不松动。

2. 气密性检查 按气密性检查方法检查，应全部合格。

冻干工艺验
证管理要点

（三）轧盖工序工艺验证

1. 验证目的 轧盖工序工艺验证主要考察轧盖后西林瓶气密性，评价轧盖工艺稳定性。

2. 验证项目和标准

（1）验证程序：按制定的工艺规程轧盖。用充有水的注射器刺入西林瓶内，观察注射器水能否自动吸入瓶内。连续 3 次并记录。

（2）合格标准：3 个手指拧铝塑盖不应有松动现象，水能够自动吸入西林瓶。

（四）轧盖设备日常维护与保养

轧盖机的日常维护与保养应做到：①检查气源压力，如有变化进行调整；②检查安全门传感器，如有故障进行处理；③检查设备各工位模具位置，位置有偏差进行调整；④紧固模具固定螺栓；⑤擦拭光电传感器探头并测试其灵敏度；⑥开机试运行查看设备运行状态。

三、无菌制剂轧盖机设置不同区域的分析

轧盖岗位的设计不同，要求也不同，如表 6-5 所示。

表 6-5　无菌制剂轧盖机设置不同区域的分析

设置区域	优点	缺点	工艺开展要求	环境控制要求	包装材料要求
B+A	洁净区简单,可以人工返工	铝盖需要灭菌,无菌控制区大(净化运行成本高)	无菌操作工艺要求	无菌工艺要求	需要灭菌
C+A	无菌控制区面积小,便于生产车间优化设计	无法返工	需要对胶塞状态进行100% 检测	非无菌工艺要求	不需要灭菌
D+A	B 与 C 区域面积减少	密闭性需检测	需要对灌装后容器进行 100% 密闭性检测	非无菌工艺要求	不需要处理

点滴积累

冻干粉针轧盖岗位通常可设为 C 级背景下 A 级或 B 级背景下 A 级,岗位操作需调整好轧盖压力,保证密闭性。

目标检测

1. 清洗过程中要注意哪些项目的检查?
2. 轧盖时需注意哪些事项?

ER 6-3-9

项目三
复习导图

项目四　成品质量检验

项目四
教学课件

学习目标

1. **掌握**　按 SOP 进行冻干粉针的质量检验。
2. **熟悉**　冻干粉针质量检验项目和操作要点。
3. **了解**　冻干制剂质量检验设备操作原理。

导学情景

情景描述

　　冻干粉针的质量控制涉及多个方面,包括工艺管理、人员及细节管理、设备选用及风险评估等,通过这些措施可以有效确保产品质量,提高灭菌保证水平,降低质量风险。请思考:如何设计冻干粉针的质量保证体系?

学前导语

　　冻干粉针的质量检验项目与注射液的不同之处主要在于需要检查装量差异和不溶性微粒,其余要求则类似。

任务　冻干粉针的质量检验

能力目标

会按照冻干粉针质量检验要求进行质量检验。

领取任务

进行注射用氨曲南冻干粉针的质量检验。

一、注射用氨曲南质量标准

(一)成品质量标准

注射用氨曲南质量检测项目及标准见表 6-6。

表 6-6　注射用氨曲南质量检测项目及标准

检测项目	标准	
	法规标准	稳定性标准
性状	白色或类白色疏松块状物	白色或类白色疏松块状物
鉴别	含量测定色谱图中,与对照品溶液主峰保留时间一致	含量测定色谱图中,与对照品溶液主峰保留时间一致
含量	90.0%~115.0%	90.0%~115.0%
pH	4.5~7.5	4.5~7.5
溶液澄清度与颜色	≤1 号浊度标准液 ≤黄色 4 号标准比色液	≤1 号浊度标准液 ≤黄色 4 号标准比色液
有关物质	符合规定	符合规定
细菌内毒素	0.17EU/mg	0.17EU/mg
水分	<2.0%	<2.0%
无菌	符合规定	符合规定
不溶性微粒	含 10μm 及以上的微粒不超过 6 000 粒,含 25μm 及以上的微粒不超过 600 粒	含 10μm 及以上的微粒不超过 6 000 粒,含 25μm 及以上的微粒不超过 600 粒

(二) 中间品质量标准

注射用氨曲南中间品检测项目及标准见表 6-7。

表 6-7　注射用氨曲南中间品检测项目及标准

中间品名称	检测项目	标准
灌封中间品	装量差异	符合规定
	封口质量	符合规定

二、质量检验操作

注射用氨曲南冻干粉针中间产品及成品质量按相关质量标准和经验证、批准后的方法展开。

> **点滴积累**
>
> 冻干粉针的质量控制涉及多个方面,包括工艺管理、人员及细节管理、设备选用及风险评估等,通过这些措施可以有效确保产品质量,提高灭菌保证水平,降低质量风险。冻干粉针产品为能够保证稳定性,要严格控制水分、不溶性微粒、可见异物、装量差异等质量项目检测。

目标检测

冻干粉针的质量检验项目有哪些?

ER 6-4-2

项目四
复习导图

项目五　粉针剂包装

ER 6-5-1

项目五
教学课件

学习目标

1. **掌握**　按批生产指令进行粉针剂包装岗位操作。
2. **熟悉**　粉针剂包装的生产工艺操作要点及其质量控制要点。
3. **了解**　按贴签机、包装机等的操作规程进行设备操作。

导学情景

情景描述

　　药品包装是指选用适宜的材料与容器,利用一定技术对药物制剂的成品进行封、装、贴标签等加工过程的总称。岗位通过封装、贴签等工艺,提供品质保证、鉴定商标与说明,以及在流通过程中保护产品,方便储运,促进销售。药品的贴签包装不仅是技术上的必要措施,也是法律规定的责任,旨在确保药品的安全、有效和合法使用。请思考:如何检查标签与说明书?

学前导语

　　粉针剂在灯检后需进行贴签(或印字、激光打码)与外包装,一般采用自动贴签机(或激光打码机),剔除不合格品后,传送至暂存区域。

任务　粉针剂包装工艺

能力目标

会进行粉针剂包装操作。

领取任务

　　按批生产指令将检验合格的半成品进行包装,并进行质量检验。包装设备已完成设备验证,进行包装工艺验证。工作完成后,对设备进行维护与保养。

一、包装设备

　　1. 不干胶贴签机　本机能自动完成口服液瓶、西林瓶等各类瓶子的不干胶贴签,采用热打印机头,微电脑全程控制,无瓶不出签,见图 6-12。

2. TQ 系列贴签机　TQ 系列贴签机（图 6-13）自动化程度高，能自动贴标签，自动打印生产批号及失效期。本机具有以下特点：①无瓶不贴签，不打印；②直线吸签方法结构简单；③可配两个独立加有消声器的干式真空泵，消除了油泵的油烟污染；④通过使用位置传感器系统实现全机自动化；⑤变频主电机从零到额定转速可无级调速。

图 6-12　JTB 型全自动不干胶贴签机

1. 小瓶输送系统；2. 涂胶机构；3. 贴签机构；4. 打字机构；5. 供签机构；
6. 电气控制系统；7. 真空系统；8. 主传动系统；9. 主机台。

图 6-13　TQ400 贴签机

二、粉针剂包装岗位操作

实训设备：不干胶贴签机或 TQ 系列贴签机。

进岗前按进入一般生产区要求进行着装，进岗后做好厂房、设备清洁卫生，并做好操作前的一切准备工作。

（一）粉针剂包装岗位标准操作规程

1. 生产过程　按包装指令单向车间物料管理员领取标签及包装物料，双方应核对无误后签字，由物料运输人员运送至岗位。

检查标签质量、贴签质量、小盒质量、大箱质量、标签批号是否合格。

经轧盖机轧好盖的半成品经轧盖后传送带分段传送至灯检处。

灯检：目视检测挑出异物、产品萎缩不全等不合格产品。

不干胶贴签机操作按"贴签机操作规程"操作；纸签贴签操作按"TQ-3 型贴签机操作规程"操作。

贴签及装箱：灯检后经传递带送至贴签机，贴好标签的产品按不同产品的包装要求放入盒中，盒内放入说明书，贴好检封，放入大箱，打包而成，作待检品寄存仓库。

说明书由说明书折叠机折叠，小盒批号由小盒批号打印机打印，大箱批号由大箱批号打印机打印。标签批号由贴签机自动打印完成。

生产过程中,每2小时抽查贴签质量、装箱质量和装盒质量。

2. 生产结束　关闭电源。打包完成的成品运至仓库作待检品寄存。

(二) 包装岗位中间品检查

包装岗位须进行以下项目的质量控制。

1. 瓶数、盒数应保证准确。

2. 瓶签斜度应小于1~5mm,离瓶底2~4mm之间,标签上批号位置准确、清晰。

3. 小盒、大箱上的批号、有效期清晰,小盒的检封和大箱的封口纸贴应整齐,大箱打包牢固、端正。

(三) 粉针剂包装工序工艺验证

1. 验证目的　包装工序工艺验证主要考察灯检后产品的可见异物、成品外观,评价包装工艺稳定性。

2. 验证项目和标准

(1)验证程序:按制定的工艺规程灯检、印字包装。质检员每30分钟抽查1次灯检后产品的可见异物,记录不合格产品数量。在包装生产过程中,根据包装质量控制表每隔30分钟进行一次检查,重点应注意检查异物和产品外观物理特性。

(2)合格标准:应符合质量标准要求。在包装生产过程中无异常现象。

案例分析

案例:2010年8月4日,黑龙江省食品药品监督管理局发现某药业有限公司生产的亚砷酸氯化钠注射液(批号为20090901)的部分产品存在标签标示规格与实际不符问题,立即责令该企业在全国范围内召回2009年以来生产的该药品全部规格产品,并进行立案调查。后查明,这是一起药品生产违反《药品生产质量管理规范》,造成错贴标签的严重质量事故。

分析:请分析案例发生的原因,思考粉针剂在标签与说明书管理过程中要注意哪些问题?

点滴积累

粉针剂包装岗位涉及贴签、装盒等工序,要保证标签、说明书及外包装材料的合格性,同时能熟练完成标签、说明书及外包装材料的生产现场管理。

目标检测

ER 6-5-2

项目五
复习导图

1. 包装岗位中间品需检查哪些项目?

2. 简述粉针剂包装的工艺验证程序。

项目六　技能比武——粉针生产虚拟技能大赛热身赛

学习目标

1. **掌握**　无菌生产环境的人员卫生管理。
2. **熟悉**　按批生产指令进行奥美拉唑钠冻干粉针原辅料的领用；按批生产指令进行奥美拉唑钠冻干粉针的生产。
3. **了解**　粉针剂生产工艺过程中间产品质量检验。

导学情景

情景描述

　　粉针剂生产需要在无菌环境下完成，操作人员按照生产指令进入生产环境，需要具备的核心能力包括无菌操作极致化、装量精度控制、偏差应急响应等。通过日常的无菌操作训练，将 GMP 条款转化为肌肉记忆，每一次手套触碰的角度、每一份记录的及时性，都在为真正的无菌药品生产筑牢防线——因为患者生命线，始于我们手下 0.1g 的精准。

学前导语

　　粉针剂生产要求严格，需要在洁净度级别较高的环境中完成，在实际操作中需要有一定的场地要求，通过虚拟仿真软件的操作，可以解决场地的局限性，在虚拟场景中完成制剂的生产操作。

任务　注射用奥美拉唑钠冻干粉针的制备

能力目标

会按照要求在虚拟软件上完成生产任务。

领取任务

根据软件下达的生产指令单，在规定的时间内按照生产要求完成奥美拉唑钠冻干粉针的制备生产。

一、处方配比

　　注射用奥美拉唑钠为白色疏松块状物或粉末，规格为 40mg（以奥美拉唑计），临用前将 10ml 专用溶剂注入冻干粉小瓶内使用。注射用奥美拉唑钠处方如表6-8所示。

表 6-8　注射用奥美拉唑钠处方

成分	mg/ 瓶	kg/10 万瓶	作用
奥美拉唑钠（以奥美拉唑计）	40	4	主药
甘露醇	200	20	保护剂 / 赋形剂
依地酸二钠	1.5	0.15	稳定剂 / 金属离子螯合剂
氢氧化钠	适量	适量	pH 调节剂
活性炭	0.4	0.04	吸附剂
注射用水	加至 2ml	加至 200L	溶剂

二、工艺流程

注射用奥美拉唑钠工艺流程如表6-9所示。

表 6-9　注射用奥美拉唑钠工艺流程

工序	工艺描述
包材清洗	按生产所需领取西林瓶、覆膜丁基胶塞、组合铝盖，经清洗、灭菌、烘干后备用
原辅料领料称量	按生产指令，领取处方量的原辅料，称量后备用
浓配	称取配液总量 80% 的注射用水于浓配罐中，将处方量的依地酸二钠、甘露醇、奥美拉唑钠加入搅拌至完全溶解
酸碱度调节	用 1mol/L 氢氧化钠或 1mol/L 盐酸溶液调节 pH 至 10.4~10.8
除热原	加入 0.02%（W/V）针用活性炭，室温搅拌吸附 15 分钟，脱炭过滤
稀配	将除炭处理好的药液泵入稀配罐中，加注射用水定容至全量，并搅拌均匀
除菌过滤	将完整性试验检查合格的 0.45μm 和 0.22μm 微孔滤膜串联，进行精滤，过滤后的药液贮存在储液罐中
中间体检查	照"注射用奥美拉唑钠中间体质量标准"检验
灌装半加塞	根据所测的中间体含量，按标示量（40mg/ 瓶）分装至 5ml 玻璃管制注射剂瓶中，半压塞后进箱
冷冻干燥	预冻：控制制品温度在 −35℃，预冻 3 小时 升华干燥：−35~0℃低温真空干燥约 22 小时 解吸干燥：0~30℃高温真空干燥 3 小时，冻干周期 28 小时
全压塞出料	冻干结束后，全压塞并出料
轧盖	轧盖过程中应每 30 分钟自查一次样品外观性状，轧盖边缘应当整齐，无凹痕，不松动
灯检	灯检，剔除灯检不合格样品
成品检验	照"注射用奥美拉唑钠质量标准"检验
入库	成品检验合格后入库

三、人员进入灌装、冻干等 B 级洁净区

1. 进入车间大门，将一些不宜放入更衣柜中的物件（如雨具）放好。

2. 进入换鞋室，关好门，将生活鞋脱下，对号放于鞋柜中，换上过渡鞋。

3. 进入一更，脱下外套，放入规定衣柜中。

4. 进入洗手、消毒间,进行手部洗手与消毒。

5. 进入二更,脱去过渡服放入更衣柜中,且从中取出装有无菌内衣的灭菌袋。按规定着装。

6. 进入手消毒间,进行手消毒。

7. 进入三更,按规程穿无菌外衣(连体衣),戴防护目镜等。

8. 进入风淋室,消毒后进入 B 级洁净区。

四、领包材、原辅料

1. **领料的检查**　领料人员持生产指令进入包材、原辅料暂存间,进行核对相关工作,如名称、生产厂家、本企业 QC 人员检验合格证、数量、外观完好性、有效性(应在检验有效期或复验有效期内)。

2. **原辅料的物流流向操作**

(1)西林瓶、铝盖、胶塞:西林瓶进入拆外包间,先对外包装纸箱清洁。采用吸尘器或抹布除去表面灰尘,再用 70% 乙醇溶液对表面消毒,然后打开纸箱,从中取出密封好的西林瓶、铝盖、胶塞,通过传递窗按规程传入暂缓间。

(2)原辅料:原辅料进入拆外包间,对外包装纸箱清洁,消毒,然后从中取出密封好的原辅料经自净传递窗传入暂缓间。

五、配液

1. **操作前生产环境检查**　检查温湿度、静压差、生产设备状态标识、容器工具,以及是否存在与本批生产无关的物料。

2. **称量**　检查电子台秤的有效性,启动除尘罩,核对、检查物料是否与本岗位"生产指令"相一致。采用去皮法按处方投料量称量相关原辅料。

为降低污染和交叉污染的风险,称量岗位可采用直排、隔离技术、局部吸尘及捕尘设施等手段来防止尘埃产生和扩散。如图 6-14 所示,称量台产生的粉尘是在单向流的气流作用下,通过有孔工作台从上至回风口排出,由除尘机捕集,避免人员吸入粉尘;垂直单向气流保护产品不受人员及尘埃的污染,但在设置时应确定产尘源操作人员位置和气流,确保人员不阻碍气流方向,回风与排风阀自动互锁。

3. **配液与过滤**

(1)过滤器完整性检查:按照过滤器完整性检查操作规程进行起泡点试验。

(2)调炭:人员进入调炭室,启动除尘罩,在装有称量好的活性炭容器中加入一定量新鲜注射用水,搅拌成糊状,备用。

(3)浓配系统操作:向浓配罐中加入配液量 70% 的注射用水,再加入称量好的原辅料,采用磁力搅拌使溶解,加入"步骤(2)"调成糊状的 0.1% 的针用活性炭充分搅拌均匀,加热至 60℃ 保温吸附 15 分钟,趁热用 3μm 钛滤棒过滤($P \geq 0.6MPa$)进行过滤,岗位操作人员按"中间产品取样标准操作规程"从浓配罐取样口处进行取样,进行可见异物的检查,合格后的滤液经管道输入稀配罐中,加注射用水至规定量,充分搅拌 20 分钟(转速 80 次 /min),经 0.45μm 微孔滤膜过滤($P \geqslant 0.23MPa$),QC 人员按"中间产品取样标准操作规程"从稀配罐取样口处进行取样,进行可见异物、pH、含量等相关中控质量指标的检查,合格后滤液再用 0.22μm 的微孔滤膜进行终端过滤($P \geqslant 0.39MPa$),滤液经管道送入 50L 的贮罐中,标明品名、批号、数量、时间、操作者,备用。

图 6-14　称量台和粉尘的控制

在整个生产过程中保持巡检状态,进行在线项目的控制,从浓配罐、稀配罐的取样口取样,根据品种要求检验,如测定 pH、含量、可见异物。

(4)起泡点试验:为保证过滤器的完整性,在药液过滤前后,及时对三级药液过滤器进行在线起泡点试验,保证其完整性符合要求。

六、西林瓶的清洗、干燥与灭菌

1. 将西林瓶从西林瓶暂缓间转接至洗瓶室。

2. 按"QCL60-Ⅲ型超声波洗瓶机操作规程"对西林瓶进行清洁。

洗瓶采用三气、三水的洗瓶工艺为:

循环用水→压缩空气→注射用水降级水→压缩空气→注射用水→压缩空气

3. 按"SZK420/27 隧道灭菌烘箱操作规程"对西林瓶进行干燥与灭菌。

白天运行,按生产指令设定好预热段、高温段、冷却段与操作室的压差,高效过滤器上端与下端的压差,预热段、高温段、冷却段的温度,隧道式灭菌干燥机网带运行速度。

七、胶塞清洗、干燥与灭菌

1. 将胶塞从胶塞暂缓间转接至清洗室。

2. 按"KJCS-E胶塞清洗机标准操作规程"进行胶塞清洗、干燥与灭菌。

在洁净区域内的物料存放室内拆除胶塞内包装,清点数量后移至胶塞处理室。真空吸入胶塞,注入纯化水、注射用水,间断地从下方通入适量无菌空气,对胶塞进行沸腾流化状清洗,器身也左右摆动,使附着于胶塞上的杂质迅速洗涤排出。漂洗结束后通入纯蒸汽湿热灭菌30分钟,温度为121℃。灭菌结束通入用无菌热空气,由上至下吹干。

3. 胶塞清洗、干燥与灭菌结束后在B级背景A级层流保护下出料,运用单向流小车胶塞转移工艺、输送机无菌传输对接胶塞转移工艺、呼吸袋包装灭菌胶塞转移工艺转运胶塞至灌装机处。

八、灌装压塞

1. 根据生产指令安装符合生产要求的灌药器,检查连接好的灌装泵、针头和分液管连接是否正常。连接方法如下:

配液系统→无菌储液罐→缓冲罐(带有终端过滤呼吸器)→分液器→灌装泵→灌针

2. 按"灌装岗位标准操作规程"操作,核对品名、批号、数量、检验报告单,确认无误达到要求后,接入药液,调整装量和压塞质量,灌装量为10ml,合格后进行连续生产,并每隔15分钟检查一次装量,并随时观察灌装压塞质量、中间品情况,挑出不合格品。每批药液应在配制后2小时内灌装完毕。

九、冷冻干燥

1. 灌装半压塞的中间产品及时通过自动进料系统在A级层流下转移至冻干箱,自上而下摆放在冻干箱搁板上,并检查温度探头摆放位置是否正确。

2. 根据生产指令设定好冷冻干燥相关生产参数及运行时序,按"冷冻干燥机操作规程"对进箱药液进行冷冻干燥。

十、轧盖

在冷冻干燥机箱内完成干燥、全压塞后,西林瓶出箱经输送轨道传送至轧盖工位,轧盖工位通常为C级或B级背景下A级,按"轧盖岗位标准操作规程"操作,随时观察轧盖情况,凡有胶塞损伤、轧盖不严(一手持瓶,一手以大拇指、示指、中指卡住铝盖边缘,成三角锥形直立,向一个方向转动,无松动表明轧盖牢固,为合格)以及其他不良品等,剔除,轧盖后的中间产品放入不锈钢盘中,并放入物料交接单。

十一、检查

1. **轧盖合格率的测试**　随机分 3 次从轧盖机出口处抽样,抽样间隔 5 分钟,每次连续抽样 100 瓶。

(1)轧盖外观试验:目测。

(2)本次试验样瓶均通过三指法检查,瓶盖无松动。

(3)密封试验:将抽样瓶置入水箱,使之完全淹没在蓝色水中,密封水箱,加压 0.18MPa,保持 40 分钟后,将样瓶取出,观察样瓶是否有水渗入,有蓝色水渗入的为不合格品。

2. **外观及可见不溶性微粒检查**　人工目检,不得有喷瓶、部分塌陷等外观质量,复溶后溶液应澄明无微粒。

项目六
复习导图

目标检测

药液灌装前要做哪些准备工作?

实训情境七

粉针剂（粉末型）的生产

项目一　接收生产指令

项目一
教学课件

学习目标

1. **掌握** 粉针剂(粉末型)生产的基本工艺流程及关键工序;无菌粉末分装工艺过程中间产品的质量检验。
2. **熟悉** 无菌粉末分装的生产工艺操作要点及其质量控制要点;粉针剂(粉末型)的质量检验及操作要点。
3. **了解** 粉针剂生产操作及无菌粉末分装设备的操作。

导学情景

情景描述

　　青霉素具有抗菌作用强、疗效高及毒性低等优点,常用其钠盐或钾盐。青霉素分子结构中含β-内酰胺环,遇酸、碱、氧化剂、青霉素酶等均能使β-内酰胺环打开失效。结晶青霉素钠盐性质较稳定,其水溶液在室温(25℃)下放置250分钟后主药含量不符合要求,37℃下放置150分钟后主药含量不符合要求,可见将其制备成水针剂不符合药物制剂安全、有效、稳定的要求。

学前导语

　　对于水溶液中不稳定的某些抗生素,如注射用青霉素钠、注射用头孢菌素类、利用发酵制备的无菌粉末等,采用粉末分装制备可以增加药物生产、贮藏的稳定性。本项目我们将学习粉末型粉针剂的生产。

任务　粉针剂(粉末型)生产工艺规程

能力目标

1. 能描述粉针剂(粉末型)生产的基本工艺流程。

2. 能明确粉针剂(粉末型)生产的关键工序。

3. 会根据粉针剂(粉末型)生产工艺规程进行生产操作。

领取任务

学习粉针剂(粉末型)生产工艺,熟悉粉针剂(粉末型)生产操作过程及工艺条件。

粉针剂(粉末型)是采用无菌生产工艺制得的剂型,将无菌原料药直接分装至洁净无菌容器内。与冻干粉针比较,包材的清洗灭菌、分装、轧盖、灯检和包装等工艺更加简单。本任务主要介绍分装。

知识链接

即配型粉 - 液双室袋注射剂

随着制药技术的发展和临床用药需求的提高,无菌分装粉针剂型有了更多创新的发展形式,其中以即配型粉 - 液双室袋注射剂为代表,将最终灭菌的药液和无菌分装的粉剂共同组成即配型软袋输液产品。该产品在使用前,只需用力按压,将粉末侧和溶液侧的中间部分开通,即可完成粉剂的溶解,极大方便患者的使用。

一、粉针剂(粉末型)生产工艺流程

根据生产指令和工艺规程编制生产作业计划。粉针剂(粉末型)生产工艺流程如图 7-1 所示。

图 7-1 粉针剂(粉末型)生产工艺流程图

(1)收料、来料验收:根据化验报告、数量、装量、包装、质量等进行验收。

(2)容器处理:将西林瓶经洗烘联动线进入干燥灭菌后冷却,胶塞清洗并干燥灭菌后待用,铝盖清洗干燥后待用。

(3)称量:应按需进行称量,复核原辅料名称、规格、数量等,按投料量称量。

(4)分装(含压塞):即将无菌原辅料药分装入洁净西林瓶内,并压塞。

(5)轧盖:一般采用自动轧盖机进行轧盖,严格剔除封口不严的产品。

(6)目检:是对流水线上产品进行逐瓶目视检测,剔除有异物的产品。

(7)包装:即是对检验合格的粉针剂贴签包装,并进行装箱打包。

分装工序必须在B级背景下的A级洁净区内进行,物料转移也需采用A级单向流保护。

粉针剂(粉末型)生产质量控制要点见表7-1。

表 7-1　粉针剂(粉末型)生产质量控制要点

工序	监控点	监控项目	检查频次	备注
车间	洁净区	沉降菌	每次大消后	静态
		尘埃粒子	每次大消后	静态
水站	纯化水	电导率、pH	1次/2h	
	注射用水	电导率、pH、氯化物	1次/2h	
灭菌	工具、工衣	温度、压力、时间	1次/柜	
洗瓶	洗净瓶	洁净度	2次/班	自然光目检
洗塞	洗塞	可见异物	1次/批	自然光目检
分装	分装间	沉降菌	每班	动态
		操作人微生物	每班	动态
		设备表面沉降菌	每班	动态
	灭菌后瓶子	干燥失重、无菌	1次/班	
		可见异物	4次/班	
	灭菌后胶塞	干燥失重、可见异物、无菌	1次/批	
	分装后半成品	装量	1次/30min	
			1次/2h	
		可见异物	1次/班	
轧盖	轧盖	外观、异物、紧密度	2次/班	
	灯检	外观、异物、紧密度	每支	
包装	标签	批号、内容	每批	
		外观	1次/h	
			2次/班	
	中包	批号、印字内容	每箱	
		数量、内容	每箱	
	大包	批号、合格证	每箱	
		数量、内容	每箱	
		打包	每箱	

二、粉针剂（粉末型）生产操作过程及工艺条件

（一）原料的准备工作

在无菌分装操作前一天，物料员凭批生产指令从仓库领取无菌原料，在缓冲间擦拭干净，由物料员和 QA 人员依据领料核料单审核原料名称、规格、批号、重量、是否有检验合格证等，合格后，由车间生产人员用消毒液擦拭桶外壁后，放到物料传递间。原料经净化后传入 C 级洁净 B 区，第二天经传递窗紫外光灯照射 30 分钟后方可传入 C 级洁净 A 区。原料传入 C 级洁净 A 区后需再次对原料铝桶外壁用消毒液擦拭，做好状态标识后待用。

（二）胶塞的清洗（含硅化、灭菌与干燥）

胶塞清洗操作过程由粗洗、第一次漂洗、硅化、第二次漂洗、灭菌、干燥、出料构成。并注意两次漂洗后应进行中间品控制。

1. **粗洗**　经过滤的注射用水喷淋粗洗胶塞 3~5 分钟，喷淋水由箱体底部排水阀排出。混合漂洗 15~20 分钟，混洗后的水经排污阀排出。

2. **漂洗 1**　注射用水漂洗粗洗后的胶塞 10~15 分钟。

3. **中间控制**　漂洗 1 结束后，从取样口取洗涤水检查可见异物，如果不合格，需继续用注射用水进行洗涤至合格。

4. **硅化**　加硅油量为 0~20ml/ 箱次，硅化温度为 ≥ 80℃。

5. **漂洗 2**　硅化后，先排完腔体内的水，再用注射用水漂洗 10~15 分钟。

6. **中间控制**　漂洗 2 结束后，从取样口取洗涤水检查可见异物，如果不合格，需继续用注射用水进行洗涤至合格。

7. **灭菌**　采用湿热灭菌，温度一般为 121℃，时间大于 15 分钟。

8. **真空干燥**　启动真空泵，抽真空，真空压力不大于 0.09MPa，打开进气阀，这样反复操作直至腔室内温度达 55℃方可停机。

9. **出料**　将洁净胶塞置于洁净不锈钢桶内并贴上标签，标明品名、清洗编号、数量、卸料时间、有效期，并签名。

10. **打印**　自动打印记录并核对正确，附于本批生产记录中。

胶塞清洗工艺条件漂洗时间视洗涤水可见异物是否合格而定。灭菌条件为：饱和蒸汽灭菌，温度大于等于 121℃，时间大于 15 分钟，$F_0 \geqslant 15$。灭菌后胶塞应在 24 小时内使用，并避免被再次污染。

> **知识链接**
>
> #### F_0 值
>
> F_0 值指蒸汽灭菌程序赋予被灭菌物品在 121℃下的等效灭菌时间，通常用于不同灭菌程序灭菌能力的评价。

$$F_0 = \Delta t \sum 10^{\frac{T-121}{10}}$$

（三）西林瓶的清洗和灭菌

1. 西林瓶清洗灭菌生产操作过程 包括理瓶、粗洗、精洗、检查和灭菌。

理瓶即将人工理好的西林瓶慢慢放入分瓶区。粗洗时瓶子经超声波清洗,温度范围为50~60℃。精洗时用压缩空气将瓶内、外壁水吹干,用循环水进行西林瓶内、外壁的清洗,再用压缩空气将西林瓶内、外壁水吹干,然后用注射用水冲洗两次瓶内壁,再用洁净压缩空气把西林瓶内、外壁的水吹净。

2. 检查 操作过程中,一定要控制以下项目:①检查各喷水、气的喷针管有无阻塞情况,如有,应及时用 1mm 钢针通透;②检查冲洗部件是否正常;③检查纯化水和注射用水的过滤器是否符合要求;④检查注射用水冲瓶时的温度和压力;⑤检查压缩空气的压力和过滤器。

3. 洗瓶中间控制 在洗瓶开始时,取洗净后 10 个西林瓶目检洁净度,要求每班检查两次,并将检查结果记录于批生产记录中。

灭菌洗净的西林瓶在层流保护下送至隧道灭菌烘箱进行干燥灭菌,灭菌温度 ≥350℃,灭菌时间 5 分钟以上,灭菌结束后出瓶,要求出瓶温度 ≤45℃。

灭菌过程中不断查看:预热段、灭菌段、冷却段的温度是否正常;各段过滤器的性能、风速和风压有无变化。

4. 西林瓶清洗灭菌工艺条件 西林瓶清洗温度 50~60℃。西林瓶灭菌温度 ≥350℃,灭菌时间 5 分钟以上。

无菌产品的容器清洗是流水线上灌装工序的第一环。清洗工艺需要关注以下污染物并对其进行控制:①通过活菌数量考察微生物污染水平;②内毒素;③微粒;④化学污染物。

（四）铝盖的准备

工作区已清洁,不存在任何与现场操作无关的包装材料、残留物与记录,同时审查该批生产记录及物料标签。

根据批生产指令领取铝盖,并检查其是否有检验合格证,包装完整,在 D 级环境下,检查铝盖,如已变形、破损、边缘不齐等,将铝盖拣出存放在指定地点。

将铝盖放于臭氧灭菌柜中,开启臭氧灭菌柜 70 分钟。灭菌结束后将铝盖放入带盖容器中,贴上标签,标明品名、灭菌日期、有效期,待用。

铝盖清洗的工艺条件:臭氧灭菌 70 分钟。

（五）工器具的灭菌消毒处理

1. 分装机零部件的处理 分装机的可拆卸且可干热灭菌的零部件用注射用水清洗干净后,放入对开门 A 级层流灭菌烘箱干热灭菌,温度 180℃以上保持 2 小时,取出,备用;分装机可拆卸不可热压灭菌的零部件用注射用水冲洗干净后,用 75% 乙醇擦洗浸泡消毒处理;设备不可拆卸的表面部分每天用 75% 乙醇进行擦拭消毒处理;其他不可干热灭菌的工器具在脉动真空灭菌柜中 121℃

灭菌 30 分钟,可后转入无菌室。

2. 进无菌室的维修工具零件不能干热灭菌的,须经消毒液消毒或紫外照射 30 分钟以上方可进无菌室。

纸张、眼镜经紫外线照射 30 分钟以上方可进入无菌室。

(六) 无菌分装

按下主电机驱动按钮,观察各运动部位转动情况是否正常,充填轮与装粉箱之间有无漏粉,并及时进行调整。调试装量,完成后,在每台机器抽取每个分装头各 5 瓶,检查装量情况,调试合格后方可进行正式生产。西林瓶灭菌后由隧道烘箱出口至转盘,目视检查,将污瓶、破瓶捡出,倒瓶用镊子扶正。西林瓶在层流的保护下直接用于药粉的分装,分装后压塞,操作人员发现落塞用镊子人工补齐。装量差异检查,每隔 30 分钟取 5 瓶进行检查,装量应在合格范围。如发现有漂移,在线微调,如检查超过标准装量范围,通知现场 QA 人员,对前一阶段产品进行调查。如发现不合格的应将前 10 分钟的瓶子全部退回按规定处理。在分装过程,如发现分装后的产品有落塞和装量不合格等现象,应及时挑出,作为不合格品处理。分装期间,操作人员要求每 30 分钟用75% 乙醇手消毒一次。

企业视角

分装过程中出现装量不稳定的可能原因有:

1. **原料的原因** 粒度、堆密度等受到制备工艺影响较大,呈现的流动性也不同,在生产过程中需要根据原料的状况建立不同的分装控制条件。

2. **设备的原因** 设备本身存在的各种变动,如气流分装机的吸粉真空度的变化、螺杆分装机的螺杆变形等,在生产中要密切关注设备的运转情况,根据实际情况采取合适的措施进行控制。

(七) 轧盖、灯检

已灌粉盖塞合格的中间产品随网带传出无菌间,在轧盖间轧盖,轧盖要求平滑、无皱褶、无缺口,并用三手指直立捻,不松动为合格。若发现轧口松动、歪盖、破盖应立即停机调整。

逐瓶灯检轧好盖的中间产品,将不合格品挑出,每 1 小时将灯检情况记录于批生产记录中,在灯检岗位必须查出破瓶、轧坏、异物、色点、松口、量差等不合格品。常见的轧盖缺陷、缺陷产生的原因和预防措施如表 7-2 所示。

表 7-2　常见的轧盖缺陷、缺陷产生的原因和预防措施

轧盖缺陷	缺陷产生原因	预防措施
轧盖不完全,不够紧	边太短,压紧铝盖的压力太小	增强柱塞的压力
铝盖卷边头变形	压力过大,造成过度卷边	降低柱塞压力,检查卷边头的滚压位置

(八) 包装

1. **贴签**　将标签装上机,调整高度,开始贴签,将第一张已打码合格的并经班组长及 QA 人员核对签名的标签贴于生产记录背面。如有倒瓶,将倒瓶扶正,使之顺利进入贴签进料输送带上进行

贴签。在贴签过程中,随时检查贴签质量,检查标签是否平整,批号是否正确、清晰。

2. 装小盒(或中盒)、打印　按批包装指令在小盒(或中盒)上打印产品批号、生产日期和有效期,并将第一个打码合格并经班长、QA 人员核对签名的小盒(或中盒)附于批生产记录。然后在每个小盒(或中盒)上手工盖上箱号。装塑托时需装好说明书,装中盒时需贴好封口签。

3. 装大箱　单支包装产品需先过塑后装箱,打包。首先须进行大箱打印,按批包装指令在包材打印记录上打印产品批号、生产日期、有效期。将包材打印记录交班组长及 QA 核对签名,附于批生产记录,可正式打印大箱。将大箱用胶带封底后放上垫板。胶带长度为每边 5~10cm,且不得盖住打印内容。装大箱即将包装好的中盒置于大箱内,不得倒置,放入一张核对正确的产品合格证。包装完毕,将包装记录附入本批批生产记录中。

4. 包装检查　包装质检员对已装箱的每箱产品按相关要求进行检查。检查完一箱,在产品合格证上签名。全部检查完毕,将包装检查记录附入本批批生产记录中。

5. 封箱　用胶带对检查合格后的产品封箱,胶带长度为每边 5~10cm,且不得盖住打印内容。

6. 打包　打两条平行打包带,打包带距边 10~15cm,松紧适宜,按顺序码放于托盘上,批号朝外。

7. 入库待检　分别填写成品完工单和请验单,成品入库待检。

注:对于部分产品,在装盒后,需先进行塑封,然后再装箱。

点滴积累

1. 粉针剂(粉末型)的生产过程中无菌原料凭批生产指令从仓库领取,由物料员和 QA 人员进行审核合格后,由车间生产人员放到物料传递间。经净化后传入洁净区,第二天经传递窗传入洁净区做好状态标识。过程中要注意灭菌洁净处理。

2. 胶塞清洗操作过程由粗洗、第一次漂洗、硅化、第二次漂洗、灭菌、干燥、出料构成。要注意漂洗时间、灭菌条件。灭菌后胶塞应在 24 小时内使用,并避免被再次污染。

3. 西林瓶清洗灭菌生产操作过程包括理瓶、粗洗、精洗、检查和灭菌。清洗后用除菌压缩空气吹干残水,通过隧道烘箱进行干热灭菌、除热原。

4. 铝盖应按照规定方法进行处理。

5. 分装之前需要进行运行和装量调试合格后方可进行正式生产,无菌原料通过分装设备填充入灭菌西林瓶后,应立即压塞。每隔 30 分钟要进行装量检查。

6. 用铝盖将胶塞紧固密封,确保产品处于密闭状态。

7. 通过灯检检查西林瓶的完好情况,瓶内是否存在异物,以及胶塞、铝盖的紧密情况。

8. 将合格的产品按照生产指令进行贴签、装盒、放说明书、装箱,打包入库。

项目一
复习导图

目标检测

简述粉末型粉针剂的生产工艺流程。

项目二　生产粉针剂（粉末型）

学习目标

1. **掌握**　无菌粉末分装的生产工艺操作要点及其质量控制要点。
2. **熟悉**　无菌粉末分装工艺过程中间产品进行质量检验。
3. **了解**　粉末分装机进行清洁、保养

导学情景

情景描述

　　多肽类抗肿瘤药物（如某些靶向治疗药物）因热敏性和易氧化特性，采用无菌分装工艺可最大限度保留活性成分，通过充氮保护或添加冻干保护剂（如甘露醇）等方式提升长期稳定性。此外，头孢类抗生素（如注射用头孢曲松钠）因对湿度敏感，通过分装工艺控制环境湿度（RH≤30%）可防止粉末结块，确保含量均匀性。

学前导语

　　无菌粉末的分装应通过培养基灌装试验验证分装工艺可靠性后方能正式生产，且须定期进行验证。该岗位是高风险操作，为最大限度降低产品污染的风险，应在 A 级背景下进行。

任务　无菌粉末分装

能力目标

1. 能根据批生产指令进行无菌粉末分装岗位操作。
2. 会按照无菌粉末分装机的操作规程进行设备操作。
3. 会进行无菌粉末分装岗位工艺验证 。

领取任务

　　按批生产指令将无菌粉末进行分装，并进行质量检验。分装机已完成设备验证，进行无菌粉末分装工艺验证。工作完成后，对设备进行维护与保养。

一、无菌粉末分装设备

BKFG250无菌粉针分装机如图 7-2 所示。本机采用直线螺杆式自动分装无菌粉末。瓶子由柔性输送带做间歇运动。并将药瓶送 4 列压塞工作站。4 个螺杆分装头同步,将药粉定量装入小瓶。再进入 4 列压塞工作站完成压塞。特殊设计的螺杆,可满足不同分装和不同黏度的药粉。

图 7-2 直线螺杆式无菌粉末分装机

二、无菌粉末分装岗位操作

进岗前按进入 A/B 级洁净区要求进行着装。进岗后做好厂房、设备清洁卫生,并做好操作前的一切准备工作。

(一) 分装岗位标准操作规程

1. 生产过程 西林瓶经洗瓶、隧道烘箱干燥、灭菌、除热原后经分装前转盘(带层流罩)进入分装机(带层流罩)。西林瓶使用前应检查西林瓶是否在有效期内(西林瓶的有效期为 4 小时,若超过则应及时送回洗瓶间重洗)。

胶塞经胶塞清洗机清洗、干燥、灭菌后进入分装室,A 级层流罩下用不锈钢桶加盖贮存,分装时在 A 级洁净区将胶塞装入小不锈钢桶中,加盖后运至分装机,在分装机头 A 级层流罩下倒入胶塞振荡器中,胶塞使用前应检查胶塞是否在有效期内(胶塞有效期为出箱后 24 小时)。

无菌原料粉按无菌原料药进出无菌生产区清洁消毒规程进入分装室,需分装时在分装机头 A 级层流罩下倒入原粉斗中准备分装(无菌原料应距有效期 6 个月以上,否则不能作为分装原料投入使用)。

按 "BKFG250 无菌粉针分装机操作规程" 组装分装机头,确认正常后,即可开机生产。

正式分装前应检查瓶子澄明度、胶塞澄明度、原粉澄明度是否符合要求,并按分装指令单要求确认装量差异是否符合指令单要求,当一切都正常时,方可正式开机分装。

分装过程中应记录下列数据:每 2 小时记录分装机的吸粉和持粉真空度;每 2 小时记录分装机吹粉和清洁空气压力;每 2 小时记录分装机前转盘 A 级层流和分装机头 A 级层流的压差,分装机层流罩内的温度和湿度。

分装过程中应检查每批原粉的性状、色泽和澄明度；检查每批胶塞的清洁度、水分；每3小时检查瓶子和半成品澄明度；每15分钟在每个下粉口抽查4瓶半成品的装量差异；每2小时在每个下粉口抽查24瓶半成品的装量差异。

2. 结束过程　关闭分装机，关闭总电源。将装有分装压塞好的瓶子传送到轧盖岗位，并做好产品标识。

生产结束后，按"清场标准操作规程"要求进行清场，做好房间、设备、容器等清洁记录。

按要求完成记录填写。清场完毕，填写清场记录。上报QA人员检查，合格后，发清场合格证，挂"已清场"标识牌。

BKFG250无菌粉末分装机标准操作规程见ER 7-2-2。

ER 7-2-2

BKFG250 无菌粉末分装机标准操作程序（参考）

（二）分装中间品的质量检验

分装过程中需进行以下项目的控制。

1. 瓶子澄明度　每瓶检出 200~300μm 的微粒不超过 2 个，无大于 300μm 的微粒。

2. 胶塞粒子数　每只胶塞检出 200~300μm 的微粒不得超过 2 个，无大于 300μm 的微粒，水分含量 ≤ 0.1%。

3. 无菌原料粉中不溶性微粒　每瓶检出 200~300μm 的微粒不超过 5 个，无大于 300μm 的微粒。

4. 装量差异　装量差异限度不超过 ±5%。

5. 标示量　97%~103%。

（三）分装工序工艺验证

1. 验证目的　通过培养基模拟灌装试验确认粉针车间在现有设备和环境下，按现有的标准操作，执行现行的分装工艺能生产出合格的无菌分装产品。

2. 验证项目和标准

（1）验证程序：在分装线上，先将经过辐射灭菌的乳糖粉末分装到西林瓶中，再将无菌的液体肉汤培养基灌装到西林瓶中，压塞，轧盖后恒温培养，通过培养结果确认无菌分装工艺的可靠性。整个操作过程模拟正常的粉针剂生产状态。

（2）判定标准：经试验灌装好的培养基按以上要求培养后，应将每瓶培养基对着灯光仔细目测。透明、澄清、无混浊的培养基判为无微生物生长；培养基混浊或有悬浮的菌丝或菌落，则需作进一步的微生物生长检查，以确定培养基是否真正染菌。一旦染菌，应对污染菌进行鉴别，其阳性率应低于 1/1 000。

知识链接

如何确定培养基灌装批次量

一般灌装的数量应该满足可以准确模拟正常生产操作的要求。正常生产操作一般包括但不限于：

1. 典型或常规的干扰动作。

2. 人员配备水平。

3. 换班。

4. 更衣。

5. 灌装时间。

若灌装工艺为隔离器操作，关键的灌装阶段没有或极少人工操作。实际生产的批次是 50 000 瓶，两个班次在一天内完成。模拟灌装的批次可以是 5 000 瓶，灌装时间持续两个班。

由于使用隔离器可以避免人为干扰的污染，风险低，可以进行最低数量单位的灌装。

（四）分装设备日常维护与保养

在各运动部位应加注润滑油，槽凸轮及齿轮等部件可加钙基润滑脂进行润滑。开机前应检查各部位是否正常，确认无误后方可操作。调整机器时工具要适当，严禁用过大的工具或用力过猛拆卸零件，以防影响或损坏其性能。

点滴积累

1. 进岗前按照标准操作规程做好操作前准备工作，做好厂房、设备清洁卫生，操作人员按要求着装。

2. 胶塞、西林瓶、原料按照规程处理，检查合格后用于分装，分装过程中定时检查分装机的吸粉、持粉、真空度分装机吹粉、清洁空气压力、分装机前转盘 A 级层流、分装机头 A 级层流的压差、分装机层流罩内的温度和湿度。同时应检查每批原粉的性状、色泽和澄明度，每批胶塞的清洁度、水分，瓶子和半成品澄明度，以及装量差异。

3. 分装结束后，将半成品传送到轧盖岗位，并做好产品标识；按"清场标准操作规程"要求进行清场，做好相关记录，QA 人员检查合格后发清场合格证，挂"已清场"标识牌。

4. 需要进行分装工艺验证，以确保生产出合格的无菌分装产品。

ER 7-2-3

项目二
复习导图

目标检测

1. 分装过程中要进行哪些检查？

2. 分装机分装完毕要进行哪些工作？

项目三　成品质量检验

导学情景

情景描述

　　某药企质检员在注射用头孢唑林钠的出厂检验中发现，某批次产品装量差异超标（±5%）且部分西林瓶密封性不合格（高压放电法检测漏气率>0.5%）。生产主管要求学员团队结合 GMP 展开根因分析。员工从装量偏差和密封性检验两个方面开展相关参数的排查。

学前导语

　　粉末型粉针剂与冻干型粉针剂的质检项目类似，在不同品种项下有不同的要求。

任务　注射用青霉素钠的质量检验

能力目标

能根据 SOP 进行粉针剂（粉末型）的质量检验。

领取任务

进行注射用青霉素钠的质量检验。

一、注射用青霉素钠质量标准

（一）成品质量标准

注射用青霉素钠成品质量标准见表 7-3。

表 7-3 注射用青霉素钠成品质量标准

检测项目	标准	
	法规标准	稳定性标准
性状	白色结晶性粉末	白色结晶性粉末
鉴别	(1)含量测定色谱图中,供试品主峰保留时间与对照品溶液主峰保留时间一致 (2)红外吸收光谱与对照图谱一致 (3)钠盐的鉴别反应	
含量	95.0%~115.0%	95.0%~115.0%
澄清度与颜色	符合规定	符合规定
酸碱度	5.0~7.5	5.0~7.5
有关物质	≤1号浊度标准液 ≤黄色2号标准比色液	≤1号浊度标准液 ≤黄色2号标准比色液
青霉素聚合物	<0.10%	<0.10%
细菌内毒素	0.10EU/1 000 个青霉素单位	0.10EU/1 000 个青霉素单位
无菌	符合规定	符合规定
干燥失重	<1.0%	<1.0%
不溶性微粒	含 10μm 及以上的微粒不超过 6 000 粒,含 25μm 及以上的微粒不超过 600 粒	含 10μm 及以上的微粒不超过 6 000 粒,含 25μm 及以上的微粒不超过 600 粒

(二)中间品质量标准

注射用青霉素钠中间品质量标准见表 7-4。

表 7-4 注射用青霉素钠中间品质量标准

中间品名称	检测项目	标准
灌封中间品	装量差异	符合装量差异限度要求
	封口质量	符合规定

(三)贮存条件和有效期规定

1. **贮存条件** 密闭保存。

2. **有效期** 18 个月。

二、注射用青霉素钠质量检验规程

1. **性状** 目测。

2. **装量差异检查** 取供试品 5 瓶,除去标签、铝盖,容器外壁用乙醇擦净,干燥,开启时注意避免玻璃屑等异物落入容器中,分别迅速精密称定,倾出内容物,容器用水或乙醇洗净,在适宜条件下干燥后,再分别精密称定每一容器的重量,求出每瓶的装量与平均装量。每瓶装量应在规定限度范围内,如有 1 瓶不符合要求,应另取 10 支复试。

3. **溶液澄清度与颜色** 取本品 5 瓶,按标示量分别加水制成每 1ml 含 60mg 的溶液,溶液应澄清无色。如显混浊,与 1 号浊度标准液比较,均不得更浓;如显色,与黄色或黄绿色 2 号标准比色液比较,均不得更深。

4. **干燥失重** 取本品,在 105℃干燥,减失重量不得过 1.0%。

5. **不溶性微粒** 取本品,按标示量加微粒检查用水制成每 1ml 含 60mg 的溶液,依不溶性微粒检查法,应符合规定。

6. **青霉素聚合物** 采用分子排阻色谱法进行测定,以青霉素计,不得超过 0.10%。

7. **含量测定** 采用高效液相色谱法进行测定。

8. **有关物质** 采用高效液相色谱法进行测定。

点滴积累

根据现行版《中国药典》规定进行注射用青霉素钠成品及中间品的质量控制,严格控制贮存条件和有效期。

目标检测

ER 7-3-2

项目三
复习导图

1. 简述胶塞和西林瓶的灭菌条件。

2. 粉针剂(粉末型)的中间品的检测项目包括哪些?

3. 生产过程中的器具应该如何灭菌?

目标检测参考答案

实训情境一　片剂的生产

项目一　接收生产指令

1. 什么是生产指令?

答:生产指令又称为生产订单,是计划部门下发给现场,用于指导现场生产安排的报表。生产指令是以批为单位,对该批产品的批号、批量、生产起止日期等项作出的一个具体规定,是以工艺规程和产品的主配方为依据的。

2. 简述压片操作工艺条件。

答:室内温度18~26℃,相对湿度45%~65%;片重差异按具体的品种工艺要求核定;压片速度按设备核定;每隔20分钟抽检平均片重一次,及时调整片重,并作记录;压制好的片应表面光洁,无裂片。

3. 什么是批号?如何划分批?

答:批号是用于识别"批"的一组数字或字母加数字,用于追溯和审查该批药品的生产历史。在规定限度内具有同一性质和质量,并在同一连续生产周期中生产出来的一定数量的药品为一批。GMP规定,批的划分原则为:固体、半固体制剂在成型或分装前使用同一台混合设备一次混合量所生产的均质产品为一批;中药固体制剂,如采用分次混合,经验证,在规定限度内,所生产一定数量的均质产品为一批。

项目二　片剂生产前准备

1. D级洁净区的着装要求有哪些?

答:应将头发、胡须等相关部位遮盖;应穿合适的工作服和鞋子或鞋套;应采用适当措施,以免带入洁净区外的污染物。

2. 在哪些情况下可拒绝领料?

答:①未经企业QC检验或检验不合格的原辅料、包装材料(无物料放行单);②包装容器内无标签、合格证;③因包装被损坏,内容物已受到污染;④外包装、内容物已霉变,生虫,被鼠咬烂;⑤在仓库存放已过复检期,未按规定进行复检;⑥其他有可能给产品带来质量问题的异常现象。

3. 简述清洁与清场的区别。

答:清洁是对设备、容器具等具体物品进行擦拭或清洗,属于卫生方面的行为。清场是在清洁基础上对上一批生产现场的清理,以防止药品混淆、差错事故的发生,防止药品之间的交叉污染。

4. 简述生产记录填写的原则。

答:生产记录填写原则为及时、准确、真实、完整。

(1)及时:即要求在操作中及时记录。不提前,不滞后,记录与执行程序同步。

(2)准确:要求按实际执行情况和数据填写,填写数据精度应与工艺要求和显示一致。

(3)真实:严禁不真实、不负责地随意记录或捏造数据和记录,应根据实际情况,如实填写。

(4)完整:对影响产品质量的因素均应记录,对异常情况必须详细记录。记录表格中的某项没有数据或不适用时需要按规定划掉或标注,不得留有空格。

项目三 生产片剂

一、简答题

1. 针对不同性质的物料,该如何选择合理的方法进行混合?

答:当各组分比例量相差悬殊时,应采取等量递加法;当组分密度相差悬殊时,应先将密度小的组分放入混合设备内,再加密度大的组分;当组分色泽深浅不一时,应先加色深的,再加色浅的;注意混合设备的吸附性,应先将量大且不易吸附的药粉垫底,量少且易吸附的后加;含液体或易吸湿性组分时,可用处方中其他成分吸收至不显湿为止。

2. 压片操作室的洁净度要求有哪些?

答:压片操作室的洁净度要求一般为 D 级。室内相对室外呈负压,温度 18~26 ℃,相对湿度 45%~65%。

3. 压片前要进行压片机的组装,请简述其顺序。

答:安装中模,安装上冲,安装下冲,安装填料器、出料导轨和料斗。

二、计算题

某片剂每片含主药量 0.2g,测得颗粒中主药百分含量为 50%,片重范围应该是多少?

解:片重 =0.2g/50%=0.4g

片重为 0.4g>0.3g,片剂的重量差异限度为 ±5%,因此本品的片重范围应为 0.38~0.42g。

三、实例分析题

1. 某车间生产盐酸小檗碱片时,采用 80% 乙醇作为润湿剂进行制粒,干燥颗粒时若用热风循环烘箱进行干燥,是否存在安全隐患?你对此有何建议?

答:热风循环烘箱的热源有蒸汽和电加热两种,蒸汽干燥乙醇较安全,普通烘箱的加热管是暴露的,不能用于干燥易燃的溶剂,在密闭空间内很容易引起着火、爆炸。电加热由于电流较大,交流接触器经常出现故障,温度传感器也易出现故障,还有进风口要定期清理,否则加热管易烧坏。建议改用流化床沸腾干燥。

2. 在生产某颗粒时,使用高速混合制粒机制粒过程中,物料局部成坨该如何处理?

答:如果物料本身的黏性过强,可以采用"先加乙醇润湿分散,再加黏合剂"的方法使制粒时成粒效果更好,避免成坨;如果软材已经局部成坨状,必要时可以配合摇摆式制粒机等再加工一下,确保产品质量和产量。

3. 在生产某片剂前检查过程中,如发现清场合格证未在有效期内,应该如何操作?

答:如果清场合格证超过有效期,要按照"压片岗位清洁标准操作规程"重新清场,取得"清场合格证"后再进行生产。

4. 压片岗位在完成片剂成型后,如何将物料进行分类并作物料平衡?

答:压片操作完成后,依次取下料斗用"尾料袋"装好尾料;将接料桶里物料放入"待检品袋"中;将废料桶中废片及检测台废片装入"废料袋"中;以上三种物料均用扣绳扎好并带至中间站,分别称重记录数据并填写入库记录(注意数据保存)和标签上重量项目;将3袋物料分别放入3个对应物料桶中,计算物料平衡[(待检品 + 尾料 + 废料)/ 领料量 ×100%],记录在压片生产记录上。

项目四 片剂的质量检验

一、简答题(略)

二、实例分析题

片剂生产过程中,发现药片硬度测定值过大,试分析可能的原因。

答:物料自身黏性过大,物料含水量过高,黏合剂或润湿剂选择不当,压片机压力过大等。

项目五 片剂包装贮存

一、简答题(略)

二、实例分析题

某片剂在瓶包装过程中,出现工作异常,导致瓶盖旋盖太紧,请根据本项目学习内容分析可能的故障原因,并给出处理方法。

答:(1)摩擦片压力太大:调整旋盖松紧螺帽,减少弹簧压力。

(2)摩擦片压力太小:适当调松松紧螺帽。

(3)旋盖夹头松:调节旋紧夹盖的松紧调节螺钉。

项目六 技能比武——片剂生产技能大赛热身赛

一、简答题(略)

二、计算题

某片剂脆碎度检测前取样量为 6.503 2g,经过脆碎度检测后称重为 6.487 3g,无断裂、龟裂或粉碎片,请计算并判断该批药片的脆碎度检查结果是否合格。

解:重量减失率 =(检测前重量 – 检测后重量)÷ 检测前重量 ×100%

$$=(6.503\ 2-6.487\ 3)÷6.503\ 2×100\%=0.24\%$$

重量减失率未超过 1%,合格。

实训情境二 硬胶囊剂的生产

项目一 接收生产指令

1. 什么是胶囊剂,胶囊剂有何特点?

答:胶囊剂指原料药物或原料药物与适宜辅料充填于空心胶囊或密封于软质囊材中所形成的固

体制剂。通常根据囊壳的不同,可分为软胶囊和硬胶囊。具有可掩盖药物的不良臭味,提高药物的稳定性,药物在体内起效快、生物利用度高,液态药物固体化,质量可控等优点。

2. 简述硬胶囊的生产工艺条件。

答:生产环境应达 D 级,根据填充物料为粉末、颗粒、小丸等工艺的不同选择相应的工艺条件。

胶囊填充操作工艺条件为:必须控制操作间相对湿度保持在 60% 以下。随时目视检测,胶囊成品应无锁口不严、瘪头、漏粉等问题。

铝塑包装操作工艺条件为:加热板温度按设备要求及气泡成型情况调定。热封辊温度按设备要求及铝塑板热封情况调定。下料应均匀。工作完毕后应切断电源、水源、气源,确保安全。废料应及时处理。随时目检外观,要求铝塑板板形端正,无异物,无缺片,无脏片,无漏粉;热合严密,泡眼完好均匀;批号印字清楚、端正、准确。

项目二　生产硬胶囊

1. 请列举胶囊帽体分离不良的原因,并说出解决方法。

答:

(1)模具不符:更换模具。

(2)模具安装不到位:调整模具对中。

(3)气压不足、管路堵塞:检验真空表的气压和真空管路。

(4)空心胶囊不合格:检验胶囊,选用合格胶囊。

2. 发生锁口过松的原因是什么? 该如何解决?

答:

(1)压缩压太小:调节气压。

(2)脚踏力度不合适:调整脚踏力度。

3. 空胶囊上下未能正常分离时应注意进行怎样的调整?

答:必须进行模块对中的调整。

4. PVC 泡罩成型不良的主要原因有哪些?

答:加热辊温度过高或过低、吸泡真空不足、成形辊处冷却水温不好、PVC 过厚或过薄。

5. 冲切不准、位置不对的原因有哪些? 该如何解决?

答:步进辊松动、摩擦轮打滑、轮的位置不对。

项目三　硬胶囊的质量检验

硬胶囊的重量差异检查如何进行?

答:除另有规定外,取供试品 20 粒,分别精密称定重量后,倾出内容物(不得损失囊壳);硬胶囊囊壳用小刷或其他适宜用具拭净;分别精密称定囊壳重量,求出每粒内容物的装量与平均装量。

实训情境三　软胶囊剂的生产

项目一　接收生产指令

1. 简述软胶囊的生产工艺流程。

答：①原辅材料验收；②化胶；③配料；④制丸；⑤干燥；⑥洗丸；⑦拣丸；⑧内包装；⑨外包装；⑩入库。

2. 简述软胶囊的生产工艺条件。

答：D 级洁净区，室温 18~25℃，相对湿度 30%~45%。

项目二　生产软胶囊

1. 在化胶时加入甘油有何作用？

答：甘油作为增塑剂可调节软胶囊壳的软硬度，增加其韧性和可塑性。

2. 造成软胶囊漏液的主要原因是什么？如何解决？

答：

(1)胶皮太厚：减少胶皮厚度。

(2)转模间压力过小：调节加压手轮。

(3)胶液不合格：更换胶液。

(4)喷体温度过低：升高喷体温度。

(5)两转模模腔未对齐：停机，重新校对滚模同步。

(6)内容物与胶液不适宜：检验内容物与胶液接触是否稳定并作出调整。

(7)环境温度太高或者湿度太大：降低环境温度和湿度。

项目三　软胶囊的质量检验

1. 甘油的用量对胶皮的质量有什么影响？

答：甘油用量过低会造成胶皮过硬，过高会造成胶皮过软。

2. 哪些药物适宜作软胶囊内容物？

答：各种油类、对明胶无溶解作用的液体药物及药物溶液、药物混悬液、半固体药物、固体药物均适宜作软胶囊内容物。

3. 简述滚模式软胶囊压制机的工作原理。

答：生产时，胶液分别由软胶囊机两边的输胶系统流出，铺到转动的胶带定型转鼓上形成胶液带，由胶盒刀闸高低调整胶带厚薄。冷却定型后揭下胶带，由左右两边向中央相对合的方向靠拢移动，再分别穿过左右各自上油滚轮时，涂入模剂和脱模剂，经胶带传送导杆和传送滚柱，从模具上部对应送入两平行对应吻合转动的一对圆柱形滚模间，使两条对合的胶带一部分先受到楔形注液器加热与模压作用而先黏合，此时内容物料液泵同步随即将内容物料液定量输出，通过料液管到楔形注液器，经喷射孔喷出，冲入两胶带间所形成的由模腔包托着的囊腔内。因滚模不断转动,使喷液完毕的囊腔旋即模压黏合而完全封闭,形成软胶囊。

实训情境四　小容量注射剂的生产

项目一　接收生产指令

1. (略)

2. 小容量注射剂的生产工艺条件有哪些?

答:

(1)领料:核对原辅料的品名、规格、数量、报告单、合格证。

(2)工艺用水:纯化水、注射用水满足现行版《中国药典》的规定。

(3)理瓶、洗瓶:洗瓶用注射用水水温应为(50 ± 5) ℃,冲瓶水压应在0.15~0.2MPa之间。

(4)配制:每次配料前必须确认所用注射用水已按规定检验,并取得符合规定的结果及报告。药液从配制到灭菌的时间不超过12小时。

(5)灌封工艺条件:检测装量注射器。已灌装的半成品,必须在4小时内灭菌。

(6)灭菌及检漏工艺条件:去湿房(a)温度(55 ± 5) ℃,时间3小时。热不稳定产品控制在45℃以下。

(7)灯检工艺条件:去湿房(b)温度(55 ± 5) ℃,时间2小时。热不稳定产品控制在45℃以下。

项目二　生产前准备

1. 如何确保人员更衣程序规范?

答:进行更衣确认。更衣确认主要针对操作人员更衣规范性进行考察,评价更衣操作稳定性。

2. C级洁净区的工器具清洁有哪些要点?

答:生产区的容器包括物料的周转桶、清洁盆等。生产用工具架、容器应当根据岗位需要定置摆放,不得随意挪动。容器必须标明状态标识,注明已清洁、未清洁状态,标明其中的物料名称、批号、数量,以免造成污染或混淆。

3. 制药用水如何进行日常监测?

答:由岗位操作人员对纯化水总出水口进行电导率、酸碱度检测,每2小时检测一次。制水岗位操作人员对注射用水取样检测pH、氯化物和电导率,生产和使用过程中在贮水罐、总送水口每2小时检测一次。中控室在各使用点取样检测细菌内毒素,每天一次。

4. 纯化水和注射用水有何不同,如何制备?

答:概念不同。纯化水为饮用水经蒸馏法、离子交换法、反渗透法或其他适宜的方法制备的制药用水,不含任何附加剂。注射用水为纯化水经蒸馏所得的水,应符合细菌内毒素试验要求。

用途不同。纯化水用于非无菌药品的配料、洗瓶,用于无菌制剂容器的初洗,用于非无菌原料药的精制,是制备注射用水的水源。注射用水用于胶塞、配液罐、玻瓶的精洗,用于无菌制剂容器具及管道的最终洗涤,用于注射剂的配制。

纯化水采用二级反渗透装置或反渗透装置加 EDI 制备。

注射用水以纯化水为原料经蒸馏制得。

项目三　生产注射剂

1. 清洗时出现破瓶较多的原因有哪些？怎样排除？

答：破瓶较多的原因有清洗设备和清洗方式选择不当；操作人员操作失误。排除方法：选择合适的清洗方式和设备，主要设备有超声波洗瓶机、AS 安瓿离心式甩干机、ALB 安瓿淋瓶机、KAQ 回转式安瓿洗瓶机等；操作人员在清洗过程中轻拿轻放，严格按照标准操作规程小心操作。

2. 灌装出现不合格现象有哪些，原因是什么？

答：

(1) 现象有：①安瓿瓶颈沾有药液；②安瓿内药液表面产生泡沫；③灌装针头漏液。

(2) 原因是：①灌装针头定位不正确，灌装针头弯曲；②泵的灌装压力过高，灌装针头横截面太小，药液灌装针头高度太高，灌装针头太接近安瓿底部。

3. 灌封岗位属于哪一个洁净区？

答：局部 A 级洁净区。

项目四　注射剂的质量检验

氯化钠注射液的检验项目有哪些？

答：性状、鉴别、pH、重金属、渗透压摩尔浓度、细菌内毒素、无菌、含量测定、装量、可见异物。

项目五　小容量注射剂包装贮存

1. 不同性质的注射剂的保管条件有哪些？

答：

(1) 一般注射剂：一般应避光贮存，并按现行版《中国药典》规定的条件保管。

(2) 遇光易变质的注射剂：在保管中要注意采取各种遮光措施，防紫外线照射。

(3) 遇热易变质的注射剂：除在保管中除应按规定的温度条件下贮存外，还要注意"先产先出，近期先出"，在炎热季节加强检查。

(4) 抗生素类注射剂：置凉处避光保存，并注意"先产先出，近期先出"。

(5) 脏器制剂或酶类注射剂：在凉暗处遮光保存。有些对热特别不稳定，如三磷酸腺苷二钠等，低温保存能增加其稳定性，但是不宜贮藏温度过低而使其冻结，否则也会因变性而降低效力。

(6) 生物制品：最适宜的保存条件是 2~10℃的干暗处。应注意，除冻干品外，一般不能在 0℃以下保存，否则会因冻结而造成蛋白变性，融化后可能出现摇不散的絮状沉淀，致使不可供药用。

(7) 钙、钠盐类注射剂：这类注射剂在保管时要注意"先产先出"，不宜久贮，并加强澄明度检查。

(8) 中草药注射剂：一般都应避光、避热、防冻保存，并注意"先产先出"，久贮产品应加强澄明度检查。

2. 物料平衡计算的意义是什么?

答:本批生产结束应对所用的小盒、中盒、纸箱、标签、说明书等进行物料平衡计算,各物料的领用数、实用数、剩余数、残损数相吻合。防止缺盒、多盒现象。

实训情境五　口服液的生产

项目一　接收生产指令

1. 绘制口服液生产工艺流程图。(答案略)

2. 口服液灌封岗位属于哪一个洁净区?

答:口服液灌封岗位属于 D 级洁净区。

项目二　生产口服液

1. 出现装量不合格有哪些原因?

答:(1)灌注器规格选用不当,灌注器调整装量不到位。

(2)针头不适用,导致药液产生泡沫,并冒出瓶口。

(3)针头出现滴漏。

2. 口服液瓶清洗顺序是什么?

答案略,参考"项目一　接收生产指令"中口服液生产操作过程及工艺条件。

项目三　成品质量检验

1. 设计小儿感冒口服液生产工艺流程,写出质量检验项目及具体方法。

答案略,参考现行版《中国药典》:小儿感冒口服液质量标准。

2. 绘制"1+X"口服液生产考核流程思维导图。(答案略)

实训情境六　注射用冻干制剂(冻干粉针)的生产

项目一　接收生产指令

简述冻干粉针各岗位的工艺要求。

答:(1)称量时应一人称量,一人复核,确保无误。

(2)配液过滤:0.8μm 钛滤棒,$P \geqslant 0.6MPa$;0.45μm 微孔滤膜,$P \geqslant 0.23MPa$,0.22μm 的微孔滤膜,$P \geqslant 0.39MPa$。

(3)洗瓶、干燥、灭菌:清洗水温度控制在 50~60℃;灭菌区温度 350℃;每批灭菌西林瓶应在 12 小时内使用。

(4)洗塞、干燥、灭菌:干燥灭菌温度为 180℃,灭菌时间 80 分钟;每批灭菌胶塞应在 12 小时内使用。

(5)铝盖处理:烘干温度在 80℃以下;24 小时内使用。

(6)灌装、压塞：按标示量进行灌装，每批药液应在配制后 2 小时内灌装完毕。

(7)冷冻干燥：预冻温度 –45℃，维持 4 小时。升华干燥真空度应在 6Pa 以下。

项目二 冻干粉针生产前准备

简述 B 级洁净区的清场要求。

答：(1)地面无积灰，无结垢，门窗、室内照明灯、风口、工艺管线、墙面、天棚、设备表面、开关箱外壳等清洁干净，无积灰。

(2)室内不得存放与生产无关的杂品及上批产品遗留物。

(3)使用的工具、容器清洁无异物，无上批产品的遗留物。

(4)设备内外无上批生产遗留的物料、成品，无油垢。

项目三 生产冻干粉针

1. 清洗过程中要注意哪些项目的检查？

答：操作过程中，随时注意检查以下项目。

(1)检各喷水、气的喷针管有无阻塞情况，如有，及时用 1mm 钢针通透。

(2)西林瓶内外所有冲洗部件是否正常。

(3)纯化水和注射用水的过滤器应符合要求。

(4)注射用水冲瓶时的温度和压力。

(5)压缩空气的压力和过滤器。

2. 轧盖时需注意哪些事项？

答：(1)轧盖机运行中手或工具不得伸入转动部位，轧道上有倒瓶现象可用镊子夹起。

(2)检查轧盖有松动时，要停机调整。

(3)轧道口有卡瓶现象应停机清除玻璃屑，检查碎瓶原因，并排除故障，方可开机。

项目四 成品质量检验

冻干粉针的质量检验项目有哪些？

答：冻干粉针的质量检验项目有性状、鉴别、含量、pH、溶液澄清度与颜色、有关物质、细菌内毒素、水分、无菌、不溶性微粒。

项目五 粉针剂包装

1. 包装岗位中间品需检查哪些项目？

答：(1)瓶数、盒数应保证准确。

(2)瓶签斜度应小于 1~5mm，离瓶底 2~4mm 之间，标签上批号位置准确、清晰。

(3)小盒、大箱上的批号、有效期清晰，小盒的检封和大箱的封口纸贴应整齐，大箱打包牢固、端正。

2. 简述粉针剂包装的工艺验证程序。

答：按制定的工艺规程灯检、印包。质检员每 30 分钟抽查一次灯检后产品的可见异物，记录不合格产品数量。在包装生产过程中，根据包装质量控制表每隔 30 分钟进行一次检查，重点应注意检查异物和产品外观物理特性。

项目六　技能比武——粉针生产虚拟技能大赛热身赛

药液灌装前要做哪些准备工作?

答:(1)设备安装配件、检查及试运行

1)检查配液器具是否清洗干净并贴上待用标志。

2)进入岗位后,启动 A 级层流罩,检查层流罩的运行是否正常。

3)检查瓶、胶塞的澄明度,检查过滤后药液的澄明度是否符合要求,并按灌装指令单要求确认装量差异是否符合要求,当一切正常时,方可开机灌装。

(2)瓶子准备:瓶子经洗瓶,隧道烘箱干燥灭菌,除热原后经隧道烘箱后转盘、输送带、灌装机前转盘(全部带层流罩)进入灌装机(带层流罩)。

(3)胶塞准备:胶塞经胶塞清洗机清洗、灭菌、干燥后进入胶塞贮藏室,A 级层流罩下用不锈钢桶加盖贮存,灌装时抬至灌装机旁,在灌装机 A 级层流罩下倒入胶塞振荡器中。

(4)药液准备:药液根据配液岗位的工作情况,准备好后进行无菌过滤(A 级层流)。

(5)过滤准备:无菌过滤前,应检查过滤器组件消毒灭菌记录。然后组装过滤器进行滤膜的完整性测试,按 "微孔滤膜的起泡点试验" 执行。滤膜完整性试验合格后,用真空将膜抽干。

实训情境七　粉针剂(粉末型)的生产

项目一　接收生产指令

简述粉末型粉针剂的生产工艺流程。

答案略,见正文图 7-1 生产工艺流程图。

项目二　生产粉针剂(粉末型)

1. 分装过程中要进行哪些检查?

答:分装过程中应检查瓶子澄明度、胶塞粒子数、无菌原料粉中不溶性微粒、装量差异、标示量。

2. 分装机分装完毕要进行哪些工作?

答:生产结束后,按 "清场标准操作规程" 要求进行清场,做好房间、设备、容器等清洁记录。

按要求完成记录填写。清场完毕,填写清场记录。上报 QA 检查,合格后,发清场合格证,挂 "已清场" 标识牌。

项目三　成品质量检验

1. 简述胶塞和西林瓶的灭菌条件。

答:(1)胶塞:灭菌条件为饱和蒸汽灭菌,温度大于 121℃,时间大于 15 分钟,$F_0 \geqslant 15$。

(2)西林瓶:西林瓶灭菌温度 $\geqslant 350℃$,灭菌时间 5 分钟以上。灭菌结束后出瓶,要求出瓶温度 $\leqslant 45℃$。

2. 粉针剂(粉末型)的中间品的检测项目包括哪些?

答:(1)瓶子澄明度:每瓶检出 200~300μm 的微粒不超过 2 个,无大于 300μm 的微粒。

(2)胶塞粒子数:每只胶塞检出 200~300μm 的微粒不得超过 2 个,无大于 300μm 的微粒,水分含量 ≤ 0.1%。

(3)无菌原料粉中不溶性微粒:每瓶检出 200~300μm 的微粒不超过 5 个,无大于 300μm 的微粒。

(4)装量差异:装量差异限度不超过 ±5%。

(5)标示量:97%~103%。

3. 生产过程中的器具应该如何灭菌?

答:可拆卸且可干热灭菌的零部件用注射用水清洗干净后,放入对开门 A 级层流灭菌烘箱干热灭菌,温度 180℃以上保持 2 小时;可拆卸不可热压灭菌的零部件用注射用水冲洗干净后,用 75% 乙醇擦洗浸泡消毒处理;设备不可拆卸的表面部分每天用 75% 乙醇进行擦拭消毒处理;其他不可干热灭菌的工器具在脉动真空灭菌柜中 121℃灭菌 30 分钟。

课程标准